化 学 工 业 出 版 社

"十四五"普通高等教育规划教材

普通高等教育新工科人才培养系列教材

# 先进能源材料与器件

刘晓燕　主编

化 学 工 业 出 版 社

·北京·

## 内容简介

《先进能源材料与器件》系统介绍了太阳能电池材料与器件、氢能材料与技术、燃料电池材料与器件、生物质能材料与技术、新型二次电池材料与器件、新型介电储能材料与器件以及它们的研究进展、发展趋势和应用前景。在此基础上，着重阐述了 TOPCon 电池、氢燃料电池、生物质制氢、钠离子电池等热点先进能源技术，同时涵盖了新型介电储能等特色内容，体现了时代性和前沿性。每章内容后面附有习题和最新参考文献，便于对知识的深入理解和掌握。

本书是材料类、能源类、化学化工类等专业的本科生与研究生教材，也可供相关领域技术人员参考。

**图书在版编目（CIP）数据**

先进能源材料与器件/刘晓燕主编. —北京：化学工业出版社，2023.11（2024.11 重印）
ISBN 978-7-122-44204-8

Ⅰ.①先… Ⅱ.①刘… Ⅲ.①新能源-材料技术 Ⅳ.①TK01

中国国家版本馆 CIP 数据核字（2023）第 182252 号

责任编辑：陶艳玲　　　　　　　　　装帧设计：关　飞
责任校对：李雨晴

出版发行：化学工业出版社（北京市东城区青年湖南街 13 号　邮政编码 100011）
印　　装：北京科印技术咨询服务有限公司数码印刷分部
787mm×1092mm　1/16　印张 12$\frac{1}{4}$　字数 278 千字
2024 年 11 月北京第 1 版第 2 次印刷

购书咨询：010-64518888　售后服务：010-64518899
网　　址：http://www.cip.com.cn
凡购买本书，如有缺损质量问题，本社销售中心负责调换。

定　　价：59.00 元

# 本书编写人员名单

主　　编：刘晓燕
副主编：望　军　苏　荣
参　　编：金　梦　杨　倩　邢　安　范保艳

# 前　言

能源是人类社会赖以生存和发展的重要物质基础。目前人类社会对能源的利用正在从化石能源时代进入以可再生能源为主的清洁新能源时代。新能源替代传统能源并实现绿色低碳转型是全球的普遍共识。现今，中国是世界上最大的能源生产国和消费国，能源工业的健康发展攸关我国资源、环境和社会经济的可持续发展。党的二十大报告指出，积极稳妥推进"碳达峰""碳中和"；深入推进能源革命，加快规划建设新型能源体系。在国家"双碳"目标下，寻求"新能源+储能"协同发展，新能源技术将在清洁转型、能源安全、经济发展中占据极其重要的战略地位。

在国家新能源战略需求背景下，教育部于2012年正式设立新能源材料与器件专业，培养新能源领域专门人才。本教材面向未来国家经济建设和社会发展的重大需求，培养学生在系统掌握专业领域技术理论的基础上，具备较强的研发能力、创新意识和较强的工程实践能力，能够从事本专业领域的基础理论研究以及新材料、新工艺和新技术研发等科技工作。

本书由多年从事新能源材料与器件相关领域教学与科研的重庆科技大学教师和具有丰富实践经验的通威太阳能（成都）有限公司苏荣高级工程师共同编写。全书共分7章，重庆科技大学望军编写第1章绪论、杨倩编写第3章氢能材料与技术、金梦编写第4章燃料电池材料与器件、刘晓燕编写第5章生物质能材料与技术、邢安编写第6章新型二次电池材料与器件、范保艳编写第7章新型介电储能材料与器件，通威太阳能（成都）有限公司苏荣编写第2章太阳能电池材料与器件，全书由刘晓燕教授统稿并审定。全书基本涵盖了当今备受关注的新能源和先进储能技术的重要内容，包括新能源材料的制备方法及表征手段，能量转换与存储材料及其器件设计等基本理论知识，相关器件的基本原理、组装技术和评价方法等。每个章节在正文内容后都设有习题和参考文献；各章之间既有一定关联性，又可以独立成章，可根据不同学时灵活选用进行教学。

本书内容广泛且兼具基础性和前沿性，全书内容深入浅出、图文并茂、通俗易懂，可作为高校相关课程的教材，适用于本科生和研究生的教学，还可以作为从事相关领域研究人员的基础参考书。

本教材适当引用了权威可靠且有重要影响的参考文献，编者致以感谢。因编者水平有限，书中仍存在不足之处，希望广大读者朋友提出宝贵意见和建议，在此一并表示感谢。

编　者
2023 年 5 月

# 目 录

# 第6章 新型二次电池材料与器件 / 141

# 第7章 新型介电储能材料与器件 / 171

# 第**1**章

# 绪　论

温室效应是当代人类社会面临的全球性环境问题之一。温室气体的主要成分是二氧化碳（$CO_2$），它主要来源于煤炭、石油和天然气等化石燃料的燃烧。目前，人们对传统化石能源枯竭以及 $CO_2$ 排放造成的环境破坏有着明显的担忧和科学共识。采用可再生的新能源替代传统的化石能源是缓解能源危机、降低 $CO_2$ 温室气体排放行之有效的途径。

## 1.1　常规能源

能源是推动社会发展和经济进步的物质基础。作为常规能源的化石能源如煤炭、石油和天然气等，一方面其不可再生性使其面临资源耗竭的问题，另一方面化石能源的大规模使用还会带来环境污染问题。

石油，作为人类文明发展的动力，仍然是世界第一大能源，占全球能源消耗的 1/3。然而，由于需求不断增加和供应不确定，石油行业正面临严重的供需矛盾。煤炭是开启工业时代的化石燃料，目前仍然是世界第二重要的燃料。煤不是清洁燃料，燃烧时产生的废弃物主要是一氧化碳（CO）、二氧化碳（$CO_2$）、微粒、二氧化硫（$SO_2$）和汞（Hg），这些排放物不但会导致全球变暖，还会污染大气，目前尚没有经济上可行的技术能够成功地减少这些排放。

由于技术上的创新突破大大降低了生产和运输成本，天然气资源在能源市场上的竞争力增强；天然气已成为取暖系统、发电厂和其他一些用途中取代煤炭和石油的主要燃料。在过去十年中，世界天然气消费量以每年平均 2.3% 的速度增长，天然气产量也在逐年增加，它现在是世界使用的第三大燃料。天然气产生的 $CO_2$ 排放量低于石油或煤炭，目前作为"清洁"化石燃料被广泛推广，但它仍然是一种储量有限的化石能源。即使天然气污染物排放量较低，但仍会导致大气中 $CO_2$ 的增加。此外，全球化石资源的消耗正在加速，能源需求不断增长，因此，必须继续寻求可持续能源替代品。

由于全球气候变化和新技术的发展，未来的能源结构将发生重大变化。一方面，在可预见的未来，化石能源消耗的比例将继续下降，而可再生能源的比例将继续上升。另一方面，由于新技术的发展，天然气开采的成本越来越低，作为一种相对清洁、低碳的燃料，天然气将很快取代煤炭成为第二大燃料。只要各国采取明确措施限制温室气体的排放，能源结构变化的趋势有望继续。国际能源署预计[1]，2030年前全球能源需求每年将增长约0.8%，将几乎全部由可再生能源满足。总体而言，化石燃料在全球能源结构中的占比将从目前的80%下降至2030年的75%，到2050年降至60%。煤炭需求将在未来几年内达到峰值；天然气需求在2021年至2030年将增加约5%，随后趋于稳定；石油需求将在21世纪30年代中期达到峰值，之后会略有下降。

# 1.2　新能源

新能源是相对于常规能源，特别是石油、天然气和煤炭化石能源而言的，它们在近一二十年才被人们重视，新近才被开发利用，而且在目前使用的能源中所占的比例较小，但很有发展前途[2]。与传统的化石能源不同，新能源的使用将减少$CO_2$和污染物的排放，实现更清洁的能源利用。

欧盟最新出台的能源规划提出2050年将使用可再生能源完全代替化石能源。法国2015年通过的《绿色增长能源转型法》规定要向更加多样化的低碳电力结构转变，这包括从2025年起到2030年，可再生能源在总电力生产结构中所占比例将达到40%。2016年，中国17.5%的电力来自可再生能源，其中4%来自风能，1.5%来自太阳能，风能和太阳能仍有较大潜力，将得到大力推广。2020年在第75届联合国大会上，我国提出在2030年前碳排放达到峰值，并在2060年前实现"碳中和"，即所谓的"30·60双碳"目标。大力开发和应用新能源是保证我国"30·60双碳"目标得以实现的关键。国际能源署预测，到2035年，中国将成为可再生能源发电量增长最多的国家，超过欧盟和美国的总和。

可再生能源作为一种清洁能源，在能源供应中发挥着越来越重要的作用，特别是在发电领域。根据国际能源署的预测，到2035年，可再生能源发电将占全球发电增长的一半，占世界总发电量的31%，成为电力行业最重要的组成部分。

然而，风能和太阳能是不稳定能源，不能满足电力系统的稳定性要求。因此，随着其份额的大幅增加，需要具有更灵活的额外备用电源，以在短期和长期内保持电力系统的可靠性。目前通常使用化石燃料调峰装置（如燃气轮机）和水力发电来协调风能和太阳能发电。然而，化石燃料调峰污染重，水力发电调峰受到环境条件的限制，电化学储能装置无论是适用性还是清洁方面都具有独特的优势，是目前被认为最佳的调峰装置。

总之，过去几十年来，由于全球能源需求不断增长及环境问题，人们对电能储存越来越重视。在这个依赖能源的世界里，用于储能的电化学装置在克服化石燃料消耗方面起着至关重要的作用，引发了电池设计和开发的革命。人们认为，电池能够重塑未来全球能源结构，并最终改变世界。全球能源革命将新能源材料和设备的发展推上了前所未有的高度。

## 1.3　先进能源技术

先进能源技术主要包括实现新能源的转化和利用以及发展所要用到的关键材料和器件，它是发展新能源技术的核心和新能源应用的基础[2]。根据工作原理，重要的先进能源技术包括太阳能、氢能、燃料电池、生物质能、化学电源、介电储能等。

### 1.3.1　太阳能

太阳能是指太阳光的辐射能量。它的优点是清洁、无害、可再生、永不枯竭[3]；不足之处在于受昼夜、天气及季度等自然条件限制，某一地面所能接收到的太阳光线的辐射强度是断续的、不稳定的，且能量密度低，这给太阳能的大规模应用带来了困难。

目前，太阳能发电最普遍采用的方式是通过太阳能电池（又称为光伏电池）利用光伏效应将太阳辐射能直接转化为电能。太阳能电池是一种通过光伏效应将光能直接转换为电能的装置，这是一种物理和化学现象。太阳能电池是一种光电电池，它可以被定义为一种器件，其电特性（如电流、电压或电阻）在光照下会发生变化。无论光源是太阳光还是人造光，光伏电池都能正常工作。单独的太阳能电池可以组合成组件，也称为太阳能电池板。

太阳能电池的发展可以追溯到 1839 年，当时法国的贝克勒尔（Becquerel）在液体电解质中发现了光电效应[4]。19 岁时他在父亲的实验室里建造了第一个光伏电池。1873 年，从事水下电报电缆研究工作的英国电气工程师威洛比·史密斯（Willoughby Smith）在《自然》杂志上描述了"电流通过时光对硒的影响"。1883 年，美国的查尔斯·弗里茨（Charles Frits）在半导体硒（Se）上覆盖一层薄薄的金以获得光伏作用，从而制备出了第一块固态光伏太阳能电池，然而，该装置的效率仅为 1%左右。1887 年，海因里希·赫兹（Heinrich Hertz）[5]发现了外部光电效应，不久，俄罗斯物理学家亚历山大·斯托莱托夫（Aleksandr Stoletov）就根据这种效应建造了一个光伏电池。阿尔伯特·爱因斯坦（Albert Einstein）在 1905 年的一篇里程碑式的论文中发表了他的新光量子理论，这使光电效应得以解释，由于这一突破，他于 1921 年获得了诺贝尔物理学奖。在 1941 年的另一项突破中，俄罗斯实验物理学家瓦迪姆·拉什卡约夫（Vadim Lashkaryov）在结合一氧化铜（CuO）和硫化银（$Ag_2S$）的光电管中发现了 pn 结。1946 年，美国工程师兼半导体研究员罗素·奥尔（Russell Ohl）申请了第一个现代半导体结太阳能电池专利。1954 年，AT&T 贝尔实验室的 Calvin Souther Fuller、Daryl Chapin 和 Gerald Pearson 公开展示了第一个具有实用价值的光伏电池，开创了 pn 结太阳能电池的新时代。1958 年，太阳能电池被应用在 Vanguard I 卫星上，作为主电池的替代电源。卫星的工作期限可以通过在卫星外部添加太阳能电池来延长，而不需要对航天器尾部或其动力系统进行重大改动。

1959 年，美国发射了探索者 6 号，它最显著的特点是巨大的翼形太阳能电池板，这已成为航天器的一个共同特点。探索者 6 号使用的太阳能电池板由 9600 个霍夫曼太阳能电池组成。自 20 世纪 60 年代以来，太阳能电池一直是大多数地球轨道卫星和许多太阳系探测器的主要电源，因为它们提供了最佳的功率重量比。这种应用之所以可行，是因为在太空探索中，电力系统的成本被允许很高，而且几乎没有其他电力选择，工程师和设计师愿意为最好的可用电池付费。不断扩大的空间电力市场也促进了太阳能电池更高效率的发展。

从 1969 年到 1977 年，美国国家科学基金会"应用于国家需求的研究"项目开始促进太阳能电池的地面应用，该项目资助了地面电力系统的太阳能研发。美国"樱桃山会议"于 1973 年制定了实现这一目标的技术指标，并提出了实现这些目标的项目，这启动了一个持续几十年的应用研究项目。该项目由美国能源研究与发展署（Energy Research and Development Administration，ERDA）适时接管，该署后来与美国能源部合并。1973 年石油危机后，埃克森美孚公司（Exxon Mobil Corporation）、太平洋里奇菲尔德公司（Atlantic Richfield Company，ARCO）、荷兰皇家壳牌集团（Royal Dutch/Shell Group of companies）、阿莫科石油公司（Amoco oil company）（后来被英国石油公司收购）和美孚公司（Mobil corporation）等石油公司决定进行多元化经营，利用增加的利润开办或收购太阳能公司，在 20 世纪 70 年代和 80 年代建立了太阳能部门，几十年来，它们一直是最大的太阳能电池生产商。通用电气（General Electric Company，GE）、摩托罗拉（Motorola Inc.）、国际商业机器公司（International Business Machines Corporation，IBM）和泰科（TE Connectivity）等其他科技公司也参与了这一扩张。

在光伏材料领域，硅基材料的吸收带与太阳光谱的主能带相匹配，且具有原料丰富、稳定性好、无毒、生产成本低等优点[6]。在当前世界光伏能源构成中，硅基太阳能电池占据了绝大部分市场份额。根据硅材料的晶体结构，硅基太阳能电池可分为单晶硅太阳能电池、多晶硅太阳能电池和非晶硅太阳能电池[7]。单晶硅太阳能电池和多晶硅太阳能电池被称为晶体硅太阳能电池，它们占据了全球太阳能电池市场的绝大部分（市场份额约为 90%），目前单晶硅太阳能电池的实验室效率已达到 26.7%[8, 9]。

同时，基于不同光伏材料和不同结构的多种太阳能电池正在出现。以砷化镓单晶电池为代表的单结太阳能电池的效率已达到 29.1%，有机聚合物太阳能电池的效率为 11.5%，染料敏化太阳能电池的效率为 11.9%，量子点太阳能电池最近也得到了显著改进，效率达到了 9.9%[10]。值得一提的是，钙钛矿型太阳能电池的效率已达到 25.5%[11]，发展迅速。

介观异质结太阳能电池需要具有直接带隙、大吸收系数和高载流子迁移率的光采集器。非常希望能开发出一种稳定的光活性材料，该材料应具有两种本征态，一种具有高透明度以确保最大亮度，另一种具有强光吸收以产生足够电能，这两种状态可根据外部环境可逆地来回切换。

## 1.3.2 氢能

氢能的利用最早始于 20 世纪上半叶，当时用于充气飞艇。在第一次世界大战期间，战争双方都利用氢气（H$_2$）充装探测气球，用于窥探敌方的活动。1974 年成立了国际氢能学会，参与国包括美国、中国、德国、日本等国家和地区，主要进行氢能体系的研究，包括氢气的制备、储存、运输和应用技术等。近年来，燃料电池技术发展迅速，而燃料电池最适宜的燃料就是氢。因此，科学家们预测，氢能将成为未来能源体系的重要支柱。

制氢的方法主要包括太阳能制氢[12]、电解水制氢、化石燃料制氢、生物质制氢等。

太阳能制氢过程中，将半导体工作电极（如二氧化钛）和 Pt 对电极组合成光电化学电池。当工作电极受到光（即光子）的照射时，电子（e$^-$）从价带激发到高能导带，在价带中留下空穴（h$^+$）。导带电子迁移到对电极并参与析氢半反应（2H$^+$+2e$^-$ $\longrightarrow$ H$_2$），价带空穴迁移到工作电极表面，参与析氧半反应（ $H_2O + 2h^+ \longrightarrow 2H^+ + \dfrac{1}{2}O_2$ ），工作电极为 n 型半导体，用作阳极。另外，如果使用 p 型半导体作为工作电极（即阴极），光激发的导带电子和价带空穴将分别迁移到工作电极和对电极的表面，参与析氢和析氧半反应。

巴德（Bard）根据光电化学水分解的原理，设计了一种以半导体颗粒或粉末为光催化剂的光催化水分解系统。在此类光催化系统中，光激发的导带电子和价带空穴被转移到光催化剂颗粒的表面，在那里它们将在表面专门设计的反应位点驱动析氢和析氧半反应，通常这些反应需要负载 H$_2$ 和 O$_2$ 的助催化剂和共催化剂参考才能实现。

在这些光电化学和光催化水分解系统中，太阳能活性纳米结构吸收光，并在其中发生太阳能驱动的催化反应，这在太阳能水分解过程中起着至关重要的作用。因此，高效太阳能活性纳米结构的设计被大量研究。尽管许多不同的半导体材料已被开发用于光电和光催化应用，但目前已知材料的太阳能氢转换效率仍然不够高，因此尚未实现商业化。

太阳能制氢所需的高效光电极和光催化剂应具有：a.合适的带隙和能带结构，以便从阳光中吸收广泛的紫外线和可见光，从而驱动析氢和析氧半反应；b.电子和空穴迁移到半导体/电解质界面的电荷转移能力好，能够有效抑制二者的复合；c.表面半反应的高催化活性。因此，以下几个问题备受关注：a.通过离子掺杂和固溶体调整带隙和带结构；b.通过良好的纳米结构设计和半导体组合增强电荷转移；c.通过通孔的催化剂负载促进表面催化反应。然而，同时满足所有这些标准的高效、长期稳定和低成本太阳能氢转化的半导体材料尚未被开发出来。

电解水制氢是一种较为方便的制取氢气的方法。在充满电解液的电解槽中通入直流电，水分子在电极上发生电化学反应，分解成氢气和氧气。由于纯水的电离度很小、导电能力低，属于典型的弱电解质，所以需要加入电解质，以增加溶液的导电能力，使水能够顺利地电解成为氢气和氧气。然而，电是其他形式的能量转化而来的，这个过程损耗很大，而且电解水过程中一部分电能也会转化为废热，进一步加大了损耗，这导致电解水制氢成本高昂。

氢能的大规模商业化应用还需要解决以下关键问题[2]：a.目前制氢效率很低，因此开发大规模的廉价制氢技术是各国科学家共同关心的问题；b.安全可靠的储氢和输氢方法；c.高效、稳定、长寿命的燃料电池发电系统的研发。

### 1.3.3 燃料电池

燃料电池由电池模块和燃料两个主要部分组成。燃料电池是 160 多年前发现的，具有高效率和环保优势，但直到最近才实现商业化[13]。造成这种延迟的一个主要原因是燃料电池技术的成本。在过去 20 年中，材料和制造工艺的发展取得了重大进展，燃料电池已经有了商业化的产品[14]。

1839 年，威廉·格罗夫（William Grove）在研究电解水时首次提出了燃料电池的概念[15]。他观察到，电路被切断时，会有一个小电流从相反方向流过电路；他发现这是铂电极催化电解产物氢和氧之间反应的结果。格罗夫认识到将其中几个放电单元串联起来形成气体伏打电池的可能性，并且还进行了进一步的研究，发现气体、电极（或电催化导体）之间必须有一个"明显的作用表面"。燃料电池的研究和开发集中在最大化气体试剂、电解质和电极之间的接触面积，即所谓的"三相边界"。Mond 和 Langer 是第一个使用"燃料电池"这一术语的人，在格罗夫提出燃料电池大约 50 年后的 1889 年，他们向世人展示了他们的装置，该装置具有多孔铂黑电极结构，并使用由多孔非导电物质制成的隔膜来容纳电解液[16]。

2012 年，全球生产了 2.5 万个燃料电池单元，比前一年增长了约 34%，比 2008 年增长了 321%。固定燃料电池产量的增长相当显著，从 2008 年的 2000 个增加到 2012 年的 2.5 万个。运输用燃料电池的发展相对稳定。未来，燃料电池汽车的发展将是推动燃料电池产业进一步发展的主要动力。2014 年，全球燃料电池出货量超过 5 万台，比上年增长 37%，销售额将增长至比上年同期增长 69.20%。预计 2025 年，销售额将增长至 2011 年的 74.2 倍。

下面介绍五种主要类型燃料电池的工作原理。

#### （1）碱性燃料电池

碱性燃料电池以氢氧化钠（NaOH）或氢氧化钾（KOH）溶液为电解液，$H_2$ 为介质，空气或纯氧（$O_2$）为氧化剂，工作温度为 70℃ 左右。电极由碳和铂催化剂制成。尽管碱性燃料电池是最古老的燃料电池技术，但它们需要非常纯净的 $H_2$ 作为燃料，CO 和 $CO_2$ 会对电池造成毒害，而且强碱溶液也会带来许多问题。

#### （2）磷酸燃料电池

磷酸燃料电池采用磷酸电解液，以 $H_2$ 为燃料，空气或 $O_2$ 为氧化剂，工作温度高达 200℃。与碱性燃料电池不同，受到 $CO_2$ 污染的 $H_2$ 依旧能够发挥作用，对外部燃料处理器的要求不那么严格。

#### （3）聚合物电解质膜燃料电池

聚合物电解质膜燃料电池也称为质子交换膜或固体聚合物燃料电池。质子交换膜燃料电池使用质子传导聚合物膜作为电解质，需要 $H_2$ 作为燃料，使用 $O_2$ 作为氧化剂[17]，工作温度通常为 80℃ 左右。与碱性燃料电池一样，电极由碳和铂催化剂制成。CO 会毒害聚合物电解质膜燃料电池，因此需要一个复杂而昂贵的燃料处理器将碳氢燃料转化为 $H_2$ 和 $CO_2$，去除所有微量的 CO。式（1-1）~式（1-3）为聚合物电解质膜燃料电池的电极反应和整个电池反应的方程式。

$$负极：2H_2 \longrightarrow 4H^+ + 4e^- \tag{1-1}$$

$$正极：O_2 + 4H^+ + 4e^- \longrightarrow 2H_2O \tag{1-2}$$

$$总电池反应：2H_2 + O_2 \longrightarrow 2H_2O + \Delta \dot{E}（释放能量） \tag{1-3}$$

### （4）熔融碳酸盐燃料电池

熔融碳酸盐燃料电池的熔融碳酸钾（$K_2CO_3$）、碳酸锂（$Li_2CO_3$）电解质的工作温度约为650℃。它们以 $H_2$ 和 CO 的混合物（即合成气）为燃料，合成气是由燃料电池内部重整碳氢燃料形成的。

### （5）固体氧化物燃料电池

固体氧化物燃料电池使用无机氧化物固体陶瓷作为电解质[18]，通常是钇稳定的氧化锆，而不是液体电解液。它们通常使用 $H_2$ 和 CO 的混合物为燃料，该混合物是由燃料电池内部重整碳氢燃料形成的，并使用空气作为氧化剂，产生 $H_2O$ 和 $CO_2$。式（1-4）~式（1-7）为固体氧化物燃料电池电极反应的方程式。

$$负极：H_2 + O^{2-} \longrightarrow H_2O + 2e^- \tag{1-4}$$

$$CO + O^{2-} \longrightarrow CO_2 + 2e^- \tag{1-5}$$

$$正极：O_2 + 4e^- \longrightarrow 2O^{2-} \tag{1-6}$$

$$总电池反应：H_2 + CO + O_2 \longrightarrow H_2O + CO_2 + \Delta E \tag{1-7}$$

每种类型的燃料电池都以电解质为特征。一般认为，最有可能成功实现广泛商业应用的两种燃料电池是质子交换膜燃料电池和固体氧化物燃料电池。

质子交换膜是质子交换膜燃料电池的一个重要而昂贵的组成部分。电解质膜应具有良好的热稳定性、离子导电性以及化学和流动反应物气体渗透性，以确保最佳功能。在典型的质子交换膜燃料电池中，两个催化电极层被膜隔开。该膜允许质子从负极（阳极）传递到正极（阴极），并分离阳极处的氧化性气体和阴极处的还原性气体。

催化剂和膜是燃料电池的关键部件。催化剂的毒害主要由以下因素引起。

① 小铂粒子可能溶解在离聚物相中，然后再次沉积在较大粒子的表面，导致粒子发生 Ostwald 熟化生长。溶解的铂物质也可能最终通过氢从阳极侧穿过而使铂离子还原，在膜中沉淀，从而大幅降低膜的电导率和稳定性。

② 铂粒子可以通过纳米尺度的随机团簇碰撞在碳载体上团聚。

③ 团簇的最小化。催化剂颗粒可能在原子尺度上生长。粒径分布上，大颗粒比例较大，而小颗粒比例较小。

④ 有些燃料电池的燃料在电氧化过程中会生成含碳中间物（如 $CO_{ads}$），其将强烈吸附在贵金属催化剂表面，强制占据其催化活性位点，阻碍燃料的快速氧化，从而引发催化剂中毒。

## 1.3.4　生物质能

生物质是指在大气、水中和陆地上通过代谢及光合作用生活和生长的各种生物[19, 20]。也就是说，所有能够生长的活体有机物质都是生物质[21]，包括所有植物、动物、微生物及其废物。代表性生物质为作物、作物残渣、木材、木材废料和动物残体[22]。该概念可缩小为牲畜、家禽、谷物、水果及其废料。木质纤维材料（如木质素）、农产品加工废物、农业和林业废物以及畜牧业粪便和废物也包括在内[23]。

生物质能是太阳能的一种形式，以化学能的形式储存在生物质中。大多数生物质能直接或间接来自绿色植物的光合作用，可以转化为传统的固体、液体和气体燃料。它是一种可再生能源，也是唯一的可再生碳源。生物质能的原始能源来自太阳，因此从广义上讲，生物质能是太阳能的一种表现形式。许多国家都在积极研究和开发生物质能。除化石燃料外，所有来自动植物的能源材料均被归类为生物质能，通常包括木材、森林废弃物、农业废弃物、水生植物、油料植物、城市和工业有机废弃物、动物粪便等。地球上的生物质资源非常丰富，形成了相对无害的能源。每年，地球通过光合作用产生 1730 亿 t 物质，其中包含的能量是世界总能耗的 10~20 倍。然而，生物质能的利用率还不到 3%。

生物质被认为是未来主要的可再生能源之一，因为它具有巨大的潜力、经济可行性以及各种社会和环境效益[24]。2018 年国际能源署（International Energy Agency，IEA）的统计数据显示，生物质能在可再生能源终端市场的占比超过 50%。发展中国家作为一个整体，其 33% 的能源来自生物质。在许多国家，生物质以传统燃料的形式提供了 90% 以上的能源，如薪材、稻草和粪便。预计到 2050 年，世界人口的 90% 可能居住在发展中国家，尽管人均生物质能消费可能略有下降，但生物质能需求总量可能会上升。许多发达国家也大量使用生物质，例如，美国总能源的 4% 来自生物质（相当于每天 150 万桶石油，几乎相当于核能），芬兰 18%，瑞典 16%，奥地利 13%。Johansson 等人计算出，到 2050 年，生物质可以提供世界直接燃料使用量的近 38% 和世界电力的 17%，或者说生物质能的总贡献为 206 EJ/年。

生物质能具有许多优点：①生物质能是一种可再生资源。生物质能可以通过植物光合作用再生。它储量丰富，能够保证能源的可持续利用。②生物质的硫氮含量低，燃烧过程中产生的 $SO_x$ 和 $NO_x$ 较少。当生物质被用作燃料时，其生长所需的 $CO_2$ 等于其排放的 $CO_2$ 量，因此，$CO_2$ 排放量约为零，可有效降低温室效应。③由于生物质能源分布广泛，缺乏煤炭的地区可以充分利用生物质能源。④生物质能总量极其丰富，生物质能是世界第四大能源，仅次于煤炭、石油和天然气。据生物学家估计，地球地表每年产生高达 1250 亿 t 的生物量，海洋每年产生 500 亿 t 生物量。迄今为止，生物质能的年产量远远超过世界能源需求总量，相当于世界能源消费总量的 10 倍。随着农林业的发展，特别是木炭专用林的推广，生物质资源将得到更广泛的利用。生物质能的最终形式包括沼气、压缩固体燃料、生物质气化可燃气、气化发电、燃料酒精、热裂解生物柴油等。

生物质能也存在资源分散、收集方法落后、工业化缓慢等问题。集中发电和供热是高效、清洁利用生物质能的主要技术。针对不同来源的生物质原料，完善相关制度，及时制定生物燃料乙醇相关基本标准和过程控制标准迫在眉睫。

生物质能的一些关键技术进展甚微。如厌氧消化产气率低；设备和管理自动化程度差；气化焦油问题无法解决，影响长期使用；沼气发电和气化发电效率低；二次污染问题尚未完全解决等。这些是未来科技攻关的方向。

## 1.3.5　化学电源

化学电源是一种能够实现化学能与电能转化的装置，也被称为电池。电池的发展历史如图 1-1 所示[25]。1780 年，意大利解剖学教师伽伐尼（Galvani）在解剖青蛙时发现了生物电的存在，受此现象的启发，1800 年来自意大利帕维亚大学的亚历山德罗·伏特（Alessandro Volta）制造了第一个伏特电池，这是化学电源诞生的起点。他把一堆银或铜片叠起来，与锌或锡片交替，用浸渍过盐水的织物隔开，当两个圆片通过导体连接时，会产生连续的电流[26]。1836 年，英国国王学院（伦敦）的约翰·丹尼尔（John Frederic Daniell）教授制作出了第一个有用的原电池（$Zn/ZnSO_4+CuSO_4/Cu$，称为丹尼尔电池），其电压为 1.1V。

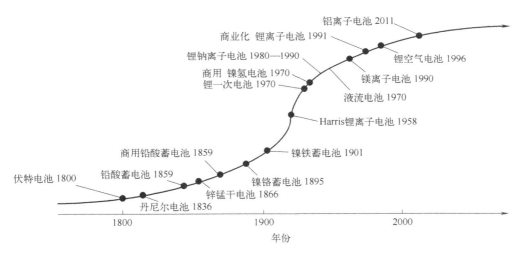

图 1-1　电池发展路线

20 世纪 70 年代第一次石油危机期间，研究人员不得不开始寻找替代石油的能源。美国和日本曾多次尝试生产和销售使用锂金属（Li）作为负极的可充电锂电池，但最终，由于锂枝晶生长引起的安全问题而没能成功。1980 年，牛津大学的电化学学家古迪纳夫（Goodenough）发现锂离子可以可逆地从钴酸锂（$LiCoO_2$）中嵌入和嵌出[27]。20 世纪 90 年代初，日本索尼公司率先将正极为 $LiCoO_2$ 和负极为石墨的锂离子电池商业化，并首次提出了"锂离子电池"的概念。这种电池不使用金属锂，因此比早期的金属锂电池安全得多。随后美国、欧洲国家和中国的公司也进入了锂离子电池市场。近年来，随着可穿戴可折叠电子设备的风靡，柔性锂离子电池的研发受到了极大的关注。各类电池介绍如下。

### （1）锂离子电池和钠离子电池

锂离子电池是一种二次电池。所谓的二次电池，是一种放电后，可以通过充电将其恢复到原来的充电状态的电池。由于二次电池通常在放电状态下组装，因此在使用之前，必须先对二次电池进行充电。

锂离子电池充电时[28]，Li+从正极的含锂化合物中脱出，经电解液运动到负极；放电时，嵌入负极的 Li+脱出，重新运动回到正极，进而实现化学能和电能的相互转换，并将电化学能储存在电池中。

目前，使用插层正极材料的锂离子电池是过去 30 年来开发的最成功的储能系统之一[29]。锂离子电池主要应用于便携式电子设备、新能源汽车及大规模储能，其功率、能量密度、安全性、可循环性和成本仍然面临重大挑战。

① 安全性是大规模应用的一个关键问题。过充电或过热可能会导致电解液释放气体。电解液的分解不仅会损坏电池，而且可能会带来火灾。

② 目前的锂离子电池对于许多新应用（如电动汽车）来说能量密度不足[30]。

③ 锂离子电池大规模推广的另一个关键障碍是电池组装技术的成本。在制造过程中，需要严格的干燥环境，而且原料金属、有机电解质和锂盐成本高，对于储存太阳能和风力发电产生的电力，电池的成本和安全是非常重要的影响因素。

④ 锂离子电池中使用的有机电解液的低离子电导率导致相对较低的功率密度和长的充电周期。

除了锂离子电池外，其他几种金属离子电池，包括钠离子、镁离子、铝离子和锌离子电池等，由于成本和原料储量优于锂离子电池而备受关注。它们的工作原理与锂离子电池相似，钠离子（镁离子、铝离子和锌离子）用于正负极的嵌入和嵌出过程，实现充电和放电。

早在 20 世纪 80 年代，钠离子电池和锂离子电池同时得到研究，随着锂离子电池成功商业化，对钠离子电池的研究逐渐放缓。近年来，智能电网和可再生能源等大规模储能引发了对二次电池的巨大需求，它们对于电池的能量密度和体积要求不高，因而，原料来源丰富且价格低廉的钠离子电池再次受到密切的关注[3]。

### （2）金属-硫电池

金属-硫电池，包括锂-硫电池，钠-硫电池、钾-硫电池和铝-硫电池，由于具有高比能量而特别具有吸引力。锂-硫电池具有 1672mA·h/g 的高比容量和 2600W·h/kg（包括锂阳极的质量）的能量密度，比最先进的锂离子电池的能量密度高出 3~5 倍，是最有前途的下一代电化学储能器件之一。锂-硫电池是一个高度复杂的系统，锂金属和硫元素之间有两个典型的电化学反应：

$$S_8+Li^++e^- \rightarrow Li_2S_x（2.4\sim2.1V）$$

$$Li_2S_x+Li^++e^- \rightarrow Li_2S_2 \text{ 和/或 } Li_2S（2.1\sim1.5V）$$

硫阴极和金属阳极的许多缺陷阻碍了金属-硫电池的实际应用，包括硫和金属硫化物（如一硫化二锂）的导电性差，硫和金属硫化物（如一硫化二锂）可逆转化的体积膨胀大，金属多硫化物（如八硫化二锂、六硫化二锂、四硫化二锂）的溶解以及金属阳极的不稳定性和枝晶生长等。为了解决这些问题，人们针对合理设计电极结构进行了大量的研究。

① 硫阴极是金属-硫电池的关键部件，因为它赋予电池高能量密度，但这一部件也带来了严重的问题。硫的电化学性能较差，不适合直接用作金属-硫电池的正极材料。在化学、工

程和材料科学领域，应采用不同的方法来获得金属-硫电池中可以使用的硫阴极，例如改善电接触、抑制阴极侧的硫以及制造具有保留空腔或多孔结构的弹性衬底来处理硫的体积变化都是有效的方法。为了保持硫的高能量密度优势，阴极要求硫含量至少为 70%（质量百分数），合理的硫负荷应达到 2~3mA·h/cm² 的比容量。

② 导电碳需要高孔隙率以适应增加的体积。高含量的导电碳有利于提高硫的比容量和容量保持率，但会降低电池的能量密度。

③ 锂-硫电池阴极的黏合剂不应在液体电解液中膨胀，并且应对所有类型的硫具有化学稳定性。

④ 理想的溶剂需要满足以下标准：a.它对金属多硫化物（阴离子和阴离子自由基）和锂阳极具有化学稳定性；b.它应提供金属多硫化物高的溶解度；c.应形成低黏度金属多硫化物溶液。

钠、钾和铝-硫电池的原理与锂-硫电池相似，钠离子（钾离子、铝离子和锌离子）在充电和放电过程中，通过钠/钾/铝金属和元素硫之间的典型电化学反应，从正负电极上嵌入和嵌出。

### （3）水性可充电锂电池

水性可充电锂电池（aqueous rechargeable lithium-ion battery，ARLB）具有安全、低成本、超快充电能力和环境友好等优点，是最有希望的大规模应用电池产品之一。因为不使用易燃有机溶剂，ARLB 可以克服传统锂离子电池的一些缺点。如由于使用廉价的盐水溶液作为电解质，因而降低了成本；此外，大多数水电解液具有高离子电导率，比有机电解液的离子电导率高约两个数量级，从而确保了高倍率容量和高比功率。在智能电网等大型固定式储能系统中，对成本和安全性的要求尤为突出，而水性可充电电池在这些方面有着巨大的优势。

### （4）锂-氧电池

锂-氧电池以氧（$O_2$）作为阴极，放电产物为二氧化二锂（$Li_2O_2$），它提供了 2.96V（vs.$Li^+$/Li）的高热力学电压和 1675mA·h/g 的理论容量，因此在过去十年中受到了极大的关注。考虑到 Li（理论容量为 3860mA·h/g）和 $O_2$ 的总质量，锂-氧电池的理论容量为 1668mA·h/g，相应的理论比能为 3460W·h/kg。在锂-氧电池中，阴极在氧化还原反应中起催化剂的作用，在放电过程中，氧气还原为

$$2Li^+ + O_2 + 2e^- \longrightarrow Li_2O_2 \tag{1-8}$$

在充电过程中，经过氧化反应后，$Li_2O_2$ 电化学分解为锂离子和氧气。

$$Li_2O_2 \longrightarrow 2Li^+ + O_2 + 2e^- \tag{1-9}$$

锂-氧电池的发展遇到了各种各样的挑战和问题，包括高充电/放电过电位、绝缘氧化锂沉积、产品比容量恶化、阴极和电解液稳定性差，以及与锂金属阳极相关的安全性问题。其中，大多数挑战与正电极中发生的氧反应有关。为了达到锂-氧电池所需的高能量密度，许多研究工作致力于设计高效的催化剂。事实上，锂-氧电池的性能（如放电/充电过电位、能源效率、循环寿命）与催化剂材料和催化剂电极的结构密切相关。一般来说，理想的催化剂电极需要具有高导电性和多孔结构，以促进电子和氧的传输，并为二氧化二锂的形成提供足够

的空间。

### （5）其他可充电电池

其他一些可充电电池的例子包括氟化物和氯离子电池、$Li-CO_2$电池和氧化还原液流电池（redox flow batteries，RFBs）。

① 氟离子电池和氯离子电池　它们以阴离子（氟化物或氯化物）作为电荷转移离子。氟离子电池的正负电极反应方程式为

$$正极：MF_x+xe^- \rightleftharpoons M+xF^- \tag{1-10}$$
$$负极：M'+xF^- \rightleftharpoons M'F_x+xe^- \tag{1-11}$$

氯离子电池的正负电化学反应为

$$正极：MCl_x+xe^- \rightleftharpoons M+xCl^- \tag{1-12}$$
$$负极：M'+xCl^- \rightleftharpoons M'Cl_x+xe^- \tag{1-13}$$

容量衰减是氟离子电池和氯离子电池最重要的缺点。因此，有必要找到在电池的离子液体电解质中稳定的金属氟化物或氯化物阴极，以获得高能量密度。

② $Li-CO_2$电池　$Li-CO_2$电池的充放电基于以下可逆反应：

$$4Li+3CO_2 \rightleftharpoons 2Li_2CO_3+C \tag{1-14}$$

该电化学反应表明，在正向放电反应中，锂向$CO_2$提供电子以形成碳酸锂和碳；在反向充电反应中，$LiCoO_2$与C反应，生成Li和$CO_2$。

目前，$Li-CO_2$电池因对其反应机理和实际问题（如可回收性差、高极化和低倍率）了解不足而受到限制，今后仍需进行许多系统的研究。

③ 氧化还原液流电池　大多数可充电电池将电能储存在固体电极材料中，但RFBs通常使用两个可溶的氧化还原偶作为电活性物质，通过膜分离，以获得电能和化学能之间必要的可逆转换。氧化还原活性离子在接触或靠近集电器时参与氧化或还原反应；分离膜允许离子（如氢离子和钠离子）迁移，以维持电中性和电解质平衡。RFBs的能量密度取决于电解液的体积和浓度，通过改变电堆的尺寸（电极尺寸和单个电池的数量），可以对功率密度进行灵活调整。

RFBs的电极不参与阴极和阳极活性材料的氧化还原反应，而是分别为溶解在阴极和阳极溶液中的氧化还原对反应提供活性表面。它们必须具有良好的导电性、高比表面积、在工作电位范围内的稳定性，以及对通常具有高度腐蚀性的电解质的化学惰性。

## 1.3.6　介电储能

介电储能电容器虽然能量密度较低（约$1W \cdot h/kg$），但其功率密度高（约$108W/kg$），充放电速率快[31]，已经大规模应用在现代电子电力设备中。电介质材料是组成介电储能电容器的核心部件，在很大程度上决定或限制了介电储能电容器的使用上限。目前电介质材料分为有机聚合物和无机陶瓷材料两类。有机电介质材料如聚偏氟乙烯和苯丙环丁烯等，无机电介质材料可细分为铁电材料、反铁电材料、线性电介质材料以及弛豫铁电材料四类。

电容器最初的原型是"莱顿瓶"，于 1745 年被荷兰莱顿大学的教授马森布洛克（Musschenbrock）发明。随着新技术的不断发展，陆续出现了介电电容器、陶瓷电容器、电解电容器、有机薄膜电容器等，这些创新极大推动了工业的发展。

介电储能电容器由两端电极和中间绝缘层组成，其储能方式是通过电介质材料在外电场作用下产生极化，将电能以静电荷的形式存储起来。评价介电储能材料性能的参数主要包括：介电常数、介电损耗、击穿强度和储能性能等。

根据电介质的热动力学关系，电介质材料的储能密度 $U$ 可以表示为

$$U = \int_{D_{max}}^{0} E\mathrm{d}D \tag{1-15}$$

式中，$E$ 为施加的电场强度；$D$ 为电位移；$D_{max}$ 为最大电位移，与极化强度 $P$ 相关，并满足式（1-16）。

$$D = P + \varepsilon_0 E = \varepsilon_0 (\varepsilon_r - 1) E + \varepsilon_0 E = \varepsilon_0 \varepsilon_r E \tag{1-16}$$

式中 $\varepsilon_0$ 为真空介电常数；$\varepsilon_r$ 为电介质材料的介电常数。

提高材料的介电常数或击穿强度都可以获得高的储能密度[32]，这是目前研究者改善现有电介质材料或者设计、合成高储能密度电介质材料重要的理论依据。

有机电介质材料占据了介电材料 50%以上的市场份额，具有高的介电强度、高的电压耐久性、低的介电损耗等性能。但是有机电介质不耐高温，无法承受多次充放电后产生的热量，因此耐高温聚合物电介质电容的研究备受关注。耐高温有机电介质材料首先要求材料具有优异的热稳定性，其次是在高温环境下的高击穿强度和低介电损耗。电介质陶瓷储能材料有高的介电常数、高的功率密度以及较快的充放电速率和较好的材料性能稳定性，但是储能密度比燃料电池低几个数量级，限制了它的大规模应用。

# 习题

1. 为什么要大力发展新能源？
2. 简述太阳能的特点。
3. 生物质能的优点有哪些？

# 参考文献

［1］ International Energy Agency. World Energy Outlook 2022［R］. Paris：International Energy Agency，2022.

［2］ 王新东，王萌. 新能源材料与器件［M］. 北京：化学工业出版社，2019.

［3］ 吴其胜，张霞，戴振华. 新能源材料［M］. 上海：华东理工大学出版社，2012.

［4］ Anderson W W, Chai G Y. Becquerel Effect Solar Cell ［J］. Energy Conversion, 1976, 15: 85-94.

［5］ Ting C C, Chao W S. Measuring temperature dependence of photoelectric conversion efficiency with dye-sensitized solar cells ［J］. Measurement, 2010, 43: 1623-1627.

［6］ 段光复. 高效晶硅太阳电池技术——设计、制造、测试、发电［M］. 北京: 机械工业出版社, 2014.

［7］ 马丁. 含铈与含铕的光谱下转换材料对单晶硅太阳能电池影响的比较研究［D］. 南京: 东南大学, 2020.

［8］ Masuko K, Shigematsu M, Hashiguchi T, et al. Achievement of More Than 25% Conversion Efficiency With Crystalline Silicon Heterojunction Solar Cell ［J］. IEEE journal of photovoltaics, 2014, 4: 1433-1435.

［9］ 丁怡婷. 我国硅太阳能电池转换效率创世界纪录［N］. 人民日报, 2022-11-22（10）.

［10］ Green M A, Dunlop E D, Levi D H, et al. Solar cell efficiency tables ［J］. Prog Photovolt Res Appl, 2019, 27: 565-575.

［11］ 章磊. Dion-Jacobson 相材料优化锡铅混合钙钛矿太阳能电池性能及其机理的研究［D］. 武汉, 中国地质大学, 2021.

［12］ 祁育, 章福祥. 太阳能光催化分解水制氢［J］. 化学学报, 2022（80）: 1-11

［13］ Martin Winter R J B. What Are Batteries, Fuel Cells, and Supercapacitors ［J］. Chemical Reviews, 2004, 104: 4245-4269.

［14］ Debel M K. Electrocatalyst approaches and challenges for automotive fuel cells ［J］. REVIEW, 2012, 486: 43-51.

［15］ Acres G J K. Recent advances in fuel cell technology and its applications ［J］. Journal of Power Sources, 2001, 100: 60-66.

［16］ Stambouli A B, Traversa E. Solid oxide fuel cells（SOFCs）: a review of an environmentally clean and efficient source of energy ［J］. Renewable and Sustainable Energy Reviews, 2002, 6: 433-455.

［17］ 许坤. 质子交换膜燃料电池短堆的设计及优化［D］. 大连: 大连理工大学, 2021.

［18］ 王绍荣, 叶晓峰. 固体氧化物燃料电池技术［M］. 武汉: 武汉大学出版社, 2015.

［19］ Field C B, Campbell J E, Lobell D B. Biomass energy: the scale of the potential resource ［J］. Trends in Ecology and Evolution, 2007, 23: 65-72.

［20］ Balat M, Ayar G. Biomass Energy in the World, Use of Biomass and Potential Trends ［J］. Energy Sources, 2005, 27: 931-940.

［21］ Felipe Santos Dalólio, Jadir Nogueirada Silva, Angélica CássiaCarneiro de Oliveira, et al. Poultry litter as biomass energy: A review and future perspectives ［J］. Renewable and Sustainable Energy Reviews, 2017, 76: 941-949.

［22］ Li J J, Zhuang X, Pat D, et al. Biomass energy in China and its potential ［J］. Energy for Sustainable Development, 2001, 5: 66-80.

［23］ Faik B, Einrah K, Umit B, et al. Can biomass energy be an efficient policy tool for sustainable development ［J］. Renewable and Sustainable Energy Reviews, 2017, 71 : 830-845.

［24］ 孙驰贺. 生物质水热水解及厌氧发酵制氢发烷过程转化特性与强化方法［D］. 重庆: 重庆大学, 2020.

［25］ Wu Y P, Zhu Y S, Teunis Van Ree. Introduction to new energy materials and devices ［M］. Bei Jing: Chemical Industry Press, 2020.

［26］ Wang F, Wu X, Li C, et al. Nanostructured positive electrode materials for post-lithium ion batteries［J］. Energy & Environmental Science, 2016, 9（12）: 3570-3611.

［27］ Mizushima K, Jones P C, Wiseman P J, et al. Li, CoO,（O<x d 1）: a new cathode matteral for batteries of high energy density ［J］. Materials Research Bulletin, 1980, 15: 783-789.

［28］ Aifantis K E, Hackney S A, Kumar R V. 高能量密度锂离子电池: 材料、工程及应用［M］. 赵铭姝, 宋晓平, 郑青阳, 译. 北京: 机械工业出版社, 2012.

［29］ Jin H C, Sun Q, Wang J T, et al. Preparation and electrochemical properties of novel silicon-carbon composite anode materials with a core-shell structure ［J］. New Carbon Materials, 2021, 36（2）: 390-400

［30］ Zhan J, Xu C F, Long Y Y, et al. Preparation and electrochemical performance of nitrogen-doped carbon-coated $Bi_2Mn_4O_{10}$ anode materials for lithium-ion batteries ［J］. Trans. Nonferrous Met. Soc. China, 2020（30）: 2188–2199

［31］ 刘飞华. 基于 BNNS 的聚合物基复合材料的结构调控与介电储能性能研究［D］. 武汉: 武汉理工大学, 2018.

［32］ 周晨义. 含萘聚芳酰胺高温介电储能材料的设计、合成与性能研究［D］. 长春: 吉林大学, 2021.

# 第2章
# 太阳能电池材料与器件

## 2.1 概述

### 2.1.1 太阳能

　　太阳能取之不尽，并具有长期稳定性，其技术与现有电力的技术完全兼容，同时呈现出很高的安全保障性，这使得太阳能比其他可再生能源在技术应用方面有更大的潜力，也充分说明太阳能的利用在可再生能源领域中的重要地位[1]。

　　太阳能是来自于太阳内部核聚变产生的辐射能[2]。太阳向宇宙全方位辐射的总能量流是 $4 \times 10^{26}$J/s，其中向地球输送的光能和热能的速度可达 $1.744 \times 10^{17}$ J/s，相当于燃烧 $4 \times 10^8$t 烟煤所产生的能量。一年中太阳辐射到地球表面的能量，相当于人类现有各种能源在同期内所提供能量的上万倍。所以说，太阳是地球和大气能量的源泉，地面上能够接受到太阳能量的大小及其光谱分布，以及太阳能随地域的分布状况，都是我们利用太阳能的依据[3]。

　　各种可再生能源中，太阳能以其清洁、安全、取之不尽、用之不竭等显著优势，已成为发展最快的可再生能源。开发利用太阳能对调整能源结构、推进能源生产和消费革命、促进生态文明建设均具有重要意义[4]。

　　我们将日地平均距离称为一个天文单位，将太阳离地球垂直平均距离（约 $1.5 \times 10^8$km）的上空位置称为大气上界。在大气上界处所接收到的太阳辐射能量流，被定义为太阳常数（solar constant）。太阳常数的具体定义是，在大气上界垂直于太阳光线的单位面积上，在单位时间内所接受到的太阳辐射的全光谱的总能量流密度。大气质量（air mass，AM）是光线通过大气的实际距离比上大气的垂直厚度，世界气象组织（World Meteorological Organization，WMO）规定阳光垂直照射地球时为 AM1.0，并规定 AM1.5 对应的光线辐照度为标准测试辐照度条件，AM1.5 就是光线通过大气的实际距离为大气垂直厚度的 1.5 倍。于 1981 年公布 AM1.5 的光线的辐照度为 1000W/m²。

光伏产业是半导体技术与新能源需求相结合而衍生的产业。大力发展光伏产业，对调整能源结构、推进能源生产和消费革命、促进生态文明建设具有重要意义。我国已将光伏产业列为国家战略性新兴产业之一，在产业政策引导和市场需求驱动的双重作用下，全国光伏产业实现了快速发展。经过二十年的发展，光伏产业已成为我国少有能够形成国际竞争优势、实现端到端自主可控、有望率先成为高质量发展典范的战略性新兴产业，也是推动我国能源变革的重要引擎。目前我国光伏产业在制造业规模、产业化技术水平、应用市场拓展、产业体系建设等方面均位居全球前列。大力发展光伏产业，对调整能源结构、推进能源生产和消费革命、促进生态文明建设具有重要意义。晶硅光伏产业链构成如图 2-1 所示[5]。

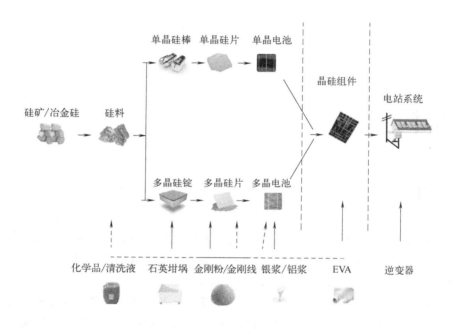

图 2-1　晶硅光伏产业链构成

## 2.1.2　太阳能电池的发展与展望

多晶硅方面，2021 年，全国多晶硅产量达 50.5 万 t，同比增长 27.5%。2022 年随着多晶硅企业技改及新建产能的释放，产量预计将超过 70 万 t。硅片方面，2021 年全国硅片产量约为 227GW，同比增长 40.6%。随着头部企业加速扩张，2022 年全国硅片产量超过 293GW。晶硅电池片方面，2021 年，全国电池片产量约为 198GW，同比增长 46.9%，2022 年全国电池片产量超过 261GW。组件方面，2021 年，全国组件产量达到 182GW，同比增长 46.1%，以晶硅组件为主，2022 年组件产量超过 233GW。光伏市场方面，2021 年全国新增光伏并网装机容量为 54.88GW，同比上升 13.9%。累计光伏并网装机容量达到 308GW，新增和累计装机容量均为全球第一。全年光伏发电量为 3259 亿 kWh，同比增长 25.1%，约占全国全年总发电量的 4.0%。2022 年光伏新增装机量超过 75 GW，累计装机容量达到约 383GW。在多国"碳中和"目标、清洁能源转型及绿色复苏的推动下，预计 2022—2025 年，全球光伏年均新增装机容量将达到 232~286GW，预计 2022—2025 年，我国年均新增光伏装机容量将达到 83~99GW。

## 2.2 太阳能电池中的光电转换机制

太阳能利用中，除了光热利用外，最主要的思路是太阳能发电，当前主要包括光热发电和光伏（photovoltaic，PV）发电两大方面。目前光热发电需要接受高的直接辐射太阳能才有价值，受到地域限制；太阳能光伏发电，是一种利用太阳能电池半导体材料的光生伏特效应，

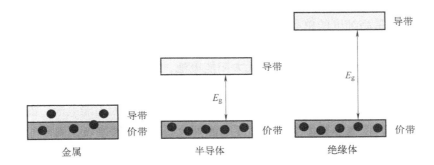

图 2-2　金属、半导体和绝缘体的材料性能区别

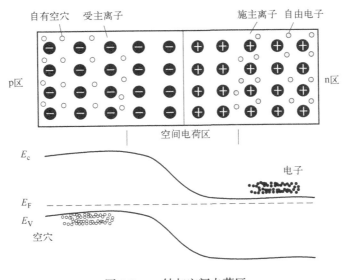

图 2-3　pn 结与空间电荷区

将太阳光辐射能直接转换为电能的发电系统。如图 2-2 所示，半导体和导体材料的导带和价带之间存在禁带宽度，用 $E_g$ 表示，当能量大于半导体材料禁带宽度的一束光垂直入射到 pn 结（positive-negative junction）表面，光子将在离表面一定深度（$1/\alpha$）的范围内被吸收，$\alpha$ 为吸收系数，如 $1/\alpha$ 大于 pn 结厚度，入射光在结区及结附近的空间激发电子空穴对。如图 2-3 所示，产生在空间电荷区内的光生电子与空穴在结电场的作用下分离，产生在结附近扩散长度范围内的光生载流子扩散到空间电荷区，也在电场作用下分离。p 区的电子在电场作用下漂移到 n 区，n 区空穴漂移到 p 区，形成自 n 区向 p 区的光生电流。

## 2.3　太阳能电池的分类

按照其发展历程，太阳能电池可以分为三类：a.以单晶硅太阳能电池为代表的第一代太阳能电池，这类电池发展最为成熟，最高光电转换效率已达 25%，且稳定性好，在市场上占据着主导地位；但是高纯度的单晶硅价格昂贵，较高的生产成本使其目前仍难以和传统能源相竞争。b.以铜铟镓硒（copper indium gallium selenium，CIGS）和碲化镉（cadmium telluride，CdTe）薄膜太阳能电池等为代表的第二代太阳能电池，采用高消光系数、直接带隙吸光材料可以有效降低电池的制造成本，光电转换效率可达 20% 以上，但受到环境污染和稀有元素 In 储量低的限制。c.以铜锌锡硫（copper zinc tin sulphur，CZTS）太阳能电池、染料敏化太阳能电池、钙钛矿型太阳能电池和量子点太阳能电池等低成本、高效率新型太阳能电池为代表的第三代太阳能电池正在快速发展[6]。无机半导体量子点消光系数高、合成过程简单，并且其独特的量子限域效应、热电子抽取以及多激子效应（multiple exciton generation effect，MEG）等优点使得基于量子点的光伏器件（即量子点太阳能电池）的理论光电转化效率高达 44%，突破肖克利-奎伊瑟（Shockley-Queisser）极限（31%）。

## 2.4　p 型晶硅太阳能电池

贝尔实验室的 Russell Ohl 在研究纯硅材料的熔融再结晶时，意外发现在很多商用高纯硅衬底上生长出的多晶硅锭显示了清晰的势垒。这种"生长结"是重结晶过程中杂质分凝的产物。Ohl 还发现，当样品受光照或加热时，结的一端会产生负电势，而另一端必须在加负偏压时，才能降低电阻使电流通过"势垒"，这个现象导致了 pn 结的诞生。加负压的这一端材料被称为"n 型"硅，相反的一端则称为"p 型"硅。这一初步实验很明确地显示了施主杂质和受主杂质在 pn 结特性中各自的掺杂效果。

从 2000 年发展至 2019 年，晶硅太阳能电池已成为光伏产业的主流电池，2021 年单晶硅太阳能电池已占据 99%的市场份额。目前，晶硅光伏主产业链包括金属硅、硅料、硅片、电池、组件及光伏电站、相关产业，还包括各环节设备制造商及辅材供应商等。

硅材料的品质首先取决于多晶硅料环节，目前多晶硅料的主流制备方法是改良西门子法，另外还有流化床法，以下重点介绍改良西门子法。改良西门子法是用氯和氢合成氯化氢（HCl），HCl 和工业硅粉在一定的温度下合成三氯氢硅（SiHCl$_3$），然后对 SiHCl$_3$ 进行分离精馏提纯，提纯后的 SiHCl$_3$ 在氢还原炉内进行化学气相沉积（chemical vapor deposition, CVD）反应生产高纯多晶硅。其主要技术为大直径对棒节能型还原炉技术、导热油循环冷却还原炉技术、还原炉尾气封闭式干法回收技术以及副产品四氯化硅（SiCl$_4$）氢化生成 SiHCl$_3$ 技术[7]。

这种方法的优点是节能降耗显著、成本低、质量好、采用综合利用技术，对环境不产生污染，具有明显的竞争优势。改良西门子工艺法生产多晶硅所用设备主要包括 HCl 合成炉，SiHCl$_3$ 沸腾床加压合成炉，SiHCl$_3$ 水解凝胶处理系统，SiHCl$_3$ 粗馏、精馏塔提纯系统，硅芯炉，节电还原炉，磷检炉，硅棒切断机，腐蚀、清洗、干燥、包装系统装置，还原尾气干法回收装置；其他包括分析、检测仪器，控制仪表，热能转换站，压缩空气站，循环水站，变配电站，净化厂房等。图 2-4 所示为改良西门子法生产多晶硅工艺流程示意图。

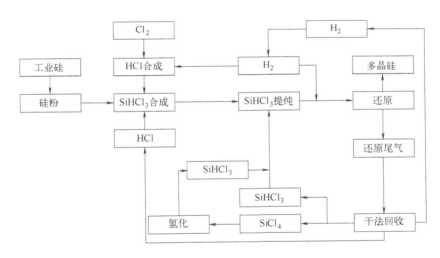

图 2-4　改良西门子法生产多晶硅工艺流程

从硅料环节再到下游则分为单晶硅和多晶硅，一般品质较高的硅料会用于生产单晶硅片，随着拉晶及提纯工艺的进步，单晶硅的市占率越来越高。

## 2.4.1　多晶硅太阳能电池

多晶硅太阳能电池的出现主要是为了降低成本，其优点是能直接制备出适于规模化生产的大尺寸方形硅锭，设备比较简单，制造过程简单、省电、节约硅材料，对材质要求也较低。

### 2.4.1.1　多晶硅生产与制备

多晶硅通常是采用铸造法制备的多晶硅或从熔融硅液直接拉出的带状晶体。铸造法是把熔融硅液注入铸型而使其凝固来制备多晶硅或单晶硅锭的方法。与切克劳斯基法（Czochralski，CZ，也称直拉法）相比较，此法的优点是在简易的设备上，短时间内可制出晶体，而且还易于制出方形晶体。之后要针对硅锭进行破锭和切片，具体切割法包括内圆刃切割法、用多根金属丝切割法、多刃切割法三种。

**（1）内圆刃切割法**

这是一种用环状刀的内圆刃切割的方法，它具有刀刃振动小的特点。

**（2）用多根金属丝切割法**

该法是用黏结金刚石磨粒的多根金属丝来回锯块状晶体。改进的方法是把一根金属丝来回缠在辊子上，而形成多条刃状丝来进行切割。由于金属丝经常进动，因此磨损部分被新的金属丝所代替。

**（3）多刃切割法**

多刃切割法是用多把切刀按一定间隔组装的组合刀具，在锭上一边加碳化硅磨粒一边来回进行切割的方法。

晶界及杂质影响可通过电池工艺改善；由于材质和晶界影响，多晶硅电池的转换效率比单晶硅太阳能电池低。电池多晶硅工艺主要采用吸杂、钝化、背场等技术。

吸杂工艺包括三氯氧磷（$POCl_3$）吸杂及铝吸杂，对高纯单晶硅硅片也有一定作用。在多晶硅太阳能电池上，不同材料的吸杂作用是不同的，特别是对碳含量高的材料就显不出磷吸杂的作用。有学者提出了磷吸杂模型，即吸杂的速率受控于两个步骤：a.金属杂质的释放/扩散决定了吸杂温度的下限；b.分凝模型控制了吸杂的最佳温度。另有学者提出，在磷扩散时硅的自间隙电流的产生是吸杂机制的基本因素。常规铝吸杂工艺是在电池的背面蒸镀铝膜后经过烧结形成，也可同时形成电池的背场。背场对高效单晶硅太阳能电池和多晶硅太阳能电池都会产生一定的作用。

钝化是提高多晶硅质量的有效方法。主要是采用等离子体增强化学气相沉积（plasma enhanced chemical vapor deposition，PECVD）设备在硅基底上镀上一层氮化硅（$Si_3N_4$）减反射膜，由于硅烷电离分解时产生氢离子，所以该膜层结构具有氢钝化作用，可以钝化硅体内的悬挂键等缺陷。在晶体生长中受应力等影响造成缺陷越多的硅材料，氢钝化效果越好。另外，氧钝化技术也得到广泛使用，尤其是热氧化法效果更明显。

### 2.4.1.2　多晶硅太阳能电池片制备工艺

由上述思路扩展开，经过历代前辈的不断完善，多晶硅太阳能电池片的制备工艺流程为：表面制绒→扩散→去除背面磷硅玻璃（phospho silicate glass，PSG）→镀膜→丝网印刷→测试分选[8]。主要流程如下。

## （1）表面制绒

表面制绒是多晶硅太阳能电池生产流程中的第一道工序，其主要目的是去除原硅片表面的脏污和机械损伤层，制绒化学药剂中会添加制绒添加剂，可以有效地在硅片表面形成不规则的绒面结构，不规则的绒面结构能够在太阳光照射时增强太阳能电池的陷光作用。单晶硅太阳能电池的绒面与多晶硅不同，单晶硅是碱制绒，依靠碱的各向异性腐蚀特性，就可以在单晶硅晶面上形成均匀、连续、细腻的正金字塔结构，从而起到良好的陷光作用。而多晶硅采用酸制绒工艺体系，主要由硝酸（$HNO_3$）和氢氟酸（HF）两部分组成，溶液与多晶硅发生的反应方程式为

$$SiO_2+6HF \longrightarrow H_2SiF_6+2H_2O \tag{2-1}$$

$$3Si+4HNO_3 \longrightarrow 3SiO_2+2H_2O+4NO \tag{2-2}$$

$HNO_3$ 与硅发生氧化反应生产二氧化硅（$SiO_2$），$SiO_2$ 吸附在硅片表面上来阻止 $HNO_3$ 与硅进一步发生化学反应。$SiO_2$ 与溶液中的 HF 在接下来继续发生化学反应，得到溶于水的络合物氟硅酸。所以单质硅遇到 $HNO_3$ 就会再次发生化学反应。随着反应不断进行，硅片表面不断受到腐蚀，最终会形成连续致密的不规则"蜂窝状"结构。

## （2）扩散

物理学上扩散的定义为物质分子由高浓度区域向低浓度区域转移，直到分布均匀的一种物理现象。但在多晶硅电池片的制备工艺中，扩散工序的目的就是在电池片的 p 型硅衬底表面掺杂形成一层 n 型物质，这样就可以形成多晶硅电池片的发电核心即 pn 结。

## （3）去除背面 PSG

在扩散过程中，会发生如下化学反应：

$$4PCl_3+5O_2 \longrightarrow 2P_2O_5+6Cl_2 \tag{2-3}$$

$POCl_3$ 分解会产生五氧化二磷（$P_2O_5$）沉积在硅片表面上，$P_2O_5$ 与硅反应生成 $SiO_2$ 和磷原子：

$$2P_2O_5+5Si \longrightarrow 5SiO_2+4P \downarrow \tag{2-4}$$

这样就形成了一层薄薄的含磷的 $SiO_2$ 层，称为 PSG。由于表面的 PSG 性质不稳定，易受环境影响，其中的 $P_2O_5$ 容易和空气中的水汽生成磷酸（$H_3PO_4$）继而形成缺陷，造成电池短路，降低电池性能。HF 具有较弱的酸性、很强的腐蚀性和易挥发特性，最重要的是 HF 能够溶解 $SiO_2$，实际生产中就利用 HF 的这一特性来去除 PSG 层。

HF 与 $SiO_2$ 反应生成易挥发的四氟化硅（$SiF_4$）气体，若 HF 过量，反应生成的 $SiF_4$ 会进一步与 HF 反应生成可溶性的络合物六氟硅酸（$H_2SiF_6$）。

$$SiO_2+4HF \longrightarrow SiF_4+2H_2O \tag{2-5}$$

$$SiF_4+2HF \longrightarrow H_2SiF_6 \tag{2-6}$$

## （4）镀膜

通过 PECVD 法在硅片表面沉积一层 $Si_3N_4$ 薄膜，增强光的投射，减少反射。另外，氢原子的掺杂可以加强钝化作用，延长多晶硅太阳能电池的寿命，提高开路电压和短路电流，

进一步提升多晶硅太阳能电池的光电转换效率。PECVD法在200~500℃范围内可以形成Si₃N₄薄膜，主要的化学反应过程如下：

$$3SiH_4+4HN_3 \longrightarrow Si_3N_4+12H_2 \uparrow \qquad (2-7)$$

### （5）丝网印刷

丝网印刷工艺是目前广泛应用的电池工艺，它的基本原理就是利用掩膜方式，将金属的导电浆料以一定的网状图案印刷在硅片的正面和背面，通常使用银（Ag）浆和铝浆制备Ag前电极，铝背电极以及背面Ag焊接主栅。随后烘干、烧结燃尽浆料的有机组分，使得金属浆料和硅片形成良好的欧姆接触，提升电池片的光电转换效率。

### （6）测试分选

对制作完成的太阳能电池进行测试分选，测试是依据电参数对太阳能电池片进行选择，主要包括电学性能测试，如光照I-V测试、暗I-V测试以及内、外量子效率测试等，电池转换效率的缺陷分析等分选是按照一定的外观尺寸标准进行的。

尽管多晶硅制备更加经济，但由于多晶硅内存在明显的晶粒界面、晶格错位等缺陷，其效率还比较低；另外还有载流子迁移率、寿命和扩散长度等影响因素，因此多晶硅太阳能电池的效率往往低于很多单晶硅太阳能电池。

## 2.4.2 单晶硅太阳能电池

### （1）单晶硅片生产及单晶硅电池类型

目前晶硅光伏产业占据99%市场份额的是单晶硅电池，制备单晶电池的主要原材料是单晶硅片，而单晶硅片来自于单晶硅棒，目前制备单晶硅棒的主流方法是CZ法，即利用旋转着的籽晶从坩埚中的熔体中提拉制备出单晶的方法。目前国内太阳能电池单晶硅硅片生产厂家大多采用这种技术。

直拉单晶硅棒生产流程如图2-5所示，其具体步骤为：多晶硅硅料置于坩埚中经加热熔化，待温度合适后，经过将籽晶浸入、熔接、引晶、放肩、转肩、等径、收尾等步骤，完成一根单晶铸锭的拉制。炉内的传热、传质、流体力学、化学反应等过程都直接影响到单晶的生长及生长成的单晶的质量，拉晶过程中可直接控制的参数包括温度场、籽晶的晶向、坩埚和生长成的单晶的旋转及提升速率，炉内保护气体的种类、流向、流速、压力等。

将单晶硅棒经过切方、切片等工序加工即可制备单晶硅片产品，用单晶硅片制作的电池则称为单晶硅电池。单晶硅电池技术分为背表面场效应电池（back surface field effect solar cell，BSF电池）技术和钝化发射极及背面电池（passivated emitter and rear cell，PERC）技术，这也是目前主流的单晶电池技术，由于传统的BSF电池在硅片背表面形成铝背电场层，铝背电场层与单晶硅片完全接触，较大的接触面积使得电池片背表面复合速率高，在一定程度上降低了电池效率。PERC技术与传统工艺相比增加了一个背面膜层结构和两步镀膜工艺，通过在硅片背表面分别沉积氧化铝（Al₂O₃）膜和Si₃N₄钝化保护膜，利用高折射率高致密性的Si₃N₄膜，减少背部复合，加强钝化效果，提高了少数载流子寿命。同时，$Si_3N_4$膜层还可以保护$Al_2O_3$膜层，降低物理损伤和化学侵蚀损伤。单晶 PERC 技术显著提升了电池的光电转换效率，是目前性价比最高的电池产品。单晶 PERC 电池未来五年将占据 75% 以上的市场份额。

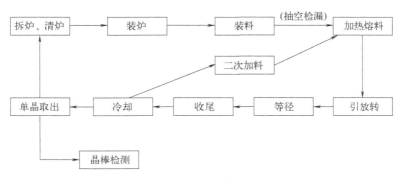

图 2-5　直拉单晶硅棒生产流程

### （2）单晶硅 PERC 电池生产工艺

单晶硅 PERC 电池采用的$Al_2O_3$钝化层具有固定负电荷的功能，可完全消除背面的寄生电容，增强背钝化，降低载流子表面复合速率，从而提高开路电压（open-circuit voltage，$V_{oc}$）。$Al_2O_3$膜包含两种，一种处于四面体构型的（$AlO_{4/2}$）$^-$单元中，另一种处于八面体结构的$Al^{3+}$单元中。为保持整个薄膜的电中性，两者以 3∶1 的比例存在。在有$SiO_2$中间层的样品上生长$Al_2O_3$膜以四面体结构为主，这主要是因为在$SiO_2$层中的硅原子是四面体结构，因此，$SiO_2$促进了与之接近的$Al_2O_3$膜层中形成过剩的四面体构型的$AlO_4^-$单元，而这使得负电荷超过了正电荷。因此，$SiO_2$附近生长的$Al_2O_3$膜层中形成了高密度的负电荷，达到背钝化的作用。单晶硅 PERC 电池的常见制备流程（图 2-6）如下。

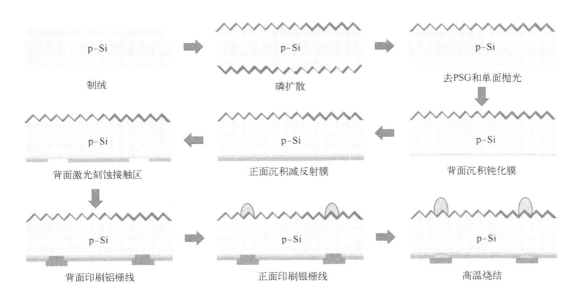

图 2-6　单晶硅 PERC 电池制备流程

① 使用 HF、HNO₃、硫酸（H₂SO₄）、氢氧化钾（KOH）、氢氧化钠（NaOH）、硅酸钠（Na₂SiO₃）等和去离子水制成化学腐蚀溶液，同时为了优化工艺在碱溶液中加入添加剂，如异丙醇（IPA）、连二硫酸铵 [（NH₄）₂S₂O₄]、水合联氨（N₂H₄·H₂O）等，对硅片进行前清洗和表面制绒。

② 将加工得到的硅衬底表面进行淀积掺杂源并进行热扩散制备 pn 结；所述掺杂源为 POCl₃ 和氧气（O₂），在高温扩散条件下时，加热时间为 30~60min，形成 pn 结；在扩散过程中，POCl₃ 采用氮气（N₂）携带，流量携带 N₂ 流量：700~1000sccm（流量体积单位，立方厘米每分钟），时间：20~35min，携带量：POCl₃ 15~25g；O₂ 流量：500~700sccm，时间：30 ~ 45min，温度：830~870℃，制作出低表面浓度的磷硅酸盐玻璃（phospho silicate glass，PSG）层，使扩散薄层方块电阻由 120Ω/□（方块电阻单位）提高到 180Ω/□，方块电阻标准差在 5% 以内。

③ 使用波长为 532 nm 的激光辐照，根据高阻密栅电池正面电极图形设计选择性发射极（selective emiter，SE）激光掺杂图形，进行激光局域烧蚀，激光图形改变后，对激光的速率、功和虚实比做相应调整，在所述硅片的辐照区实现磷的低浓度掺杂而形成 n 型发射极，制备得到初步的选择性发射结构。

④ 对激光掺杂后的硅片进行清洗和背面抛光，通过 HF、HNO₃ 及 H₂SO₄ 混合溶液和后续碱槽中 KOH/NaOH 溶液将硅片背面 n 型层腐蚀去除，并将正面的 PSG 去除，去除背面 pn 结、周边 pn 结和 PSG 层；并对硅片背表面进行 3~8μm 抛光处理。

⑤ 按 PERC 电池工艺流程完成氧化退火，背面改进配方制备 3~28nm 的 Al₂O₃ 背钝化层及 100~150nm 背面 Si₃N₄ 减反射钝化保护膜层，翻转电池片正面 PECVD 沉积膜厚 74~84nm 的 Si₃N₄ 减反射钝化保护膜层。

⑥ 在背面 Si₃N₄ 镀膜层上，根据丝网印刷背面电极图形设计高阻密栅背面激光开槽图形，并做激光刻槽。

⑦ 丝网印刷一、二、三、四道使用高阻密栅电池专用网版，在网印二、三、四道增加对位相机、升级对位软件，确保正、背面栅线精确印刷到 SE 区、背面激光开槽区，同时使用正电极专用浆料，低温快速烧结退火形成导出电极。

⑧ 在线测试高阻密栅电池片电性能和电致发光（electroluminescent，EL）测试，完成效率分档及外观检验，满足用户要求。

# 2.5  n 型晶硅太阳能电池

PERC 晶硅太阳能电池是市场上的主流产品，但是就目前的研究来说，其效率很难有进一步的提升，为了满足更高效率和低成本的太阳能电池的需要，非晶硅薄膜电池逐渐发展流行。然而，非晶硅薄膜性质不稳定，转换效率也较低，这限制了其产业化的发展。这时，为了保持高效率、高稳定性以及低成本化的生产，利用非晶硅薄膜和单晶硅衬底的异质结结构的 n 型晶硅太阳能电池引起了众多研究者的关注，这种电池结合了单晶硅和非晶硅的优势，使得电池的热稳定性、光稳定性都有明显提高。主要包括晶体硅异质结太阳能电池（heterojunction with intrinsic thinlayer，HIT）、隧穿氧化层钝化接触太阳能电池（tunnel oxide passivated contact，TOPCon），由于 HIT 首先被日本三洋公司注册为商标，所以国内的 n 型异质结太阳能电池也被称 HJT（heterojunction technology）、HDT（heterojunction double-sided technology）和 SHJ（silicon heterojunction with intrinsic thinlayer），它们本质上属于同一种电池。

## 2.5.1 HJT 太阳能电池

### 2.5.1.1 HJT 太阳能电池简介

#### （1）发展历史

1951 年，A.I.Gubanov 提出了 HJT 太阳能电池并做出了一些相关实验数据分析及理论验证，但由于当时的条件和技术都不成熟，因此并没有成功制备出 HJT 太阳能电池器件[9]。1974 年，Fuhs 等人[10]首次发现了 a-Si：H/c-Si 异质结器件，采用了 PECVD 方法沉积含氢的非晶硅薄膜，由于氢与硅相结合生成 Si-H 键，实现了悬挂键的饱和及硅缺陷的钝化，从而降低了晶体硅结构中的缺陷密度。日本三洋公司开创了非晶硅薄膜异质结光伏电池，通过在异质结之间插入一层本征非晶硅实现了异质界面的良好钝化，电池效率可达到 18.1%。2003 年，三洋公司进行技术改进得到了 21.3%的实验室电池转换效率和 17.3%的产业化组件效率，单件组件的输出功率高达 200 W。日本松下公司紧追其后，分别在 2009 年和 2011 年取得了 22.3%和 23.7%的转换效率[11, 12]。后来更是将 HJT 技术与交叉背接触（interdigitated back contact，IBC）技术相结合，得到了转换效率为 25.6%的太阳能电池[13]。2019 年，中国汉能公司制造了全面积高效薄膜异质结光伏电池，打破了世界纪录，面积为 244.45cm$^2$ 的异质结电池实现了 25.11%的光电转换效率，超过了上一个 6in 硅片取得的 24.85%的转换效率纪录[14]。随着对效率的不断创新突破，HJT 太阳能电池在未来的市场前景是十分广阔的。据国际光伏技术线路（international technology roadmap for photovoltaic，ITRPV）2015 预测，2025 年 HJT 电池的市场份额将达到 10%[15]。

#### （2）结构

HJT 太阳能电池的结构如图 2-7 所示：以 n 型单晶硅为衬底（c-Si），分别在两侧制备 5nm 的 n 型和 p 型本征氢化非晶硅薄膜（i-a-Si:H）；随后分别在正面沉积掺杂氢的 n 型非晶硅薄膜（n-a-Si:H），背部制备一层掺杂氢的 p 型非晶硅薄膜（P⁺-a-Si:H），共同构成 pn 结；在电池两侧沉积透明导电薄膜（transparent conductive film，TCO）来汇集电流进行导电，同时起到减反射的作用，鉴于非晶硅的导电性比较差，因此最后采用丝网印刷技术形成双面电极。由此构成以 n 型单晶硅为衬底的 TCO/n-a-Si:H/i-a-Si:H/n-c-Si/i-a-Si:H/P⁺-a-Si:H/TCO，具备对称双面电池结构[16]。

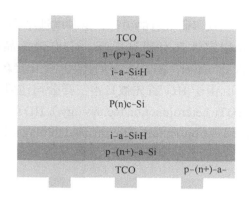

图 2-7　HJT 太阳能电池的基本结构组成[16]

HJT 太阳能电池结构中，本征非晶硅层（i-a-Si）具有极其重要的作用，禁带宽度为 1.7~1.9eV，非晶硅层的禁带宽度为 1.7~1.9eV，n-a-Si 层的禁带宽度约为 1.12eV，两者不能完全匹配，界面处能带不匹配，如果在两者中间插入 i-a-Si，可以作为缓冲层钝化界面处的悬挂键，调节能带偏移，减少漏电流。

**（3）工作原理**

HJT 太阳能电池的工作原理十分简单，当光照到 HJT 太阳能电池上时，吸收层（p⁺-a-Si）发生吸收过程，激发形成光生载流子，$p^+$-a-Si 和 n-c-Si 形成 pn 结，在内建电场的作用下，p 区中的光生电子会向着 n-c-Si 漂移，n-c-Si 中的空穴转移至 $p^+$-a-Si 区层，光生电荷在电池的正面和背面逐渐累积，在两端电极产生电压，在外接负载的情况下产生电流，从而产生功率输出[17]。

**（4）制备工艺**

HJT 电池的制备工艺比 PERC 电池更简便，只有 4 个主要环节——清洗制绒、非晶硅沉积、TCO 导电膜沉积、丝网印刷。有两种主要的制备方法：化学气相沉积（chemical vapor deposition，CVD）和物理气相沉积（physical vapor deposition，PVD）。化学气相沉积中的等离子体增强化学气相沉积（PECVD）是应用最为广泛的，即通过射频电场对反应气体进行辉光放电，反应气体形成低温等离子体，可以增强反应物质的化学活性，从而利于外延的进行。该方法在较低的温度下进行，以某种方式产生辉光放电，基体表面的气体发生电离，同时基体表面产生阴极溅射，从而提高表面活性。沉积膜就是在表面的热化学反应和等离子体化学反应下形成的。

### 2.5.1.2　HJT 太阳能电池的技术优势与劣势

HJT 太阳能电池具有以下优势：高效率，最高可以达到 25% 左右的光电转换效率；薄片化，目前最薄的 HJT 太阳能电池在 160~100μm 范围内，更薄的硅片消耗硅料更少，硅片生产成本就更低，且薄片提升了透光性和柔韧性，增加了电池的应用场景；大尺寸，产业化的最大尺寸已经实现 210mm 硅片的生产，大尺寸电池片在成本和效率上具备明显优势，可帮助下游的电池、组件、电站等环节实现增效降本；双面结构，HJT 太阳能电池双面使用 Ag 浆，具有双面结构，背面效率可以达到正面的 90%，在不增加封装成本的同时，提升了转换效率和使用寿命。另外，高开路电压、制备工艺简单、没有光致衰减等优点，都使得 HJT 太阳能电池的产业化技术逐渐成熟。

HJT 太阳能电池的高效率主要得益于 n 型硅衬底以及非晶硅对基底表面缺陷的双重钝化作用。目前量产效率普遍已在 24% 以上；25% 以上的技术路线已经非常明确，即在前后表面使用掺杂纳米晶硅、掺杂微晶硅、掺杂微晶 $SiO_2$、掺杂微晶碳化硅取代现有的掺杂；HJT 未来叠加 IBC 太阳能电池和钙钛矿太阳能电池的转换效率或可提升至 30% 以上。由于 HJT 电池衬底通常为 n 型单晶硅，而 n 型单晶硅为磷掺杂，不存在 p 型晶硅中的硼氧复合、硼铁复合等，所以 HJT 电池对于光致功率衰减（light induced degradation，LID）效应是免疫的，并且，由于能带等方面的优势，n 型晶硅衬底的 HJT 太阳能电池效率相对高于 p 型衬底的 HJT 太阳能电池。HJT 电池的表面沉积有 TCO 薄膜，无绝缘层，因此无表面层带电的机会，从结构上避免电势诱导衰减（potential induced degradation，PID）发生。HJT 电池首年衰减 1%~2%，此后每年衰减 0.25%，远低于 PERC 电池掺镓（Ga）片的衰减情况（首年衰减 2%，此后每年衰减 0.45%），也因此 HJT 电池全生命周期每瓦（W）发电量高出双面 PERC 电池 1.9%~2.9%。

HJT 太阳能电池的技术劣势：设备投入大，需要用到的 PECVD 设备要求较高，且没有成熟的成套设备，设备投入为 PERC 电池设备的 2~4 倍。生产成本相对较高。Ag 浆用量相比 PERC 提高 50%，同时 HJT 电池生产全过程中的温度一般不应超过 200℃，因此必须使用低温 Ag 浆，价格也高出传统 Ag 浆约 50%，使得 HJT 太阳能电池的生产成本大幅提高[18]。

## 2.5.2 TOPCon 太阳能电池

### （1）发展历史

2013 年，德国弗劳恩霍夫（Fraunhofer）太阳能研究所提出了一种新的电池结构——TOPCon 太阳能电池，并迅速地在效率上做出突破且达到了 25%[19]。2014 年，Armin 研究了具有正面掺硼的发射器和全面积隧道氧化物钝化的 n 型硅太阳能电池并达到了 23% 的转化效率，经过不断优化，在 2018 年达到了 25.7% 的转换效率[20]。随着 TOPCon 太阳能电池的火热，国内外争相报道各种效率的 TOPCon 太阳能电池。2016 年德国哈梅林太阳能研究所（Institutfür Solarenergieforschung in Hameln，ISFH）通过精简工艺流程，利用低压力化学气相沉积（low pressure chemical vapor deposition，LPCVD）制造了具有两极钝化界面结的多晶硅氧化物（polysilicon on oxide，POLO）双面接触电池的构建模块，TOPCon 太阳能电池达到了 748mV 的开路电压、$0.6fA/cm^2$ 的最低饱和电流密度[21]。2017 年，韩国大学也做到了开路电压 740mV[22]。国内研究中，各大企业（晶科、天合、通威、隆基等）近年来纷纷投入大量的人力财力进行高效 TOPCon 太阳能电池的研究与量产。

## （2）结构

TOPCon 太阳能电池的基本结构如图 2-8 所示，以 n 型硅片作为衬底，正表面由内至外依次掺杂硼发射极、$Al_2O_3$ 钝化层、$Si_3N_4$ 减反层和金属电极；背表面为隧穿氧化层、掺磷多晶硅层、$Si_3N_4$ 减反层和金属电极。该结构与普通 n 型太阳能电池或 PERC 没有本质的区别，主要是背面结构不同。这种结构的主要特征是具备超薄 $SiO_2$ 层和一层磷掺杂的微晶非晶混合 Si 薄膜，两层共同构成隧穿氧化层钝化金属接触结构[23]。由于金属与半导体接触区域存在严重的复合，很大程度上影响了电池效率，隧穿氧化层钝化金属接触结构的优势在于在具备良好的接触性能的情况下，还能够减少金属和半导体接触区域存在的复合，显著地提高太阳能电池的效率。其原理是 n 型掺杂的多晶硅与 n 型硅衬底接触会促使 n 型衬底能带向下弯曲，这样就降低了电子传输所需的势垒，因此超薄氧化层可以允许多子电子隧穿而阻挡少子空穴透过，电子和空穴发生分离，从而减少复合，提升电池的开路电压和短路电流，从而提升电池转化效率[24, 25]。

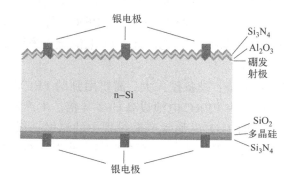

图 2-8　TOPCon 太阳能电池的基本结构[26]

## （3）制备工艺

TOPCon 太阳能电池的制备过程包括清洗制绒、磷扩散、边绝缘、单面刻蚀、减反射镀膜、背部多晶硅、湿法刻蚀、丝网印刷、烧结和测试分选。具体步骤为：首先对硅片进行清洗制绒使得表面呈金字塔结构，利用金字塔结构的陷光原理增强对光的吸收。其次在硅片正面用离子注入法实现磷掺杂，制备发射电极和 p 型发射极形成 pn 结；在电池背面制备一层 1~2nm 的超薄 $SiO_2$，该步骤主要的制备方法包括 $HNO_3$ 热氧化、等离子体氧化、LPCVD 低压热氧化；同时利用 PECVD 超薄 $SiO_2$ 层上沉积一层 20nm 厚的磷掺杂的微晶与非晶混合硅薄膜，然后在 850℃ 的退火温度下退火使其重结晶，形成 n 型多晶硅钝化接触结构；再利用原子层沉积（atomic layer deposition，ALD）沉积一层具有一定厚度的 $Al_2O_3$ 薄膜作为正面 p 型发射极的钝化层；最后利用 PECVD 设备沉积一层 $Si_3N_4$ 薄膜层起到减反射和增强钝化的作用。以上就是正面和背面钝化层的制作，随后进行正电极和背电极的制作。正电极的制备利用光刻法制备栅线，然后利用电子束蒸发镀膜机，最后利用化学电镀法制备 Ag 电极，以上就构成了完整的 TOPCon 太阳能电池结构[27]。

# 2.6　背接触太阳能电池

## 2.6.1　金属缠绕穿透技术（MWT）太阳能电池

金属缠绕穿透技术（metallization wrap-through，MWT）是一种新型背接触电池技术，与常规电池相比，在制绒工艺之前增加了激光打孔的工艺步骤，具体制作过程为：激光打孔→制绒→扩散→刻蚀→沉积正面减反射膜→印刷烧结。

MWT 技术与常规太阳能电池技术相比，在制绒工艺之前增加了激光打孔这一步骤。在电池表面通过激光打孔工艺将电流通过空洞引到电池背面，形成一个背接触结构[28]。激光打孔工艺形成的是有一定锥度的圆台状的孔洞，电池背面激光打孔的直径较正面略大，背面激光孔直径为（180±10）μm，正面激光孔直径为（140±10）μm。这种结构使得电池正面不再需要主栅电极，正面电极收集的光生载流子通过孔洞引到背面，增大了电池正面受光面积[29]。通过这种结构可以有效提高电池光电转换效率。同时，由于 MWT 电池在组件封装过程中不需要焊带，避免了焊接应力导致的性能衰减，因此这种结构更适用于较薄硅片，有助于降低电池制造成本。此外，MWT 电池技术具有良好的兼容性，可以与各种先进硅电池技术进行叠加。

## 2.6.2　IBC 太阳能电池

IBC 太阳能电池与其他晶硅电池在结构上有明显区别，其主要特征在于，IBC 太阳能电池的正面无金属栅线，发射极和背场以及对应的正负金属电极呈叉指状集成在电池的背面，其结构如图 2-9 所示[30]。

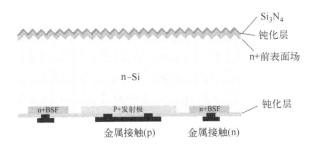

图 2-9　IBC 太阳能电池结构[30]

由于 IBC 太阳能电池前表面收集的载流子要穿过衬底并远距离扩散到背面电极，所以主流的量产 IBC 电池一般采用少子寿命更高的 n 型单晶硅衬底。IBC 太阳能电池正面采用金字塔结构和抗反射层改善光捕获效果，钝化层底下可通过扩散方式形成前表面场（front surface field，FSF）或者 p 型正面浮动结（front floating emitter，FFE）结构[30]。当采用 FSF 结构时，电池上表面 n⁺/n 高低结能够充当电场，排斥前表面的少数载流子，从而减少了前表面载流子的复合，有利于 IBC 太阳能电池光电转换效率的提升。当采用 FFE 结构时，电池表面形成 p+/n 结，p 型 FFE 将向衬底中注入一定浓度的少子空穴，通过增加衬底中的少子空穴浓度来提升电池的短路电流密度。

IBC 太阳能电池背面一般可采用印刷源浆、光刻、离子注入或激光掺杂等方式形成叉指状的 p+区和 n+区。以印刷源浆方式进行 p+区和 n+区掺杂具有成本优势，且工艺简单，但易造成电池表面缺陷，掺杂效果难以控制，尚未应用于 IBC 太阳能电池。光刻技术具有复合低、掺杂类型可控等优点，但工艺过程复杂，工艺难度大。离子注入方式具有控制精度高、扩散均匀性好等特点，但其设备昂贵，易造成晶格损伤。2017 年，Y.S.Kim 等人[31]采用离子注入工艺分别进行硼掺杂和磷掺杂，制备的 IBC 太阳能电池获得了 22.9%（5in 硅片）的光电转换效率。激光掺杂工艺简单，常温可制备，但需要精确对位。2017 年，M.Dahlinger 等人[32]采用激光掺杂的方式，制备了单元电池宽度小于 500μm 的 IBC 太阳能电池，获得了 23.24% 的电池光电转换效率。

IBC 太阳能电池经过 40 多年的发展，在理论研究与技术应用方面都得到了显著发展。在此期间，Sunpower 公司对 IBC 太阳能电池技术的提升与产业化起到了重要的推动作用。随着 n 型电池技术市场占有率的不断增加，进一步提高光电转换效率也成为 IBC 太阳能电池技术的研究重点。目前，基于 IBC 太阳能电池结构衍生的新型高效太阳能电池研究可分为两个方向，即叠加高质量钝化接触结构和作为底电池制备叠层电池。前者包括叉指背接触异质结太阳能电池（interdigitated back contact silicon heterojunction solar cell，HBC）、POLO-IBC 高效晶硅电池技术，后者主要为钙钛矿太阳能电池（perovskite solar cell，PSC）与 IBC 叠层电池技术。

## 2.6.3　HBC 太阳能电池

为了进一步提高 IBC 太阳能电池的光电转换效率，除了对现有工艺（如前表面场、选择性掺杂和先进陷光技术等）进行优化外，IBC 太阳能电池技术与光电转换效率提升方向可以分为两种，一种是提高 IBC 太阳能电池的钝化效果，另一种是作为底电池应用于叠层电池中提升光利用率。现阶段，通过优化 IBC 太阳能电池表面钝化而衍生的新型高效太阳能电池包括叉指背接触异质结（HBC）电池，其主要应用在于载流子选择钝化接触可以抑制少数载流子在界面处的复合速度，从而有效提高 IBC 太阳能电池表面钝化效果[33]。

HBC 电池是将 HJT 太阳能电池与 IBC 太阳能电池结合，在常规直拉（CZ）n 型硅片上制备出叉指背接触异质结太阳能电池，其结构如图 2-10[34]所示。与 IBC 太阳能电池结构相比，HBC 太阳能电池采用氢化非晶硅（a-Si:H）作为双面钝化层，在背面形成局部异质结结构，基于高质量的非晶硅钝化，获得高开路电压。与 HJT 太阳能电池相比，HBC 太阳能电池前表面无电极遮挡，采用减反射层取代 TCO，在短波长范围内光学损失更少，成本更低。截至目前，HBC 太阳能电池代表着晶硅太阳能电池的最高光电转换效率水平。

2014 年，Sharp 公司[35]提出采用光刻加湿法工艺在背面形成叉指状的 a-Si:H（i）/a-Si:H（n）和 a-Si:H（i）/a-Si:H（p）层，采用蒸镀方式制备 HBC 太阳能电池，获得 25.1%

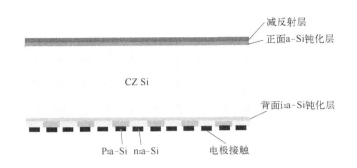

图 2-10　HBC 太阳能电池结构[35]

的电池光电转换效率。2017 年，日本 Kaneka 公司[36]采用产业化的射频（radio frequency, RF）PECVD 的方式形成非晶硅层，在 180cm² 的大面积硅片上制备出光电转换效率为 26.3% 的 HBC 太阳能电池；同年，Kaneka 公司[37]通过优化串联电阻和欧姆接触性能，将 HBC 太阳能电池光电转换效率提高至 26.63%。为了进一步研究 HBC 电池光电转换效率极限，2018 年，P.Procel 等人[38]对 HBC 太阳能电池载流子传输机理进行了理论研究，通过减小晶硅界面处的能带弯曲和掺杂层与 TCO 界面处功函数不匹配，采用计算机辅助设计（technology computer aided design，TCAD）仿真软件获得了 27.2% 的电池光电转换效率。

HBC 太阳能电池有高质量的钝化效果和低的温度系数，不仅电池端光电转换效率优势明显，而且在组件端相同条件下发电量更高。然而，HBC 太阳能电池虽然具备大短路电流和高开路电压的双重优势，但也兼具了 IBC 太阳能电池与 HJT 太阳能电池在结构与工艺上的难点。HBC 太阳能电池不仅需要解决 HJT 技术存在的 TCO 靶材和低温 Ag 浆成本高以及良率低等问题，还需要解决 IBC 技术严格的电极隔离、制程复杂及工艺窗口窄等问题。因此，尽管 HBC 太阳能电池光电转换效率优势明显，但其至今未实现产业化。

### 2.6.4　TBC 太阳能电池

叠加 TOPCon 和 IBC 技术的新型隧穿氧化层钝化接触背接触（tunneling oxide passivated contact back contact，TBC）电池已成为热点，TBC 电池又称为多晶硅氧化物（POLO）IBC 电池，即 POLO-IBC 电池。POLO 选择钝化接触技术是通过生长 SiO₂ 和沉积本征多晶硅，采用高温退火方式使正背面的 SiO₂ 钝化薄层形成局部微孔，通过微孔和隧穿特性实现电流的导通[39]。因此，将 POLO 技术用于正面无遮挡的 IBC 太阳能电池，能在不损失电流的基础上提高钝化效果和开路电压，获得更高光电转换效率的 IBC 太阳能电池。TBC 电池结构如图 2-11 所示。

2018 年，德国 ISFH 公司[40]采用区熔（FZ）法制备的 p 型单晶硅片将 POLO 技术应用在 IBC 太阳能电池上进行钝化，在 4 cm² 电池面积上获得了 26.1% 的 POLO-IBC 太阳能电池光电转换效率。但是此结构制备流程相对复杂，并且使用了多次光刻和自对准的工艺。为了简化工艺，2019 年，ISFH 公司[41]在 p 型钝化发射极及背局域接触电池（p-PERC）技术的基础上，增加多晶硅沉积设备，在常规 CZ 法的掺 Ga 的 p 型单晶硅片上制备 POLO-IBC 电池，获得了 21.8% 的光电转换效率。其中，利用原位掺杂方式制备掺杂多晶硅层，采用常规丝网印刷和共烧结方式形成金属接触。这种方法制得的 TBC 电池与目前常规产线兼容性高，但光电转换效率较低。

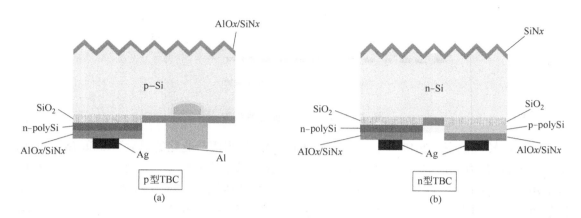

图 2-11　p 型 TBC（a）和 n 型 TBC（b）电池结构

除了在 p 型电池上的尝试外，POLO 技术在 n 型 IBC 太阳能电池上的技术研究也取得了一定的进展。G.T.Yang 等人[42]采用离子注入的方式对沉积的非晶硅进行掺杂，高温退火后形成多晶硅隧穿钝化接触，在 n 型晶硅基底上获得了 21.2% 的 IBC 电池光电转换效率。2018 年，通过优化前表面，将 TBC 电池光电转换效率提高到了 23%[43]。2019 年，天合光能公司[44]采用低压化学气相沉积（LPCVD）法对 IBC 电池的 BSF 进行多晶硅隧穿钝化，仅通过调节湿法工艺使其与原始 IBC 电池工艺相兼容，在 6in 硅片上实现了 IBC 电池光电转换效率由 24.1% 到 25% 的技术提升。

然而，随着 n 型高效电池市场份额的不断增大，TBC 太阳能电池技术与效率优势逐渐显现，部分制造商已完成了大面积 TBC 太阳能电池量产技术的开发。TBC 太阳能电池具有稳定性好、选择性钝化接触优异及与 IBC 技术兼容性高等优势，不仅能够应用于 n 型晶硅基底，也可应用于 p 型基底，在光电转换效率提升和成本降低方面都有巨大潜力。目前，TBC 太阳能电池的技术难点主要集中在背面电极隔离、多晶硅钝化质量的均匀性以及与 IBC 工艺路线的集成等。但随着 LPCVD 和 PECVD 等设备的不断升级，TBC 太阳能电池技术在未来将更具发展前景。

# 2.7　多元化合物太阳能电池

多元化合物太阳能电池指的是由多元素半导体材料制成的太阳能电池，材料多为无机盐，其主要包括元素周期表中Ⅲ族元素与Ⅴ族元素，形成的化合物简称为Ⅲ-Ⅴ族化合物，是继锗（Ge）和硅（Si）材料以后发展起来的半导体材料，且有许多种组合可能。目前流行的几种是砷化镓（GaAs）太阳能电池、CdTe 太阳能电池和 GIGS 太阳能电池。GaAs 太阳能电池具有十分理想的光学带隙以及较高的光吸收效率，很适合用于高效单结电池。CdTe 太阳能电池的理论转换效率高于晶硅太阳能电池，成本低于晶硅太阳能电池，可以大规模生产，是产业化最成功的多元化合物薄膜太阳能电池。GIGS 太阳能电池转换效率高，且不存在光致衰退，性能优良。这三种薄膜太阳能电池以其独特的优势，吸引了大量研究者的关注[45]。

## 2.7.1 GaAs 薄膜太阳能电池

GaAs 材料的带隙宽度为 1.42eV，与单结 Si 带隙宽度相接近，由于 GaAs 材料具有直接带隙结构，因而具有较高的光吸收效率，经计算，当光子能量大于其 $E_g$ 的太阳光进入 GaAs 后，仅经过 1μm 左右的厚度，其光强因本征吸收激发光生电子-空穴对便衰减到原值的 1/e 左右，这里 e 为自然对数的底，经过 3μm 以后，这一光谱段 95% 以上的阳光已被 GaAs 吸收。所以，GaAs 太阳能电池的有源区厚度多选取 3μm 左右。这一点与具有间接能带隙的硅材料不同。硅的光吸收系数在光子能量大于其带隙宽度（$E_g$=1.12eV）后是缓慢上升的，在太阳光谱很强的可见光区域，它的吸收系数都比 GaAs 小一个数量级以上[46]。因此，硅材料需要厚达数十甚至上百微米才能充分吸收太阳光，而 GaAs 太阳能电池的有源层厚度只有 3~5μm。因此，GaAs Ⅲ-Ⅴ族化合物电池的转换效率可达 28% 以上，还具有良好的抗辐射性能和较小的温度系数，因而 GaAs 材料特别适合于制备高效率、空间应用的太阳能电池。GaAs 太阳能电池，无论是单结电池还是多结电池所获得的转换效率都是至今所有种类太阳能电池中最高的。2006 年年底，美国光谱实验室（Spectrolab）已研制出效率高达 40.7% 的三结聚光 GaInP/GaInAs/Ge 叠层太阳能电池。

Ⅲ-Ⅴ族化合物中，抗辐照性能最好的是磷化铟（InP）太阳能电池。但Ⅱ-Ⅴ族化合物太阳能电池，如铜铟硒薄膜电池（CIS）的抗辐照性能超过了 InP 太阳能电池，是抗辐照性能最好的太阳能电池。其不存在光致衰退问题，转换效率和多晶硅一样，具有价格低廉、性能良好和工艺简单等优点，将成为今后发展太阳能电池的一个重要方向。唯一的问题是材料的来源，由于 In 和 Se 都是比较稀有的元素，因此，这类电池的发展会受到一定限制。

尽管 GaAs 太阳能电池及其他Ⅲ-Ⅴ族化合物太阳能电池具有上述诸多优点，但其材料价格昂贵、制备技术复杂，导致太阳能电池的成本远高于硅太阳能电池，因而除了空间应用之外，GaAs 太阳能电池的地面应用很少。随着叠层电池转换效率的迅速提高以及聚光太阳能电池技术的发展和设备的不断改进，聚光Ⅲ-Ⅴ族化合物太阳能电池系统的地面应用成为可能。尤其是近年来光伏建筑一体化（building integrated photovoltaics，BIPV）已成为热点。

## 2.7.2 CdTe 薄膜太阳能电池

CdTe 是Ⅱ-Ⅵ族化合物半导体，常温下，CdTe 的稳定相是面心立方的闪锌矿结构。Cd 和 Te 结合时形成很强的离子键，键长是 0.2806nm，立方结构的晶格常数是 0.6481nm。在通常制备的 CdTe 薄膜中，其晶粒主要由两种取向所主导，一种是（111）取向的极性面，每个晶面全部由 Te 原子或者全部由 Cd 原子组成，这两种晶面交替堆放；另一种是（110）取向的非极性面，在这种平面上，Te 原子与 Cd 原子各占一半。

CdTe 是一种直接带隙半导体材料，它与太阳光谱十分匹配，是一种极优良的光伏材料，具有 28% 的理论效率，CdTe 薄膜太阳能电池的光吸收系数是晶硅材料的 100 倍，单结电池的转化效率可以达到 30%。第一个 CdTe 薄膜太阳能电池于 1976 年诞生于美国无线电（Radio Corporation of America，RCA）公司实验室，通过在 CdTe 上镀金属 In 的合金制备得到；1982年，n 型硫化镉（CdS）被引入，并作为 CdTe 电池的窗口层，Kodak 实验室制备出了效率超过 10% 的 CdTe 薄膜太阳能电池。经过长达 20 年的发展，美国可再生能源实验室（National Renewable Energy Laboratory，NREL）使用 CdSnO$_4$/ZnSnO$_4$ 复合薄膜层取代了传统 ITO 作为电池前电极，研制了转换效率为 16.7% 的 n-CdS/p-CdTe 异质结薄膜太阳能电池，创造了 2001年至 2011 年效率纪录。之后，美国 First Solar 公司对传统 CdS 窗口层进行改进，在 2011 年和 2016 年研制了效率分别为 17.3% 和 22.1% 的 CdTe 薄膜太阳能电池。国内对于 CdTe 薄膜太阳能电池的研究开始于 20 世纪 80 年代初，内蒙古大学利用蒸发技术制备 CdTe 薄膜太阳能电池，北京太阳能研究所采用电沉积技术（electrodeposition，ED）制备，达到了 5.8% 的转换效率。20 世纪 90 年代后期，四川大学太阳能材料与器件研究所的冯良桓教授采用空间升华法技术开展 CdTe 薄膜太阳能电池研究，后来取得了 13.38% 的电池转换效率，进入世界前列[47]。

另外，CdTe 薄膜太阳能电池的产业化也在持续推进，是产业化最成功的薄膜电池，这主要得益于它的高性能和低成本。美国 First Solar 公司是较早开始推进 CdTe 组件产业化的代表，目前的年产能达到 8GW，量产的 CdTe 组件效率可以达到 19%，美国 40% 的地面电站都采用 CdTe 组件[48]。国内的 CdTe 电池产业化还处于起步阶段，四川阿波罗太阳能科技有限责任公司通过自主创新，研发出硫化镉、CdTe 及其合成太阳能电池材料的生产工艺技术——硫化镉湿法生产工艺和 CdTe 液相生产工艺，拥有成熟的高纯 CdTe 生产线，已建成新的年产 50t 的高纯 CdTe 材料生产线和一条 5MWCdTe 薄膜太阳能电池生产线。尽管在中国发展相对缓慢，CdTe 电池组件的市场前景仍然被各国产业资本看好，不仅可以用于大型的光伏电站，也逐步用于民用发电中；还能够作为多功能建筑材料，建造更美观的建筑立面。中国有建筑面积 600 亿 m$^2$，可安装太阳能光伏电池面积近 30 亿 m$^2$，装机容量约 400GW，每年新增建筑面积 20 亿 m$^2$，可安装太阳能电池面积近 1.5 亿 m$^2$，装机容量约 20GW，直接市场规模超过 10 万亿元，间接市场规模达 30 万亿元。可以预见，未来的 CdTe 太阳能电池的市场前景十分广阔[49]。

CdTe 薄膜太阳能电池的组成结构如图 2-12 所示，整个电池组件由玻璃、掺杂氟的二氧化锡导电玻璃（fluorine-doped tin dioxide，FTO）、CdS 缓冲层、CdTe 吸收层、背接触层和金属背电极等半导体层组成。透明玻璃作为衬底，起到支撑和透过阳光的作用；FTO 作为前电极，与金属背电极一起将光生电子引流至外电路中，利用 CdS 前电极缓冲层（窗口层），p 型 CdTe 作为吸收层。

CdTe 薄膜太阳能电池的制备方法多样，有化学水浴沉积（chemical bath deposition，CBD）、近空间升华法、丝网印刷、溅射和蒸发等方法，一般工业化和实验室都采用 CBD 方法制备，此法成本较低，并且能够生成 CdS，从而与 FTO 形成极好的致密接触。基于 pn 结的 CdTe

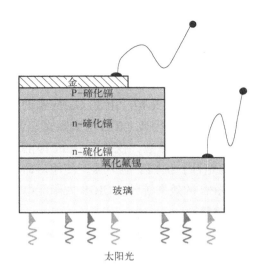

图 2-12　CdTe 薄膜太阳能电池的组成结构[51]

薄膜太阳能电池的工作原理：当 n 型 CdS 薄膜和 p 型 CdTe 薄膜结合时形成 pn 结，自由载流子在浓度梯度作用下相互扩散，CdS 内的电子向 CdTe 处扩散，CdTe 的空位向 CdS 扩散，遗留下的固定带电离子构成空间电荷区，形成内建电场。当太阳光照射到 pn 结时，能量大于禁带宽度的光子会被吸收，随后光子发生跃迁形成电子-空穴对，并在内建电场的作用下分离，电子流向 n 区的 CdS，空穴流向 p 区的 CdTe，载流子在 pn 结两端的累积又会产生与内建电场相反的电场，使得电子和空穴都反向运动，阻碍光生载流子的进一步运动，直到平衡。此时 pn 结两端的载流子积累到一定量就会产生光生电压，连接外电路后，就能实现光电转换[50]。随着全世界对于可持续发展的需求与推进，CdTe 薄膜太阳能电池最大的应用限制就是镉的毒性，基于此，一系列更加绿色环保的材料被用于电池片的生产。

## 2.7.3　CIGS 薄膜太阳能电池

1953 年，德国科学家 Hahn 首先研制出了一种带隙为 1.04 eV 的 CIS 材料，1975 年，Shay 和 Wagner 首次在 p 型 CuInSe₂ 单晶表面利用真空镀膜制备了 CuInSe₂/CdS 薄膜太阳能电池，并且能够实现 12%的光电转换效率[51]。1976 年，在过量 Se 蒸汽下制备出了第一个多晶 CIS 薄膜太阳能电池，光电转换效率可以达到 4%~5%。薄膜太阳能电池不断发展，直到 1981 年 Mickelesenand 采用各个元素共蒸发制备了 CIS 太阳能电池，此后开始受到广泛关注。发展至今，GIGS 薄膜太阳能电池可以实现 23.35%的转换效率（面积为 1cm²），是目前全球 GIGS 太阳能电池的最高转换效率纪录，由日本 Salor Frontier 公司 2019 年制备的无镉 CIS 太阳能电池创造。GIGS 薄膜太阳能电池的详尽发展历史，分为几个重要的阶段：1988 至 1992 年期间，Boeing 公司研制 GIGS 电池并保持世界领先水平；NREL 采用的三步蒸发工艺保持世界领先水平；在接下来的时间至今，德国太阳能氢研究中心能量储存与转化研究所（The Centre for Solar Energy and Hydrogen Research Baden-Württemberg，ZSW）和日本

Solar Frontier 公司保持着最高纪录。

GIGS 薄膜太阳能电池是 CuInGa（1-x）$Se_2$ 的缩写，主要组成是铜（Cu）、In、Ga 和 Se，它的本质是在玻璃或者其他廉价衬底上沉积若干层金属化合物半导体薄膜，这个薄膜的总厚度为 $2\sim3\mu m$。GIGS 是在 CIS 半导体材料中掺入少量的ⅢA 族元素 Ga 替代部分 In 元素而形成的Ⅰ-Ⅲ-Ⅵ族四元化合物，具有黄铜矿结构。由于 Ga 元素的添加可以改变材料的带隙，使 CIGS 的带隙能在 $1.04\sim1.67eV$ 变化，因此 CIGS 与太阳光谱更加匹配。CIGS 属于直接带隙半导体，具有高达 $105cm^{-1}$ 的光吸收系数，仅需要 $2\mu m$ 厚的薄膜就可吸收大部分的太阳光。另外，CIGS 具有很好的稳定性，抗辐射能力强，使用寿命长，非常适合作为太阳能电池吸收层的材料。根据美国 NREL 的效率统计，CIGS 太阳能电池在一个太阳光强照射下的最高能量转换效率已经达到 23.35%。

GIGS 薄膜太阳能电池具有层状结构，它是该薄膜电池的核心材料，属于正方晶系黄铜矿结构，具有复式晶格，作为直接带隙半导体，禁带宽度是 1.04eV，具有较高的光吸收系数。电池的基本结构组成是衬底、钼（Mo）、吸收层、缓冲层、高阻层、减反层和金属栅线。衬底一般采用含碱性金属钠离子的玻璃或者柔性薄膜，钠可以通过扩散进入电池吸收层，有利于薄膜晶粒的生长，也因此衍生出大量掺杂碱金属的研究[52]。常选用真空溅射的方式在衬底上溅射一层 Mo，可以作为电池的背接触层，起到传导空穴的作用，保证电极层与衬底之间具有良好的附着力，与吸收层形成良好的欧姆接触。吸收层材料是Ⅰ-Ⅲ-Ⅵ族化合物。缓冲层是介于吸收层和窗口层的过渡层，可以缓解吸收层和窗口层的晶格失配以及阻碍元素相互扩散，目前高效率的 GIGS 太阳能电池大多选用 CdS 和 ZnO 作为缓冲层。缓冲层表面制备一层 TCO 作为窗口层，早期通常选用禁带宽度 2.42 eV 的 CdS，并少量添加 ZnS，使之成为 CdZnS 材料。但由于 Cd 是重金属元素，对环境造成严重危害，且本身的带隙偏窄，逐渐被替换。近年常见的窗口层则是由一层掺铝 ZnO 薄膜和本征 ZnO 组成，禁带宽度可达到 3.3eV。本征 ZnO 具有重要的作用，既可以防止薄膜局部的不均匀性或者缓冲区覆盖不完全导致的漏电流，也可以保护缓冲层在 TCO 溅射期间免受离子损伤[53]。

GIGS 薄膜太阳能电池的制备可以通过电化学沉积和化学浴沉积来制备，这两种方法均不受到衬底面积、沉积温度和真空环境的影响，是最稳定和最有吸引力的薄膜沉积方法。整个制备过程就是不同薄膜的制备与叠加过程，首先是制备玻璃衬底，然后在洁净的衬底上沉积 $1\sim1.5\mu m$ 的金属铝制备背电极；在铝电极上沉积 $1.6\sim2.0\mu m$ 的 GIGS 薄膜作为吸收层；在吸收层上制备 $6\sim100nm$ 的硫化锡（SnS）作为缓冲层；窗口层是在缓冲层上沉积 100nm 左右的本征 ZnO 层；减反层和铝电极是沉积的 600nm 厚的掺铝 ZnO 层和 Ag 电极。

GIGS 薄膜太阳能电池本质上仍然是一个 pn 结，GIGS 吸收层是 p 型，CdS 缓冲层为 n 型。它的工作原理为：当太阳光照射到电池上时，一部分光透过 CdS 缓冲层到达吸收层，产生电子-空穴对。p 型的 GIGS 和 n 型的 CdS 相接触，产生载流子浓度差，这两种载流子会向对方区域扩散，从而形成载流子耗尽层（pn 结）。pn 结内的异种电荷会产生内建电场，载流子在内建电场的作用下会削弱载流子的相对扩散，由于 GIGS 是弱 p 型，因此空间电荷区在这一侧较宽。光子在空间电荷区会被吸收产生电子-空穴对，并在内建电场的作用下快速分开并迁移到异质结边缘形成光电流[54]。

GIGS 薄膜太阳能电池优点众多，光吸收能力强、发电时间长、发电量高、光电转换效率高、反应温度较低，可以在 200℃ 左右的温度下制备，所消耗的制造成本与能耗较少，并且能源回收周期短，稳定性极好，不存在光致衰退问题，是一种高效低成本的薄膜太阳能电池。由于不使用贵金属，因此受到了众多研究者的青睐。到 2017 年，GIGS 的市场份额仅占全球能源份额的 2%，基于这些优势，GIGS 的市场份额将持续增加。但不可忽略的是，GIGS 太阳能电池仍然存在效率问题，它的效率主要影响因素有化学计量比、晶粒尺寸、表面形貌、GIGS 缺陷等。GIGS 吸收层作为核心部分，GIGS 缺陷是最主要的影响因素，主要包括替位缺陷、间隙缺陷、空位缺陷和界面态等。相对来说，Ga 含量增大可能会造成施主型缺陷加深，受主型缺陷位置降低。另外，GIGS 表面在 Cu 较少和 In 较多的情况下更易形成反位缺陷，内部缺陷会捕捉光生电子，造成光电转换效率的降低。另外，表面态的存在会对半导体的费米能级产生钳制作用从而形成费米能级钉扎，一定程度上限制器件的开路电压[55]。

# 2.8  钙钛矿太阳能电池

## 2.8.1  钙钛矿太阳能电池简介

钙钛矿材料最早是 Gustav Rose 在 1839 年发现的一种具有与钛酸钙（$CaTiO_3$）相同的晶体结构的材料，后来由俄罗斯矿物学家 L.A.Perovski 命名。谈起钙钛矿，不可避免地就要先了解什么是染料敏化太阳能电池。早期，无论是什么形态的染料敏化太阳能电池，钙钛矿材料仅仅是作为吸光材料吸附或者填充在多孔结构的 n 型半导体二氧化钛（$TiO_2$）中的[56]。在随后的研究中，Snaith 等人发现将钙钛矿太阳能电池中的 $TiO_2$ 替换为 $Al_2O_3$ 后，电池并没有受到 $Al_2O_3$ 的绝缘性质的影响，电池仍然能够正常工作，甚至能赋予其更高的开路电压。由此证明 $TiO_2$ 并不是必须存在的，科学家们推测 $CH_3NH_3PbI_3$ 钙钛矿材料不仅可以作为一种吸光材料，本身也可以作为一种 n 型材料，用于传输电子。同时，在无空穴传输材料的钙钛矿太阳能电池中，$CH_3NH_3PbI_3$ 本身也能够作为 p 型材料，用于传输空穴，揭示了 $TiO_2/CH_3NH_3PbI_3$ 结构的电子-空穴双极运输能力及半导体异质结特性[57]。

钙钛矿材料的结构式通常用 $ABX_3$ 表示，A 是有机阳离子（常用的有 $CH_3NH_3^+$），B 是金属阳离子（$Pb^{2+}$、$Sn^{2+}$ 等），X 代表卤素阴离子，这样构成三维立体结构，具有很好的结晶度[58]。长链有序的 $PbCl_3^-$ 或 $PbI_3^-$ 八面体结构，赋予了钙钛矿材料众多理化特性，比如高载流子扩散长度、高吸光性、低缺陷态密度等，使得该钙钛矿材料具有十分优异的电子输运特性，载流子扩散长度较传统有机半导体高出 1~2 个数量级，优异的材料性质使其在半导体领域的应用也更为广泛，为制备高效钙钛矿型薄膜太阳能电池提供了基础[59]。

钙钛矿太阳能电池是在染料敏化太阳能电池和有机太阳能电池的基础上发展形成的一种新型太阳能电池，利用钙钛矿型有机金属卤化物半导体作为吸光材料的电池，代替染料敏化太阳能电池中的染料，该材料具有合适的能带结构，其禁带宽度为 1.5eV，与太阳光谱能很好地匹配，因而具有良好的光吸收性能，很薄的厚度便能吸收几乎所有的可见光用于光电转换。钙钛矿的原材料在自然界中储量丰富,且其制备工艺简单,具有低温过程能耗低和成本低的优势;另外,当前的钙钛矿可以实现柔性器件的制备,丰富了太阳能电池的使用场景,可以部署在晶硅太阳能电池不能安装的地方,实现光伏建筑一体、车载、移动及可穿戴设备等生活场景的应用。经过无数科研工作者的努力,钙钛矿太阳能电池在过去十年间发展迅速,效率也有了巨幅提升,由最初的 3.8%上升到如今的 25%以上,在未来仍然是光伏领域的研究主流,行业专家称 2025 年前后钙钛矿太阳能电池有可能实现吉瓦级量产[60, 61]。

### 2.8.1.1 钙钛矿太阳能电池的结构

钙钛矿太阳能电池通常利用钙钛矿作为光吸收层,两端分别与 n 型材料和 p 型材料接触形成异质结结构,然后两侧分别与光电极和对电极形成欧姆接触。按照出现的先后顺序不同,常见的钙钛矿太阳能电池的结构又可以分为介孔结构、含覆盖层介孔结构、p-i-n 平面结构和n-i-p 反型平面结构。早期的钙钛矿太阳能电池大多是介孔结构,主要包含 FTO 导电玻璃基地、半导体金属氧化物底层、填充钙钛矿的介孔金属氧化物(TiO$_2$ 或 Al$_2$O$_3$)、空穴传输层和对电极(Au 或 Ag)。按照结构的不同,平面结构的钙钛矿太阳能电池分为 p-i-n 和 n-i-p 结构。常见的 n-i-p 结构由 FTO 导电玻璃衬底、半导体金属氧化物层(TiO$_2$、ZnO 作为 n 型传输材料)、钙钛矿吸光层、作为空穴传输材料的有机 p 型半导体构成,形成平面的 n-i-p 异质结结构。p-i-n 结构以 ITO 或 FTO 为基地,p 型金属氧化物或者 p 型有机半导体作为 p 型传输材料,钙钛矿作为光吸收层,有机 n 型半导体作为电子传输材料,共同构成 p-i-n 异质结结构。由染料敏化太阳能电池衍生得到的钙钛矿太阳能电池称为正向结构,由于电荷传输方向与传统的介孔钙钛矿太阳能电池相反,p-i-n 结构也被称为反型钙钛矿太阳能电池[62]。

### 2.8.1.2 钙钛矿太阳能电池工作原理

由上面的论述我们可以知道,钙钛矿太阳能电池实际上并不同于染料敏化太阳能电池,它的工作原理也并非如染料敏化太阳能电池一样通过模仿光合作用来实现光电转换,而是与具有 pn 结的硅太阳能电池的工作原理类似。n-i-p 型钙钛矿太阳能电池的工作原理为:a.当具有一定波长的太阳光照射到钙钛矿活性层时,电子吸收了这部分光的能量从价带跃迁到导带,此时价带就会产生一个空穴,形成电子-空穴对,也称激子。b.当吸收大量的太阳光并产生足够多的激子时,由于钙钛矿材料具有比其他半导体更低的激子束缚能,激子在内建电场的作用下,可以直接分离形成自由电子和空穴。c.电子和空穴分别向着相反的方向运动,电子由钙钛矿层向钙钛矿/TiO$_2$ 界面转移,最后到达 TiO$_2$ 的导带,空穴趋向钙钛矿/空穴传输层界面,到达空穴传输层的最高占据分子轨道(highest occupied molecular orbital,HOMO)能级,最终被金属电极所收集,并对外电路中的负载做功,从而完成太阳能转换为电能。

随着 n-i-p 型钙钛矿太阳能电池的发展,Guo 等人在有机太阳能电池平面异质结结构的基础上,首次提出利用 PEDOT:PSS 作为空穴传输层,富勒烯衍生物作为电子传输层,制备了第一个 p-i-n 型钙钛矿/富勒烯平面异质结钙钛矿太阳能电池,p-i-n 型结构的工作原理不同于 n-i-p 型[63]。钙钛矿层吸光后产生激子,激子分离得到电子和空穴,电子和空穴的转移方向与 n-i-p 型相反,空穴向钙钛矿/空穴传输界面一侧转移,经 PEDOT:PSS/CH$_3$NH$_3$PbI$_3$ 界面，被 PEDOT：PSS 层收集，最终被透明电极 ITO 接收。电子向钙钛矿/电子传输层一侧转移，由钙钛矿层的导带转移至 $PC_{60}BM$ 的最低未占分子轨道（lowest unoccupied molecular orbital，LUMO）能级，最终被金属铝电极接收，实现太阳能到电能的转换[64]。

### 2.8.1.3　钙钛矿薄膜的制备方法

钙钛矿薄膜的制备是获得高效钙钛矿太阳能电池的关键，如何利用操作便捷、低成本的制备方法得到高效率、高质量的钙钛矿薄膜是研究热点。钙钛矿薄膜的制备包括两个核心过程，分别是成核和晶体生长，成核过程主要受到溶液组分、溶剂组成、温度、制备工艺等因素影响，因此根据不同钙钛矿太阳能电池结构的不同要求，衍生出了丰富多样的钙钛矿薄膜制备方法，主要包括溶液法、真空沉积法和气相法等，制备过程既可以利用一步法，也可以利用两步法[65]。一步法旋涂是最原始的钙钛矿薄膜制备方法，在制备过程中，直接将钙钛矿成分混合，一次沉积在基底上，然后加热使之快速生成钙钛矿薄膜。两步法是先将金属卤化物［通常为氯化铅（$PbCl_2$）］沉积在薄膜上，然后通过气相或者液相方法，使得金属卤化物与阳离子卤化物反应生成钙钛矿。溶液法制备具有工艺简单、无需真空环境的优势，一步溶液法将碘化铅（$PbI_2$）和甲基碘化胺（MAI）混合并溶解在二甲基甲酰胺（DMF）中，$\gamma$-丁内脂或二甲基亚砜（DMSO）作为溶液前驱体，通过旋涂沉积到基底上，随后加热使之反应生成 $MAPbI_3$ 钙钛矿。两步溶液法首先需要将 $PbI_2$ 溶于极性溶剂，通过旋涂得到 $PbI_2$ 薄膜，随后将 MAI 溶于 IPA，再次旋涂到 $PbI_2$ 薄膜上，最后加热使两层膜发生反应并相互扩散，得到 $MAPbI_3$ 钙钛矿。或者将第二步稍作调整，将 $PbI_2$ 薄膜浸入 MAI 和 IPA 的混合溶液中，使之发生反应，同样可以得到 $MAPbI_3$ 钙钛矿。

## 2.8.2　单结钙钛矿太阳能电池

单结钙钛矿太阳能电池指的是只有一个 pn 结的钙钛矿太阳能电池，多结钙钛矿太阳能电池是有多个 pn 结的钙钛矿太阳能电池，多结钙钛矿太阳能电池具有更高的光吸收效果和光电转换效率，同时，生产成本也更高[66]。韩国蔚山国家科学技术研究所（Ulsan National Institute of Science and Technology，UNIST）开发了高转换效率钙钛矿太阳能电池，该电池是在锡（Ⅳ）氧化物（$SnO_2$）电子传输层和卤化物钙钛矿层之间，通过将氯键合的 $SnO_2$ 与含有氯的钙钛矿前体耦合而形成的层间建立的。实现新的单结钙钛矿太阳能电池的功率转换效率为 25.8%[67]，这一效率创下了单结钙钛矿太阳能电池的世界纪录，是 Shockley-Queisser（SQ）理论效率极限值的 60%，但仍然与理论预测效率 43%有较大的差距。打破单结钙钛矿太阳能电池效率限制的一个有效方法就是制备叠层电池。

## 2.8.3　叠层电池

太阳光光谱能量分布较宽，大部分半导体材料对于太阳光的吸收范围是有限的，能量较小或者能量超出禁带宽度值的光子无法通过光生载流子传递给负载实现光电转换。将太阳光理想地拆分成若干个连续部分，用能带宽度与其对应的材料做成的电池来吸收这部分光，多层叠合起来，让波长最短的光被最外层的宽隙材料电池利用，波长较长的光投射进去被窄禁带宽度材料电池利用，这样就可以最大限度地对光进行利用，具有这种结构的电池就是叠层太阳能电池。叠层太阳能电池是一种新型电池器件，通常由 2 个及以上的子电池构成，各个子电池由不同的带隙光吸收材料构成，实现对太阳光的充分吸收利用[68]。

以钙钛矿为基础可制备 2 结、3 结及以上的叠层电池，其中 2 结的有钙钛矿-钙钛矿和钙钛矿-晶硅叠层电池两种，效率可以达到 40% 左右，3 结叠层电池可以达到 50% 左右。基于钙钛矿电池的各种优势，研究人员对此进行大量的研究。四川大学太阳能所的赵德威团队在 2022 年报道的 $1.044cm^2$ 钙钛矿-钙钛矿太阳能电池最高可达到 26.4% 的光电转换效率[69]。经过限域退火制备的钙钛矿尺寸明显增加，同时提高了载流子寿命，有效抑制非辐射复合，最终获得了高效的单结宽带隙和窄带隙钙钛矿电池，得到的全钙钛矿四端叠层太阳能电池和两端叠层太阳能电池的效率均超过 25%，在连续工作 450h 后，仍然保持原始效率的 90%。武汉大学的王长擂制备出 23.66% 的半透明全钙钛矿四端叠层太阳能电池，主要的步骤如下：在普通带隙钙钛矿材料中添加溴元素作为调节组分，制备了 1.75eV 宽带隙的钙钛矿材料，采用与单结带隙钙钛矿相同的平面电池结构，通过限制空间加热方式，增大薄膜晶粒，提高了吸光层质量，从而提高开路电压，制备了 18.58% 的宽带隙钙钛矿电池。由于单层钙钛矿的效率仍然不是很理想，紧接着选用 $MoO_x/Au/MoO_x$ 透明电极材料，得到 1.58eV 带隙电池，可以达到 18.4% 的效率。采用 ITO 电极，制备高质量透明电极，同时，利用石蜡油薄层作为光耦合功能层，减少反射的光损失。最后通过机械堆叠的方式得到四端叠层太阳能电池[69]。

较小的短路电流密度，其中窄带隙钙钛矿电池无法实现高的短路电流，是导致叠层电池短路电流密度较小的最主要原因。南京大学谭海仁团队为了解决上述瓶颈，通过钝化窄带隙钙钛矿晶粒表面缺陷来提升薄膜的载流子扩散长度，从而制备出具有较厚吸光层和更高短路电流密度的电池，达到 25.7% 的转换效率，为实现更高效率的叠层电池奠定了基础[70]。澳大利亚国立大学 Klaus Weber、北京大学周欢萍和晶科能源 Peiting Zheng 等人在《Advanced Energy Materials》期刊上发表的一项研究，使用了 TOPCon 结构的晶硅电池做底部电池，钙钛矿薄膜作为顶部电池制备单片钙钛矿/TOPCon 叠层器件，可以达到 27.6% 的光电转换效率。洛桑联邦理工学院（École Polytechnique Fédérale de Lausanne，EPFL）和瑞士电子与微技术中心（Centre Suisse d'Electronique et de Microtechnique，CSEM）共同创造了钙钛矿-硅叠层光伏电池新的世界纪录，达到 31.3%。

目前，钙钛矿低温低成本的制作工艺具有广阔的发展前景，行业内电池片制造企业例如通威、隆基、晶科、天合和爱旭等都以极大的成本投入到钙钛矿太阳能电池的研发中。但现阶段的钙钛矿太阳能电池仍然面临着很大的挑战：普遍寿命较短、稳定性差、效率衰减快等，这些是无法推广至工业化生产的阻碍。

① 实际生产困难 尽管上面提到了钙钛矿太阳能电池低温低成本的优点，但实际生产中，钙钛矿暂时并不能实现大尺寸电池片制造，实验室设备与工业化设备的差异也可能造成极大的效率偏差。喷涂技术不成熟。目前钙钛矿电池仍处于实验室阶段，研究的尺寸通常为 $1cm^2$，工业生产时尺寸扩大，钙钛矿涂层没法均匀地喷涂在表面，会对效率造成一定的负面

影响。钙钛矿电池常用的 TCO 薄膜，由于其物理特性，会造成光损失，并且这种损失随着面积增大而增大，也会造成钙钛矿组件的效率降低。

② 环境危害　性能最优的钙钛矿材料常用到重金属铅元素，作为一种公认的有毒金属，对环境和人体的伤害都是毋庸置疑的，尽管一些研究人员宣称改进制备工艺可能会减小污染情况，但实际生产情况仍然是未知的。另外，非重金属掺杂的钙钛矿的电池被大量研发，有望解决这个问题，但效率却无法超越铅卤钙钛矿。如何利用更加绿色环保的材料替代铅卤钙钛矿制备高效的钙钛矿太阳能电池是当前的主要研究方向。

③ 稳定性问题　钙钛矿太阳能电池的制造相对容易，然而现阶段的钙钛矿电池稳定性问题制约着它的工业化发展。作为一种离子晶体材料，钙钛矿材料相对晶体硅来说更加脆弱，高效的铅卤钙钛矿材料中的铅极容易挥发，且因为电池片安装于户外，不可避免地会经历长时间光照、雨水、雷电等情况，这时材料的缺陷就会凸现出来，易水解、易氧化，对光电转换效率产生极大的影响，不利于长时间的户外工作。面对重重挑战，钙钛矿太阳能电池的推广和量产任重道远。

# 习题

1. pn 结的内建电场是由_____指向_____。
2. 照射到太阳能电池上的所有光子都会转换成电能（　　　　）。
3. TOPCon 电池，区别于其他种类电池的导电原理主要是基于（　　　　）。
　A. 肖特基　　　　　　　B. 欧姆接触　　　　　　C. 量子隧穿　　　　　　D. 不确定
4. 简述太阳能电池发电的原理。
5. 太阳能电池制绒一般要形成什么结构，目的是什么？
6. 简述 HJT 太阳能电池的优势与劣势。
7. 简述叠层太阳能电池定义。
8. 简述钙钛矿叠层电池的优势。
9. 简述钙钛矿太阳能电池面临的挑战。

# 参考文献

［1］顾洪宾，范慧璞，谢越韬，等. 双碳背景下全球可再生能源领域发展机遇展望［J］. 国际工程与劳务，2022（09）：22-25.
［2］王泽. 太阳能作为新能源的应用前景［J］. 皮革制作与环保科技，2021，2（20）：30-31.
［3］熊绍珍，朱美芳. 太阳能电池基础与应用［M］. 北京：科学出版社，2009：67-149.

［4］ 黄坚坚，覃贵芳. 太阳能发电技术探讨［J］. 中国高新科技，2022（10）：42-44.

［5］ 周欣星，张冀新. 全球价值链下我国光伏产业竞争力评价及路径选择［J］. 科技和产业，2015，15（07）：10-14.

［6］ 许庆岩，任元文，刘世民. 太阳能电池研究进展［J］. 功能材料与器件学报，2020，26（04）：257-262.

［7］ 张鹏远，杜俊平. 改良西门子法多晶硅产品质量控制措施探究［J］. 中国有色冶金，2020，49（02）：55-57.

［8］ 魏挺. 晶体硅太阳能电池制备研究［J］. 科技广场，2017（03）：65-69.

［9］ 邱明东. P 型衬底 a-Si：H/c-Si 异质结太阳能电池背面场和界面性质数值模拟研究［D］. 江苏大学，2010.

［10］ Fuhs W，Niemann K，Stuke J. Heterojunctions of amorphous silicon and silicon single crystals［C］. AIP Conference Proceedings. American Institute of Physics，1974，20（1）：345-350.

［11］ Tumomura Y，Yoshimine Y，Taguchi M，et al. Twenty-two percent efficiency HJT solar cell［J］. Solar Energy Meterials and Solar Cells，2009，93（6-7）：670-673.

［12］ Ogane A，Tsunomura Y，Fujishima D，et al. Recent proprogress of HIT solar cells heading for the higher converdion efficiencies［C］. 21 st IEEE Photovoltaic Spec. Conf.，Fukuoka，Japan. 2011.

［13］ Masuko K，Shigematsu M，Hashuguchi T，et al. Achievement of more than 25% conversion rfficiency with crystalline silicon heterojunction solar cell［J］. IEEE Journal of Photovoltaics.2014，4（6）：1433-1435.

［14］ Ru X N，Qu M H，Wang J Q，et al. 25.11% efficiency siicon heterojunction solarcell with low deposition rate intrinsic amorphous silicon buffer layers［J］. Solar Energy Materials and Solar Cells，SEP 15 2020，215：0927-0248.

［15］ 宋登元，郑小强. 高效率晶体硅太阳能电池研究及产业化进展［J］. 半导体技术，2013，38（11）：801-806，811.

［16］ 韩兴. HIT 太阳能电池各层对器件影响的研究［D］. 西安：西安电子科技大学，2019.

［17］ 杨秀钰，陈诺夫，陶泉丽，等. 本征薄层异质结（HIT）太阳能电池的研究现状及展望［J］. 人工晶体学报，2018，47（09）：1917-1927.

［18］ 朱琳，赵矛，张明宇，等. 高效 HIT 光伏电池及组件技术及市场研究分析［J］. 云南科技管理，2018，31（04）：50-52.

［19］ Yoshikawa K，Kawasaki H，Yoshida W，et al. Silicon heterojunction solar cell with interdigitated back contacts for a photoconversion efficiency over 26%［J］. Nature Energy，2017，2：17032.

［20］ Feldman F，Bivour M，Reichel C，et al. Passivated rear contacts for high-efficiency n-type Si solar cells providing high interface passivation quality and excellent transport characteristics［J］. Solar Energy Materials and Solar Cells，2014，120（1）：270-274.

［21］ Peibst R，Larionova Y，Reiter S，et al. Implementation of n+ and p+ poly junctions on front and rear side of double-side contacted industrial silicon solar cells［C］32nd European Photovoltaic Solar Energy Conference and Exhibition. 2016：323-327.

［22］ Kim H，Bae S，Ji K，et al. Passivation properties of tunnel oxide layer in passivated contact silicon solar cells［J］. Applied Surface Science，2017，409：140-148.

［23］ 芮哲. 双面 TOPCon 结构的钝化机理研究及其在高效太阳能电池中的应用［D］. 杭州：浙江师范大学，2020.

［24］ Richter A，Benick J，Feldmann F，et al. n-Type Si solar cells with passivating electron contact：Identifying sources for efficiency limitations by wafer thickness and resistivity variation［J］. Solar Energy Materials and Solar Cells，2017，173：96-105.

［25］ Tao Y，Vijaykumar U，Keenan J，et al. Tunnel oxide passivated rear contact for large area n-type front junction silicon soalr cells providing excellent carrier selectivity［J］. AIMS Materials Science，2016，3（1）：180-189.

［26］ 于波，史金超，李锋，等. PEALD 制备的 $Al_2O_3$ 薄膜在 n-TOPCon 太阳能电池上的钝化性能［J］. 半导体技术，2021，46（05）：370-375.

［27］ 张志. 隧穿氧化层钝化接触（TOPCon）太阳能电池的研究［D］. 昆明：昆明理工大学，2019.

［28］ Nicolai M，Zanuccili M，Magnone P，et al. Theoretical study of the impact of rear interface passivation on MWT silicon solar cells［J］. Journal of Computational Electronics，2016，15（1）：277-286.

［29］ Jeng J Y，Chiang Y F，Lee M H，et al. $CH_3NH_3PbI_3$ Perovskite/Fullerene Planar-Heterojunction Hybrid Solar Cells. Advanced Materials 25，3727-3732（2013）.

［30］ Burgers A R，Cesar I，Guillevin N，et al. Designing IBC cells with FFE：long range effects with circuit simulation［C］.

Proceedings of the 43rd IEEE Photovoltaic Specialists Conference（PVSC）. Portland, USA, 2016: 2408-2411.

［31］ Kim Y S, Mo C, Lee D Y, et al. Gapless point back surface field for the counter doping of large-area interdigitatedback contact solar cells using a blanket shadow mask implantation process［J］. Progress in Photovoltaics, 2017, 25（12）: 989-995.

［32］ Dahlinger M, Carstens K, Hoffmann E, et al. 23.2% laser processed back contact solar cell: fabrication, characterization and modeling［J］. Progress in Photovoltaics, 2017, 25（2）: 192-200.

［33］ Battaglia C, Cuevas A, Wolf S. High-efficiency crystalline silicon solar cells: status and perspectives［J］. Energy & Environmental Science, 2016, 9（5）: 1552-1576.

［34］ Liu J, Yao Y Xiao S, et al. Review of status developments of high-efficiency crystalline silicon solar cells［J］. Journal of Physics: D, 2018, 51: 1-12.

［35］ Nakamura J, Asano N, Hieda T, et al. Development of heterojunction back contact Si solar cells［J］. IEEE Journal of Photovoltaics, 2014, 4（6）: 1491-1495.

［36］ Yoshikawa K, Kawasaki H, Yoshida W, et al. Silicon heterojunction solar cell with interdigitated back contacts for a photoconversion efficiency over 26%［J］. Nature Energy, 2017, 2（5）: 17032-1-17032-5.

［37］ Yoshikawa K, Yoshida W, Irie T, et al. Exceeding conversion efficiency of 26% by heterojunction interdigitated back contact solar cell with thin film Si technology［J］. Solar Energy Materials & Solar Cells, 2017, 172: 37-42.

［38］ Procel P, Yang G, Isabella O, et al. Theoretical evaluation of contact stack for high efficiency IBC-SHJ solar cells［J］. Solar Energy Materials & Solar Cells, 2018, 186: 66-77.

［39］ Haase F, Schäfer S, Klamt C, et al. Perimeter recombination in 25%-efficient IBC solar cells with passivating POLO contacts for both polarities［J］. IEEE Journal of Photovoltaics, 2017, 8（99）: 23-29.

［40］ Haase F, Hollemann C, Schaffer S, et al. Laser conract openings for local poly-Si-mental contacts enabling 26.1%-efficient POLO-IBC solar cells［J］. Solar Energy Materials & Solar Cells. 2018, 186: 184-193.

［41］ Green M A, Dunlop E D, Hohl-Ebinger J, et al. Solar cell efficiency tables（version 58）, Prog. Photovoltaics Res. Appl. 29（2021）657–667.

［42］ Yang G T, Ingenito A, Isabella O, et al. IBC c-Si solar cells based on ion-implanted poly-silicon passivating contacts［J］. Solar Energy Materials & Solar Cells, 2016, 158: 84-90.

［43］ Haase F, Hollemann C, Schäfer S, et al. Transferring the record p-type Si POLO-IBC cell technology towards an industrial level［C］// Proceedings of the 46th IEEE Photovoltaic Specialists Conference（PVSC）. Chicago, USA, 2019: 1-9.

［44］ Xu G, Verlinden P J, Deng M, et al. 25% cell efficiency with integration of passivating contact technology and interdigitated back contact structure on 6" wafers［C］. Proceedings of the 46th IEEE Photovoltaic Specialists Conference（PVSC）. Chicago, USA, 2019: 23-29.

［45］ Li Q, Kai S, Yang R L, et al. Comparative study of GaAs and CdTe solar cell performance under low-intensity light irradiance, Solar Energy, 2017, 157: 216-226.

［46］ 沈凯, 刘娇, 周逸良, 等. 效率超过 19%的 CdTe 薄膜太阳能电池［J］. 新能源进展, 2021, 9（05）: 379-383.

［47］ 王德亮, 白治中, 杨瑞龙, 等. 碲化镉薄膜太阳能电池中的关键科学问题研究 ［J］. 物理, 2013, 42（05）: 346-352.

［48］ 马立云, 傅干华, 官敏, 等. 碲化镉薄膜太阳能电池研究和产业化进展［J］. 硅酸盐学报, 2022, 50（08）: 2305-2312.

［49］ Ojo A A, Dharmadasa I M. 15.3% efficient graded bandgap solar cells fabricated using electroplated CdS and CdTe thin films［J］. Solar Energy, 2016, 136: 10-14.

［50］ Hahn H, Frank G, Kligler W, et al. Uber einige ternare Chalkogenide mit Chalkopyritstruktur［J］. Z. Anog.Allg. Chem. 1953, 271: 153-170.

［51］ http://www.nrel.gov/pv/cell-efficiency.html.

［52］ 陈小青, 杨少鸿, 曲晶晶, 等. 铜铟镓硒（CIGS）薄膜太阳能电池的碱金属掺杂工程［J］. 北京工业大学学报, 2020, 46（10）: 1180-1191.

［53］ 万磊. 铜铟硒薄膜太阳能电池相关材料研究［D］. 合肥: 中国科学技术大学, 2010.

[54] 张先阳. 基于 KF 掺杂和带隙调控提高铜铟镓硒太阳能电池性能的研究 [D]. 保定：河北大学，2020.

[55] Gloeckler M, Sites J R. Efficiency limitations for wide-band-gap chalcopyrite solar cells [J]. Thin Solid Films, 2005, 480-481, 241-245.

[56] Kim H S, Lee C R, Im J H, et al. Lead Iodide Perovskite Sensitized All-Solid-State Submicron Thin Film Mesoscopic Solar Cell with Efficiency Exceeding 9% [J]. Scientific Reports 2, 591（2012）.

[57] Lee M M, Teuscher J, Miyasaka T, et al. Efficient Hybrid Solar Cells Based on Meso-Superstructured Organometal Halide Perovskites [J]. Science 338, 643-647（2012）.

[58] Giustino F, Snaith H J. Toward lead-free perovskite solar cells [J]. ACS energy letters, 2016, 1（6）: 1233-1240.

[59] Kaltenbrunner M, Adam G, Glowacki E D, et al. Flexible high power-per-weight perovskite solar cells with chromium oxide-metal comtacts for impeoved stability in air [J]. Nat Mater 2015, 14（10）: 1029-1032.

[60] Wang C, Zhao D, Yu Y, et al. Compositionmal and morphological engineering of mixed cation perovskite films for highly efficient planar and flexible solar cells with reduced hysteresis [J]. Nano Energy. 2017, 35: 223-232.

[61] Cheng H E, Wen C H, Hsu C M, et al. Morphology, composition and electrical properties of $SnO_2$: Cl thin films grown by atomic layer deposition [J]. Journal of wacuun Science & Technology A 2016, 34（1）, 01A112.

[62] Zhao Y, Zhu K. Organic-inorganic hybrid lead halide perovskites for optoelectronic and electronic applications [J]. Chemical Society Reviews 45, 655-689（2016）.

[63] Jeng J Y, Chiang Y F, Lee M H, et al. $CH_3NH_3PbI_3$ Perovskite/Fullerene Planar-Heterojunction Hybrid Solar Cells [J]. Advanced Materials, 2013, 25（27）: 3727-3732.

[64] Zhou H, Chen Q, Li G, et al. Photovoltatics. Interface engineering of highly efficient perovskite solar cells [J]. Science, 2014, 345（6169）: 542-546.

[65] Zhao Y, Zhu K. Organic-inorganic hybrid lead halide perovskites for optoelectronic and electronic applications [J]. Chemical Society Reviews 45, 655-689（2016）.

[66] 蒋方圆. 基于聚合物电极的单结和叠层钙钛矿太阳能电池的研究 [D]. 武汉：华中科技大学，2020.

[67] Min H, Lee D Y, Kim J, et al. Perovskite solar cells with atomically coherent interlayers on $SnO_2$ electrodes [J]. Nature, 2021, 598（7881）.

[68] 王长播. 高效平面单结及叠层钙钛矿太阳能电池性能优化 [D]. 武汉：武汉大学，2018.

[69] Wang C L, Zhao Y, Ma T S, et al. A universal close-space annealing strategy towards high-quality perovskite absorbers enabling efficient all-perovskite tandem solar cells [J]. Nature Energy, 2022, 7（8）.

[70] Xiao K, Lin Y H, Zhang M, et al. Scalable processing for realizing 21.7%-efficient all-perovskite tandem solar modules. Science 376（6594）, 762-767（2022）.

# 第3章

# 氢能材料与技术

## 3.1 概述

### 3.1.1 氢的性质

氢在周期表中位于第 1 位，相对原子质量为 1.008，是最轻的元素，也是宇宙中含量最多的元素，约占宇宙质量的 75%。自然界中的氢有氕（$^1$H）、氘（$^2$H）、氚（$^3$H）三种同位素，它们的相对丰度分别为 99.9844%、0.0156%、低于 0.001%。其中氚（$^3$H）是放射性同位素，半衰期为 12.46 年[1]。地球物理学家将地球分为地表、地幔、地核。在地球上，地球及各圈层氢的丰度分别为：地球 $3.7 \times 10^2$、地核 30、下地幔 $4.8 \times 10^2$、上地幔 $7.8 \times 10^2$、地壳 $1.4 \times 10^3$。地球中的氢主要以化合物形式存在，其中水是最重要的，氢在水中的质量占比为 1/9。若依据地球上海洋水的总体积（13.7 亿 km$^3$）计算，将其中的氢全部提取出来，大约有 $1.4 \times 10^7$t，其产生的热量是地球上矿物燃料的 900 倍。地球大气圈中，在地球的对流层（离地面约 12km）和平流层（对流层顶到 50~55km）中几乎没有氢气；在地球热层（距离地球表面 80~500km）中，氢的含量占据 50%；在地球的外层（距离地球表面 500km 以上），氢占 70%。在太阳光球中，氢是最丰富的元素，丰度为 $2.5 \times 10^{10}$，是硅的 25000 倍。人体内 80% 都是水，氢占人体质量的 10%。

#### 3.1.1.1 氢的物理和化学性质

自然界中氢以分子形式存在。氢气是一种无色、无臭、无味的气体，在 -252.77℃（-422.99°F）温度下从气体变为液体，在 -259.2℃（-434.6°F）的温度下从液体变成雪花状的白色固体[1]。氢气难溶于水,它在所有元素中密度最低(0.08999g/L),氢气与同体积的空气相比,质量约是空气的 1/14。自然界中氢主要以化合状态存在于水和碳氢化合物中,氢在地壳中的质量百分比为 1%。由于氢气是最轻的气体,能够快速分散并迅速上升到高层大气,可用向下排空气法收集氢气。

氢气是一种极易燃的气体,它在空气和氧气($O_2$)中燃烧生成水。与空气和氯混合时,氢会因火花、热量或光照而自发爆炸。分子氢需要大约 435kJ/mol 的能量分解成原子氢,原子氢非常活泼,它可以与其他原子键合形成共价键或离子键[2]。在形成共价键时,氢的行为是不同寻常的,因为多数原子遵循八隅规则,最终有 8 个价电子,氢的键合行为遵循二重规则,导致只有两个电子成键。与氢形成共价键的典型化合物包括水($H_2O$)、硫化氢($H_2S$)和氨($NH_3$)以及许多有机化合物。为了形成离子键,氢需要获得一个额外的电子成为负离子 $H^-$(氢阴离子),然后与金属阳离子结合。离子型氢化物可以作为制氢的来源,如市场上销售的氢化钙($CaH_2$)提供了一种非常方便的制氢方式,氢化钙与水反应产氢可用于救生筏充气。

分子氢有正氢和仲氢两种同素异形体。由于质子自旋运动,它们在质子的磁相互作用方面有所不同[2]。在正氢中,两个质子的自旋方向相同——也就是说,它们是平行的。而在仲氢中,自旋以相反的方向排列,因此是反平行的。自旋排列的关系决定了原子的磁性。正常的氢气是正氢和仲氢的混合物,二者在一定条件下可以相互转化,故正氢和仲氢也符合化学平衡关系。两者之间的转换可以通过多种方式实现。其中之一是通过引入催化剂(如活性炭或各种顺磁性物质);另一种方式是对气体进行放电或将其加热到高温。两种同素异形体达到平衡时混合物中仲氢的浓度取决于温度。在 0K(-273℃)时,氢主要以仲氢的形式出现,它更稳定。在空气液化温度(约 80K 或-193℃)下,正氢位:仲氢的比例为 1:1,在室温附近比例提高到 3:1。在液态氢温度下,将正氢和仲氢混合物与木炭接触,可以将所有正氢转化为仲氢,基本上产生纯的仲氢。另外,正氢不能直接从正氢和仲氢混合物中制备,因为其中仲氢的浓度不会低于 25%。两种形式的氢的物理性质略有不同,仲氢的熔点是 0.10℃,低于正氢和仲氢 3:1 的混合物。在-252.77℃,液态仲氢的蒸汽压为 1.035atm(1atm=$1.013×10^5$Pa),而 3:1 正氢-仲氢混合物的蒸气压为 1.000atm。由于仲氢和正氢的蒸气压不同,不同的氢可以通过低温气相色谱法进行分离(低温气相色谱法是一种分析方法,可根据组分间挥发性的差异来分离不同的原子和分子种类)。

### 3.1.1.2　氢能量

在常见的材料中,氢气燃烧释放的能量最高,且燃烧产物只有水,是理想的燃料,这一特性及其低重量使氢成为多级火箭上层的首选燃料[2, 3]。与所有已知燃料(见表 3-1)相比,氢具有最高的单位重量能量含量(120.7kJ/g),但氢气的使用必须要解决其储存和运输问题。氢气的压缩储存通常在 10~35MPa 的压力下,是当今最常用的储存形式,目前正在进行增压测试,以增加乘用车的存储容量,维持合理的系统重量。

表 3-1  各种储氢形式的重量能量密度、体积能量密度和质量密度[2]

| 存储形式 | 能量密度 | | 密度/（kg/m³） |
|---|---|---|---|
| | kJ/kg | MJ/m³ | |
| 氢气（0.1MPa） | 120000 | 10 | 0.090 |
| 氢气（20MPa） | 120000 | 1900 | 15.9 |
| 氢气（30MPa） | 120000 | 2700 | 22.5 |
| 液态氢 | 120000 | 8700 | 71.9 |
| 金属氢化物中的氢 | 2000~9000 | 5000~15000 | — |
| 典型的金属氢化物中的氢 | 2100 | 11450 | 5480 |
| 0.1MPa 下的甲烷（天然气） | 56000 | 37.4 | 0.668 |
| 甲醇 | 21000 | 17000 | 0.79 |
| 乙醇 | 28000 | 22000 | 0.79 |

从管道接收的氢气需要在加气站压缩。但是，运输、压缩和传输需要全新的、先进的基础设施，操作费用昂贵，特别是压缩氢气罐的安全性需要保障。首次为太空旅行研发的液态氢储存需要将其冷藏到 20K，该方法费用高。利用氢化物储氢是另一个研究方向，但是氢化物储存也有很多不足之处。主要体现在，与传统燃料相比，典型的存储密度只有 10%或者更低，而且氢的质量分数很低（小于 10%），这使人们对这一技术在移动方面的应用产生质疑。当氢进入晶格时会释放热量，在解吸过程中必须提供足够的热量以将氢赶出晶格，所以氢解吸效率比较低。此外，氢化物中金属的成本也是氢化物存储的另一限制因素。其他储氢方法还包括碳材料的低温吸附气体储存和以碳氢化合物进行储存，特别是以甲酸形式储氢，受到了极大的关注。

如果将乙醇作为能源的载体，再将从生物燃料中获得的乙醇转化为氢气使用，则可以克服氢气的运输、存储和安全问题。乙醇转化为氢是石油经济向氢经济有效转变的理想步骤。由于乙醇已经被用作辛烷值增强剂或汽油的氧化剂，许多国家已经建立了乙醇生产和分销的基础设施。乙醇的蒸汽重整和部分氧化都能够将乙醇转化为氢气，然而，这些工艺仍处于研发阶段。目前工业中主要通过甲烷/天然气的蒸汽重整生产氢气。其他较少使用的方法包括甲醇重整、部分氧化、自热和干法重整，水电解、光解、直接热解、化石燃料和木质生物质的气化仍处于研发阶段。

## 3.1.2  氢的发展简史

氢的发展始于 1766 年，至今已有 250 多年（见表 3-2）[2,4]。1766 年，英国化学家亨利·卡文迪什（H. Henry Cavendish）在自己家里建了一座规模庞大的实验室，一直在自己家中做实验，直到他在水银上方收集到被称之为 "来自于金属的易燃气体"，人们才认识到它也是一种元素。卡文迪什准确地描述了氢的性质，但他错误地认为产生的气体来自于金属而非来自于酸。1777 年法国化学家 Lavoisier（拉瓦锡）用实验证明了水由氢和氧组成，因为氢是水的组成元素，故将氢称为 "水素"。1931 年年底，氢的同位素氘被哈罗德·尤里发现，尤里给它起了一个专属名称叫 deuterium，中译名氘。后来英国、美国的科学家们又发现了质量为 3 的氚（读作"川"）。氢作为"能量载体"的想法源于 20 世纪 50 年代核能的发展，意大利的学者提出，原子核反应器的能量输出既可以以电能的方式传递，又能以氢燃料的方式传递，并且氢气形式的能量比电能存储更稳定。1970 年，通用汽车技术公司提出"氢经济"的概念。

表 3-2　氢的发展简史[2]

| 时间 | 事件 |
| --- | --- |
| 1766 年 | 英国科学家亨利·卡文迪什（H.Henry Cavendish）在观察到锌金属与盐酸反应产生的气体后，首次将氢确定为一种独特的元素。在伦敦皇家学会的一次演示中，卡文迪什点燃氢气生成了水，他发现水是由氢和氧组成的 |
| 1783 年 | 法国物理学家雅克亚历山大·塞萨尔·查尔斯（Jacquest Alexander Cesar Charles）发射了第一次氢气球飞行，称为查理尔（Charliere）。这个无人气球飞到了 3km 的高度。三个月后，查尔斯本人乘坐第一个载人氢气球飞行 |
| 1788 年 | 根据卡文迪什的发现，法国化学家安托万·拉瓦锡（Antoine Lavoisier）给氢取了名字，这个名字来源于希腊语："hydro"和"genes"，意思是"水"和"诞生于" |
| 1800 年 | 英国科学家威廉·尼科尔森和安东尼·卡莱尔爵士发现了"电解"过程 |
| 1838 年 | 瑞士化学家克里斯蒂安·弗里德里希·舍恩拜因（Christian Friedrich Schoenbein）发现了燃料电池效应，通过将氢气和氧气结合产生电流和纯水 |
| 1845 年 | 英国科学家兼法官威廉·格罗夫爵士通过制造"气体电池"证明了舍恩拜因的发现。他因其成就而获得"燃料电池之父"的称号 |
| 1874 年 | 法国作家儒勒·凡尔纳（Jules Verne）在他的畅销小说《神秘岛》（The Mysterious Island）中预言了氢作为燃料的潜在用途 |
| 1889 年 | 路德维希·蒙德（Ludwig Mond）和查尔斯·兰格（Charles Langer）尝试使用空气和工业煤气制造第一个燃料电池装置 |
| 1920 年 | 德国工程师鲁道夫·埃伦（Rudolf Erren）将卡车、公共汽车和潜艇的内燃机改装成使用氢气或氢气混合物。在此期间，英国科学家和马克思主义作家霍尔丹（J.B.S. Haldane）介绍了可再生氢的概念 |
| 1952 年 | 美国在马绍尔群岛的埃尼威托克进行了第一次"氢弹"核试验 |
| 1958 年 | 美国成立了国家航空航天局（National Aeronautics and Space Administration，NASA），其太空计划目前在全球范围内使用了最多的液态氢，主要用于火箭推进和燃料电池的燃料 |
| 1959 年 | 英国剑桥大学的弗朗西斯·托马斯·培根（Francis T. Bacon）建造了第一个实用的氢空气燃料电池，5kW 的系统为一台焊机供电。他将燃料电池设计命名为"培根电池"。后来，美国阿列斯-查尔末公司（Allis-Chalmers Manufacturing Company）的工程师哈里·卡尔·伊里格（Harry Karl Ihrig）展示了第一辆燃料电池汽车：一辆 20hp 的拖拉机。基于弗朗西斯·培根（Francis T. Bacon）的设计，氢燃料电池已被用于为阿波罗飞船和后续航天任务的宇航员提供机载电力、热量和水 |
| 1970 年 | 电化学家约翰·奥姆（John O'M. Bockris）在密歇根州沃伦的通用汽车（General Motors Corporation，GM）技术中心的一次讨论中创造了"氢经济"一词。他后来出版了《能源：太阳能氢替代方案》，描述了他设想的氢经济，其中解释了如何为美国的城市提供来自太阳的能源 |

| 时间 | 事件 |
|------|------|
| 1973 年 | 欧佩克（Organization of Petroleum Exporting Countries，OPEC）石油禁运和由此产生的供应冲击表明，廉价石油时代已经结束，世界需要替代燃料。因此，开始开发用于常规商业应用的氢燃料电池 |
| 1974 年 | 国际氢能学会（International Association for Hydrogen Energy，IAHE）在氢经济迈阿密能源会议（Hydrogen Economy Miami Energy Conference，THEME）上成立，在第一次国际会议上，佛罗里达州迈阿密大学的内贾特·维兹罗格鲁（T. Nejat Veziroğlu）教授组织讨论了氢能 |
| 1976 年 | 维兹罗格鲁（T. Nejat Veziroğlu）教授创建了国际氢能杂志（International Journal of Hydrogen Energy，IJHE），并担任主编，为氢能相关科学论文提供平台 |
| 1977 年 | 国际能源署（International Energy Agency，IEA）成立，以应对全球石油市场的动荡。IEA 的活动包括氢能技术的研究和开发。美国能源部（U.S. Department of Energy，DOE）也在此期间成立 |
| 1989 年 | 美国国家氢能协会（National Hydrogen Association，NHA）成立，拥有 10 名成员。如今，NHA 拥有近 100 名成员 |
| 1990 年 | 在瑞士的古斯塔格罗布（Gustar Grob）的倡议下，联合国国际标准化组织（United Nations International Standards Organization，ISO）成立了 ISO/TC-197 委员会，为氢能技术制定国际标准 |
| 1990 年 | 在德国南部，世界首个太阳能制氢工厂投入运营 |
| 1994 年 | 戴姆勒-奔驰（Daimler Benz）在德国乌尔姆的新闻发布会上展示了其首款 NECAR I（新型电动汽车）燃料电池汽车 |
| 1998 年 | 冰岛公布到 2030 年与戴姆勒奔驰和巴拉德动力系统公司共同创建第一个氢经济的计划 |
| 1999 年 | 荷兰皇家壳牌公司成立了一个氢能部门，致力于打造氢能的未来。欧洲第一个加氢站在德国汉堡和慕尼黑开设 |
| 2000 年 | 巴拉德动力公司（Ballard Power Systems）在底特律车展上展示了世界上第一个用于汽车应用的可量产质子交换膜燃料电池 |
| 2004 年 | 世界第一艘燃料电池动力潜艇进行深水试验（德国海军） |
| 2013 年 | 本田在洛杉矶车展上推出了全新的氢燃料电池电动车，并承诺 2015 年首先在日本和美国上市，随后在欧洲推出。千代田化工建设株式会社（Chiyoda Corporation）计划建造世界第一座主要以氢气（70%）和天然气（30%）为燃料的大型发电厂 |

## 3.1.3　氢的展望

在政策支持、技术革新和企业积极参与等多重因素的影响下，预计氢能产业的发展将呈现出星火燎原之势。展望未来，氢能有望在交通运输领域率先实现商业化，绿色制氢关键材料将成为氢能行业热门赛道，推动氢能区域产业布局快速形成。

世界各国纷纷出台政策，为氢的推广制定了发展路线。据国际氢能理事会发布的《氢能观察 2021》统计显示，到 2021 年 2 月，已有 30 多个国家发布了氢能路线图。欧盟委员会在欧盟氢战略中提出，将在 2024 年生产 100 万 t 氢，在 2030 年扩大规模至 1000 万 t；美国计划到 2030 年氢能经济每年可产生 1400 亿美元/月收入，提供 70 万个工作岗位；日本在《2050碳中和绿色增长战略》中指出，到 2030 年将氢能年度供应量增加至 300 万 t，清洁氢供应量力争超过德国 2030 年可再生氢供应目标水平，到 2050 年氢能供应量达 2000 万 t/年，力争 2023 年在发电和交通运输等领域将氢能成本降低至 30 日元/m³，到 2050 年降至 20 日元/m³；韩国政府计划到 2040 年实现氢气供应量 526 万 t/年，氢气价格至 3000 韩元/kg。2022 年 3 月，中国国家发展和改革委员会出台的《氢能产业发展中长期规划（2021—2035 年）》，对我国未来氢能发展做了详细规划，提出到 2025 年形成较为完善的氢能产业发展制度政策环境，初步建立较为完整的供应链和产业体系。

在氢的制取方面，未来的制氢技术和材料将不断革新，其中可再生能源制氢是最具发展前景的制氢方式。氢的存储运输是连接氢气生产端和需求端的关键桥梁，是限制氢能产业发展的瓶颈，因此高效、低成本的氢气储运技术是实现大规模用氢的必要保障。在氢能的应用方面，氢能应用模式丰富，能够帮助工业、建筑、交通等主要终端应用领域实现低碳化。氢能为各行业脱碳提供了重要途径，目前氢能的应用处于起步阶段，未来氢能以燃料电池、氢能热机形式在交通部门的应用潜力巨大。

# 3.2 氢的制备方法

## 3.2.1 化石燃料制氢

化石燃料制氢是指使用化石燃料作为氢源制备氢气的技术，其中包括天然气重整制氢、煤气化等。氢可由化石燃料作为原料制取，也可由可再生能源制得，但可再生能源制氢尚处于初步发展的阶段，世界上商用的氢气约有 96% 是从煤、石油、天然气等化石能源制取的。在中国，化石燃料制氢的比例高于世界水平。尽管化石能源储量有限，利用其制氢的过程也会对环境造成一定的污染，但在更先进的技术商业化之前，化石燃料制氢仍将在未来几十年的制氢工艺中发挥重要的作用。目前，化石燃料制得的氢主要作为石油、化工和冶金等领域的重要原料，如重油精炼、烃加氢、合成氨等。

### 3.2.1.1 天然气蒸汽重整制氢

目前制氢的主要工艺是天然气水蒸气重整。通过蒸汽重整制氢的其他不可再生原料还有甲醇、液化石油气（主要是丙烷和丁烷）、石脑油、喷气燃料和柴油等。最佳原料的选择应考虑该过程的经济性，包括原料的价格、储量等。焦化过程中，硫元素会导致催化剂失活，从而降低蒸汽重整过程中的氢气产量。为了开发更稳定和更便宜的催化剂，人们进行了大量的研究工作。蒸汽重整制氢量高，但工艺复杂（例如级数多、热力学限制和能源效率低等），新工艺正在不断开发。

### （1）天然气蒸汽重整制氢基本原理

天然气经过处理后，主要含有甲烷（$CH_4$），典型成分组成：95%$CH_4$，3.5%$C_{2+}$，1%氮气（$N_2$），0.5%二氧化碳（$CO_2$），以及少量的硫化合物[2]。制备合成气的主要化学反应如下：

$$CH_4 + H_2O \longrightarrow 3H_2 + CO \qquad 强吸热 \qquad (3\text{-}1)$$

$$CH_4 + \frac{1}{2}O_2 \longrightarrow 2H_2 + CO \qquad 强放热 \qquad (3\text{-}2)$$

$$CH_4 + CO_2 \longrightarrow 2H_2 + 2CO \qquad 强吸热 \qquad (3\text{-}3)$$

实际过程中，一氧化碳（CO）具有反应活性，直接排放会导致资源浪费，同时它也是毒性气体，不能随意排放。为最大限度地制备氢气，引入如下水煤气变换反应：

$$CO + H_2O \longrightarrow H_2 + CO_2 \qquad (3\text{-}4)$$

上述过程的总反应如下：

$$CH_4 + 2H_2O \longrightarrow 4H_2 + CO_2 \qquad (3\text{-}5)$$

$$CH_4 + \frac{1}{2}O_2 + H_2O \longrightarrow 3H_2 + CO_2 \qquad (3\text{-}6)$$

$$CH_4 + CO_2 + 2H_2O \longrightarrow 4H_2 + 2CO_2$$

$$再变为：CH_4 + 2H_2O \longrightarrow 4H_2 + CO_2 \qquad (3\text{-}7)$$

总反应式（3-5）和式（3-6）说明：$CO_2$ 是制备过程中碳的最终产物。而反应式（3-3）引入 $CO_2$ 作为反应介质，不具有普适价值。从能量角度分析，制备合成气的三个反应式（3-1）~式（3-3）分别为高温的强吸热、强放热和强吸热反应。

如果将原料与燃料一起考虑，以水蒸气转化过程为例：

$$CH_{4(原料)} + 2H_2O_{(原料)} + \frac{2}{3}O_{2(燃烧介质)} + \frac{1}{3}CH_{4(燃料)} \longrightarrow 4H_{2(产品)} + \frac{4}{3}CO_{2(排放)} + \frac{2}{3}H_2O_{(排放)}$$

$$(3\text{-}8)$$

从总物料关系式（3-8）看出，每制备 1t 的氢气，大约排放 7.3t 的 $CO_2$。而在实际上考虑到气体的分离过程和天然气开采/基建等过程中的损失折算，每生产 1t 的氢气，需要释放的 $CO_2$ 量达到 10~11t。

天然气水蒸气重整制氢是一项成熟的技术，目前占世界氢气产量的 48%。在水蒸气重整中，蒸汽在一系列反应中与原料反应，主要产生 $H_2$、$CO_2$ 和 CO。天然气水蒸气重整是吸热反应，该过程需要热量输入。因此，人们开发了用于制氢的其他重整工艺，例如部分氧化、自热重整和组合重整，其中包括 $CO_2$ 重整。在部分氧化反应中，按照化学计量燃烧比使用氧气，氧气与天然气的反应为放热反应，因此不需要外部加热。自热重整是蒸汽重整和部分氧化的组合，在这个过程中，重整的能量是通过烃类原料的部分氧化提供的。组合重整是指前面提到的各种过程的组合，例如，初级蒸汽重整与氧气重整、部分氧化或自热重整串联组合，这样组合可以减小初级重整器的尺寸和软操作条件。在 $CO_2$ 重整中，$CO_2$ 与烃反应，如反应式（3-3）所示，这比 $CH_4$ 的蒸汽重整［反应式（3-1）］更吸热，工作温度通常在 900℃左右。但由于该反应可以减少温室气体排放量，引起了大家的广泛关注，已开发出基于该反应的两种商业技术，通常与蒸汽重整或部分氧化相结合。

$CH_4$-$CO_2$ 重整是一种将天然气转化为合成气的方法，反应产生的气体中 $H_2$/CO 约为 1∶1，低于蒸汽重整中获得的气体，该合成气是许多化学过程的宝贵原料。$CH_4$-$CO_2$ 重整的主要缺点是碳沉积导致的催化剂失活，大量研究工作聚焦于 $CH_4$-$CO_2$ 重整中催化剂稳定性研究。镍基催化剂和负载型贵金属催化剂具有良好的催化性能，与负载型贵金属催化剂相比，价格低廉的镍基催化剂研究更广泛。但与贵金属催化剂相比，在镍基催化剂上形成的碳更多。有研究表明，氧化锆（$ZrO_2$）负载的铂可作为 $CH_4$-$CO_2$ 重整的催化剂，性能优于铂/氧化铝（$Pt/Al_2O_3$）或铂/二氧化钛（$Pt/TiO_2$）。向 $ZrO_2$ 中添加各种促进剂，如镧（La）或钇（Y），可进一步改善所得催化剂的性能。向载体中添加氧化铈（$CeO_2$）也展示出积极的效果，这是由于氧化铈可作为额外的不稳定氧物种来源。考虑到 Pt 成本较高，几种碳化物可作为甲烷 $CO_2$ 重整催化剂，如负载在 $ZrO_2$ 的碳化二钼（$Mo_2C$）催化剂，再耦合铋（Bi）的促进作用后，表现出较高的催化活性。

### （2）天然气蒸汽重整制氢装置

天然气制氢的传统蒸汽重整装置主要包含四个模块：脱硫、重整、水气转换和 $H_2$ 纯化。

由于重整器和低温变换反应器中催化剂的硫敏感性高，因此需要进行脱硫。天然气通常含有少量硫化合物，通常以 $H_2S$ 的形式存在，也可能含有硫化羰和其他有机硫化合物，如硫醇和噻吩。对于天然气中低含量的硫化合物，采用氧化锌床可以将其除去。然而，对于含有较高有机硫化合物的高含量硫化合物，需要在氧化锌床之前增加一个加氢阶段。加氢反应所需的氢气取自产品流中。加氢阶段还降低了重整器进料中烯烃的量，从而减少了催化剂因焦化而失活。进料中过量的氢气有助于保持管顶部的重整催化剂处于还原状态。从该模块流出的气体硫含量低于 0.0001%，温度为 350~400℃。

在重整阶段进行天然气的蒸汽重整反应，操作条件为 800~900℃，压力为 1.5~3.0MPa。尽管在蒸汽重整中使用了高温，但由于 $CH_4$ 的高稳定性，仍然需要催化剂来加速反应，该反应的催化剂为负载在载体（如 $a$-$Al_2O_3$ 或氧化镁等）上的氧化镍（NiO），负载量为 15%~25%（质量分数）。在重整反应之前，需要利用氢气来活化催化剂，以还原氧化镍为金属镍（Ni）。催化剂放置在蒸汽重整器管中，作为固定床，要求催化剂在 1000℃高温时具有低压降和高机械阻力。催化剂形成一个外径为 16mm、内径为 8mm、高度为 16mm 的环形。由于内部传质控制，这种相对较大的尺寸降低了反应速率。在没有氧化反应的情况下，吸热重整反应的热量输入由间接加热提供，燃料在重整器管外燃烧。传统重整炉中的热量分布受燃烧器布置的几何形状，管的节距，火焰的类型和长度，火焰、烟气和耐火壁的辐射，以及管子和材料的尺寸、形状和厚度的影响。蒸汽重整器由辐射部分和对流部分组成。在辐射部分发生重整反应；在对流部分，天然气进料，并且工艺蒸汽被预热，利用烟道气中回收的热量形成过热蒸汽。重整器的整体热效率通常为 92%左右，烟道气中的热损失和多余热量的回收对该值有显著影响。一个熔炉大概包含 500~600 根管子，每根管子长度为 7~12m，内径为 70~130mm。改良重整器以优化燃料使用，实现最大程度的重整，从而在水气转换和纯化后获得大量氢气。

### 3.2.1.2 煤制氢

### （1）煤气化制氢原理

传统的煤制氢分为直接制氢和间接制氢。煤的直接制氢包含煤的焦化和煤的气化。煤的焦化是在隔绝空气的条件下，在 900~1000℃温度下制取焦炭，副产品焦炉煤气中含有 $H_2$

（55%~60%）、CH₄（23%~27%）、CO（6%~8%），以及少量其他气体，可用作制取氢气的原料。煤的气化是在高温常压或加压下，煤与气化剂（水蒸气或氧气）反应，转化为气体产物，气体产物中含有氢气等，其含量随方法的不同存在差异。煤的间接制氢过程是将煤先转化为甲醇，再将其重整制氢。

煤气化制氢主要包括造气反应、水煤气变换反应和氢气的提纯与压缩。传统煤制氢的工艺流程如图 3-1 所示[5]，首先将煤炭送入气化炉，与氧气反应气化得到气态产品，其主要成分是 $H_2$ 和 CO；然后经过净化处理，再进入一氧化碳变换器，与水蒸气反应，得到 $H_2$ 和 $CO_2$ 混合气体；最后通过氢气提纯和变压吸附得到较为纯净的氢气和副产物 $CO_2$。

图 3-1　煤气化制氢工艺流程

气化反应包括很多的化学反应，主要是 C、$O_2$、$H_2$、CO 和 $CO_2$ 的相互反应。其中的主要反应如下：

$$水蒸气转化反应：C+H_2O\longrightarrow CO+H_2 \tag{3-9}$$
$$水煤气变换反应：CO+H_2O\longrightarrow CO_2+H_2 \tag{3-10}$$
$$部分氧化反应：C+0.5O_2\longrightarrow CO \tag{3-11}$$
$$完全氧化反应：C+O_2\longrightarrow CO_2 \tag{3-12}$$
$$甲烷化反应：CO_2+4H_2\longrightarrow CH_4+2H_2O \tag{3-13}$$
$$布多阿尔反应（Boudouard\ reaction）：C+CO_2\longrightarrow 2CO \tag{3-14}$$

一氧化碳变换是将合成气中的 CO 转化为 $H_2$ 和 $CO_2$。一氧化碳变换过程需要利用催化剂，采用 Fe-Cr 系催化剂的情况下，操作温度为 350~550℃，为中高温变换工艺，经变换后 CO 的平衡浓度较高。但是 Fe-Cr 系催化剂的抗硫化能力较差，因此只适用于低含硫量的气体（<80×10⁻⁶）。利用 Cu-Zn 系催化剂时，操作温度为 200~280℃，属于低温变换工艺。该工艺通常串联在中高温变换之后，可将约 3% 的 CO 进一步降至 0.3%。采用 Co-Mo 系催化剂时，称为宽温耐硫变换工艺，操作温度为 200~550℃。因为其抗硫能力极强，对合成气中硫的浓度没有要求，适合处理含有较高浓度 $H_2S$ 的气体。

### （2）煤气化制氢工艺

目前，煤制氢主要通过煤的气化来实现，气化工艺在制氢过程中十分重要，影响着氢气的成本和气化效率，目前煤气化技术形式多样，按照煤原料与气化剂的不同接触方式，将其分为固定床气化、流化床气化和气流床气化等。

① 固定床气化技术　固定床气化以块煤、焦炭块或者型煤作为原料，床层与气化剂进行逆流接触，发生反应生成 $H_2$、CO 和 $CO_2$。要求原料煤的热稳定性高、反应活性好、灰熔融性温度高等。根据压力将其分为常压固定床和加压固定床。间歇式水煤气气化是常压固定床气化的典型工艺，得到的气体主要用于中小氮肥行业。该技术采用常压固定床空气、蒸汽间歇制气，进场原料利用率低、操作复杂，碳转化率为 75%~82%，对环境的污染比较严重。

由于技术成熟、投资低，我国有 900 多家中小型煤气厂和合成氨厂采用常压固定床气化技术，但其已无法适应现代煤化工对气化技术的要求，将逐步淘汰。Lurgi 加压固定床技术以氧气/水蒸气作为气化剂，需在加压条件下连续运行，有效气体成分质量含量为 50%~65%，碳的转化率达 95%，含有 10%~12% 的 $CH_4$ 可以重整转化为 $H_2$。Lurgi 炉解决了常压固定床单炉产气能力低的问题，同时煤的利用率也得到提高。目前，世界上有 120 多台 Lurgi 炉，分布在云南、山西、新疆、内蒙古等地。Lurgi 加压气化，与常压固定床气化相比取得了质的突破，但在未来的规模化制氢方面仍有诸多不足之处。

② 流化床气化技术　流化床气化是煤颗粒床层在入炉气化剂的作用下，呈现流态化状态，并完成气化反应的过程。与同等规格的固定床气化炉相比，生产能力要高 2~4 倍。此外，出口煤气几乎不含焦油和酚水，冷却水处理简单，还具有温度分布均匀和过程易控制等优点。目前，在陕西建有灰熔聚流化床气化示范装置，正常情况下产氢量约 6100m³/h（标）。流化床气化炉结构简单，无大型传动装置，所以故障率低、操作简单，但也存在气化温度低、热损失大等缺点。

③ 气流床气化技术　气流床气化采用气化剂将煤粉高速夹带喷入气化炉，并完成气化反应过程。与固定床、流化床气化相比，气流床气化反应速度快很多，一般只有几秒，所以气流床气化炉的气化强度比固定床、流化床气化炉高出几倍，甚至几十倍。气流床气化具有气化温度高、碳的转化率高、单炉生产能力大、煤气中不含焦油、液态排渣等优点。目前国外已有数种气流床气化技术实现商业化，但中国引进的正在使用的工艺只有 Texaco 一种。经过多年的生产实践，中国在喷嘴、耐火材料、制浆技术等方面取得长足进展。

## 3.2.2　生物质制氢

生物质通常是指由植物或者动物生命体而衍生得到的物质的总称，其主要由有机物组成，包括纤维素、半纤维素和木质素，以及少量的单宁酸、脂肪酸等。作为一种可再生能源，生物体可自身复制、繁殖，还可通过光合作用进行物质和能量的转换，在这种转换系统中可以在常温常压条件下通过酶的作用制备氢气。生物质具有很大的应用潜力，可用于发电和制备高附加值化学品。生物质能不可以直接作为能源使用，往往需要转化为气体燃料或者液体燃料。生物质制氢是一种绿色制氢的技术，主要的制氢途径见表 3-3，包括生物质发酵制氢；生物质化工热裂解制氢；生物质发电，再用电解水制氢；还可以利用生物质制乙醇，再用乙醇重整制氢。总的来说，生物质的利用主要有微生物转化和热化工热裂解两类，前者主要产生液体燃料，后者采用化学方法将生物质转化为气体或液体，目前广泛研究的两大类是生物质气化和生物质裂解。

表 3-3　生物质制氢方法

| 生物质制氢方法 | 产品 | 氢产品 |
| --- | --- | --- |
| 生化发酵 | 氢气、沼气 | 提纯制氢 |
| 化工热裂解 | 合成气 | 提纯制氢 |
| 直接燃烧 | 发电 | 电解水制氢 |
| 制乙醇再制氢 | 乙醇氢气 | 提纯制氢 |

### 3.2.2.1 生物质气化制氢原理

当使用生物质作为原料时，气化是一个复杂的热裂解过程，由许多基本化学反应组成，首先是木质纤维素原料（纤维素、半纤维素和木质素）的部分氧化，气化剂为空气、氧气或蒸汽。一般认为气化的基本反应如下：

$$生物质+O_2（H_2O）\longrightarrow CO，CO_2，H_2O，H_2，CH_4+$$

$$其他 CH_s+柏油+焦炭+灰渣+HCN+NH_3+HCl+H_2S+其他含硫气体 \qquad （3-15）$$

原料燃烧释放的挥发性化合物部分氧化产生燃烧产物，含有 $H_2O$ 和 $CO_2$，整个过程需要持续加热以维持吸热气化过程。随着原料的燃烧，水蒸发和原料热解持续进行，较高的气化温度得到的气体混合物包含 CO、$CO_2$、$H_2O$、$H_2$、$CH_4$ 和其他气态烃、焦油、炭、无机成分。产品的气氛组成在很大程度上取决于气化过程、气化剂和原料组成。气化炉中可能发生的反应总结如下：

$$部分氧化 \quad C+\frac{1}{2}O_2 \longleftrightarrow CO；放热反应 \qquad （3-16）$$

$$完全氧化 \quad C+O_2 \longleftrightarrow CO_2；放热反应 \qquad （3-17）$$

$$水气反应 \quad C+H_2O \longleftrightarrow CO+H_2；吸热反应 \qquad （3-18）$$

三个反应中，完全氧化或燃烧反应释放的能量最多，而碳部分氧化成 CO 释放的能量仅有氧化过程的 65% 左右。通过反应式（3-16）~式（3-18）将碳转化，也可以最大限度地减少气化过程中形成的焦炭。CO 在气化过程中可以进行进一步的反应，如下所示：

$$水气变换反应 \quad CO+H_2O \longleftrightarrow CO_2+H_2；放热反应 \qquad （3-19）$$

$$甲烷化反应 \quad CO+3H_2 \longleftrightarrow CH_4+H_2O；放热反应 \qquad （3-20）$$

$$水气变换反应 \quad 2CO \longleftrightarrow C+CO_2；吸热反应 \qquad （3-21）$$

由于高温气化的主要产物是 CO 和 $H_2$，水气变换反应成为制氢过程的关键部分，CO 和 $H_2$ 的比例可以通过增强水气变换反应来调节。从热力学考虑，为了得到期望的 CO 转化率，水气变换反应需在低于 500℃ 条件下进行。通常需要使用催化剂来加速反应过程，以便在低温下有合适的反应速率，而且为了将 $H_2$ 产量最大化往往需要减少甲烷化反应。

在气化过程中，烃类和焦油的高温裂解在催化反应器中发生。在整个过程中，焦油分子吸附在催化剂表面，随后裂解和聚合，最后被催化分解成小分子。这些反应如下：

$$蒸汽重整反应 \quad C_nH_m+nH_2O \longleftrightarrow nCO+（n+m/2）H_2 \qquad （3-22）$$

$$干重整反应 \quad C_nH_m+nCO_2 \longleftrightarrow 2nCO+（m/2）H_2 \qquad （3-23）$$

$$热裂解反应 \quad C_nH_m \longleftrightarrow nC+（m/2）H_2 \qquad （3-24）$$

$$加氢裂解反应 \quad C_nH_m+（4n-m）H_2 \longleftrightarrow nCH_4 \qquad （3-25）$$

以上四个反应是平衡反应，可以向任一方向进行，这取决于反应器内的条件，例如温度、压力和反应物质的浓度，这些条件受原料和反应器设计的影响。$H_2$ 的含量随着温度的升高而增加，而 CO 的含量先增加后减少，$CH_4$ 含量随着裂化反应温度的升高而显著降低。较高的温度有利于得到放热反应中的反应物和吸热反应中的产物。已知 $CH_4$ 的蒸汽重整反应和 $CO_2$ 的重整反应是吸热的，因此这两个反应随着温度的升高而增强，导致 $H_2$ 和 CO 含量增加以及 $CH_4$ 减少。

生物质气化制氢采用的催化剂多数是直接煅烧白云石或煅烧石灰石等，如以白云石为载体制备的 Ni 基催化剂、Ni-Pt-Al₂O₃、Ni-Al 催化剂等。

### 3.2.2.2　微生物转化制氢原理

根据利用的微生物、产氢底物和机理的不同，可以将生物制氢分为三类，包括：a.光解水产氢：绿藻和蓝细菌在光照和厌氧条件下分解水产生氢气；b.光合细菌产氢：光合细菌在光照和厌氧的条件下分解有机物产生氢气；c.发酵细菌产氢：在黑暗和厌氧条件下细菌将有机物分解产生氢气。

光解水产氢的作用机理和绿色植物的光合作用机理类似，包含两个独立且协调作用的光合作用中心，利用太阳能分解水产生质子、电子、氧气的光合系统 II（PS II）和产生还原剂固碳（CO₂）的光合系统 I（PS I）。铁氧化还原蛋白携带光合系统 II 产生的电子经由 PS II 和 PS I 到达产氢酶，质子在催化作用下形成氢气。其中，产氢酶是其关键物质，绿色植物因为没有产氢酶，所以不能用于产氢，这是藻类和绿色植物光合作用的重要区别。

光合细菌产氢也是利用太阳能驱动下的光合作用实现的，但光合细菌产氢只有一个光合作用中心，只进行以有机物作为电子供体的不产氧光合作用。其反应途径如下：

$$(CH_2O)_n \longrightarrow Fd \longrightarrow 氢酶 \longrightarrow H_2 \qquad (3-26)$$

以乳酸为例，其反应如下：

$$C_3H_6O_3 + 3H_2O \xrightarrow{\text{光照}} 6H_2 + 3CO_2 \qquad (3-27)$$

光合细菌还能利用 CO 产氢：

$$CO + H_2O \xrightarrow{\text{光照}} H_2 + CO_2 \qquad (3-28)$$

发酵细菌产氢利用异养微生物中缺乏细胞色素系统和氧化磷酸化途径，面临电子积累的问题，需要调节新陈代谢中的电子流动，产氢消耗多余的电子就是调节机制中的一种。多数厌氧细菌通过厌氧代谢分解丙酮酸来产氢，丙酮酸的分解可以通过甲酸裂解酶催化和丙酮酸铁氧还蛋白氧化还原酶催化两种途径实现。发酵细菌产氢和光合细菌产氢联合起来可以形成混合产氢，利用发酵细菌分解有机物为小分子有机酸，再用光合细菌进行产氢，实现二者的优势互补。

## 3.2.3　太阳能制氢

太阳释放的能量有 $3.8 \times 10^{26}$ J/s，其中一年中到达地球表面的能量总量为 $5.5 \times 10^{26}$ J，是现在人类一年所消耗能源的 10000 倍。如果能够将取之不尽的太阳能利用起来，将成为人类历史的伟业。太阳能制氢技术是近 30~40 年发展的技术，主要包括太阳能直接分解水制氢、太阳能光催化法制氢、热化学分解制氢和电解水制氢等。

### 3.2.3.1　太阳能光催化法制氢

水非常稳定，在标准状况下把 1mol 水分解为氢气和氧气需要 237kJ 的能量。太阳辐射的波长范围为 0.2~2.6μm，所对应的光子能量是 400~40kJ/mol。直接利用太阳能分解水制氢是极具前景的制氢方法。该方法可以追溯至 1972 年，日本的 Fujishima 发现 TiO₂ 电极在光照条件下可以让水分解产生氢气，这一工作在《自然》杂志上报道，现在光电化学和光催化分解水制氢成为世界范围内关注的热点。利用太阳能光解水的方法，目前研究最广泛的是半导体光催化法。其原理为：当半导体材料受到能量不小于催化剂半导体禁带宽度的光照射后，半导体材料价带上的电子受到激发，从价带跃迁到导带上，与价带上的空穴实现了分离，在导带上质子得电子还原为氢气，在价带上发生氧化反应生成氧气（见图 3-2）。用作光解水催化剂的半导体材料必须具备以下条件：a.适当的可见光吸收，带隙为 2.0~2.2eV，要想制得氢气，半导体导带电位比氢的氧化还原电位 $E（H^+/H_2）$ 稍负，若需得到氧气，半导体的价带电位则比氧的氧化还原电位 $E（O_2/H_2O）$ 稍正。b.光生电子和空穴能够有效分离。c.在水中具有化学稳定性，不会发生腐蚀和光腐蚀。d.电子从半导体表面到电子受体的快速转移。e.低生产成本。目前提升光催化制氢效率的方式主要集中在降低光生电子和空穴的复合、加速反应速率等方面。

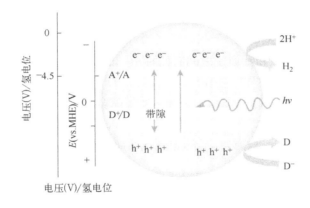

图 3-2  半导体光催化制氢过程

在过去 40 年中，许多类型的半导体，包括氧化物、氮化物、硫化物、碳化物和磷化物等 130 多种材料，可作为光催化剂分解水制氢。在这些光催化剂中，据报道氧化镍/偏钽酸钠（NiO/NaTaO₃）在紫外光下具有较高的量子产率（56%的量子效率）。虽然量子效率非常高，但其利用的紫外线仅占太阳辐射能量的 3%~4%，所以对于实际生产 H₂ 的价值有限。因此，大量利用太阳能需要开发能够在可见光下有效分解水的光催化剂。目前，可见光驱动的光催化剂数量有限，但后续发现许多氧化物、硫化物、氮氧化物和氧硫化物在可见光照射下可实现 H₂ 和 O₂ 的制备。低量子效率仍然是目前太阳光制氢的"瓶颈"，当前可达到的量子效率远未达到实际应用所需的 10%量子效率。因此，仍需要开发高效的半导体催化剂。

目前用于提升光催化剂效率的手段包括负载助催化剂、构建异质结、掺杂等。限制光催化性能的因素之一是光生电子和空穴的复合。当半导体负载合适的助催化剂，产生的电子快速地转移到助催化剂上，空穴留在半导体上，可以有效抑制光生电子和空穴的复合，使它们可以分别进行还原和氧化反应，从而提高光催化性能。常用的贵金属助催化剂包括铂（Pt）、金（Au）、钯（Pd）等，其中 Pt 和 Au 的研究最为广泛。此外，还有大量的非金属助催化剂相关的研究工作，研究表明碳材料也可作为光催化反应的助催化剂。另一个提升光生载流子分离能力的方法是构筑异质结。将两种能带结构不同的半导体复合到一起，两种半导体之间的能带差可使光生电子或者空穴注入另一种半导体的能带上，实现电荷的有效分离。如 $TiO_2$ 可以和硫化镉（CdS）、氧化钨（$WO_3$）等半导体复合，除提高光生电子和空穴的有效分离外，还使得吸收波长红移，进而提高了光催化反应的性能。对于一些宽带隙的半导体，可以通过掺杂，实现半导体材料带隙的调控，增大响应波长，同时引入的缺陷可以捕获载流子，延长其寿命，有效抑制载流子的复合。常用于掺杂的金属离子有 $Fe^{3+}$、$Cu^{2+}$、$Co^{2+}$、$Ru^{3+}$ 等，非金属元素的掺杂常用到 N、Br、O 等。

### （1）氧化物

最早被应用于光催化的半导体材料是 $TiO_2$，其因良好的稳定性、低廉的价格和环保友好性而被广泛应用，是相关研究最为成熟的半导体材料之一。$TiO_2$ 有三种同质异相结构[6]，包括锐钛矿、金红石、板钛矿，三种晶型的晶格常数见表 3-4[7, 8]。$TiO_2$ 的三种结构均呈八面体结构，但三者的原子排列方式不同。板钛矿中氧原子处于两个不同位置，每个氧和钛原子之间具有不同的键长；与板钛矿相比，锐钛矿具有更高的对称性，是一个典型的八面体结构，锐钛矿结构中有四条边共享，决定了晶格图形的对称轴 a 和 b；金红石则是一个四面体的晶格结构，与锐钛矿一样，氧和钛原子之间有两种不同的键长。多数情况下，$TiO_2$ 以锐钛矿为主，板钛矿结构不稳定，自然界中存在稀少。而金红石是 $TiO_2$ 中最稳定的晶相，可通过板钛矿或者锐钛矿的加热处理得到。锐钛矿型 $TiO_2$ 的带隙宽度为 3.2eV，且为直接半导体，可吸收波长小于 388nm 的紫外光，而金红石的带隙为 3.0eV，吸收小于 411nm 波长的光即可被激发。研究表明，多数情况下，锐钛矿的光催化性能要优于金红石。

表 3-4　$TiO_2$ 三种晶型的晶格常数

| 晶型 | a/nm | b/nm | c/nm |
| --- | --- | --- | --- |
| 板钛矿 | 0.9182 | 0.5456 | 0.5143 |
| 锐钛矿 | 0.3785 | 0.3785 | 0.9514 |
| 金红石 | 0.45933 | 0.45933 | 0.29592 |

$TiO_2$ 光催化效率与其形貌和微观结构密切相关，通过溶胶-凝胶法、溶剂热法、静电纺丝法等可以合成各种形貌的 $TiO_2$，包括 $TiO_2$ 纳米粒子、纳米管、纳米线、纳米棒、纳米片、纳米花、纳米球等[9]。P25 是最典型的 $TiO_2$ 纳米粒子，其包含锐钛矿和金红石两相，平均粒径尺寸约为 21 nm，虽然 P25 具有一定的光催化性能，但是远低于人们的预期要求。通过加氢还原处理可以将白色的 P25 变为黑色，明显增加其对可见光的吸收[10]。$TiO_2$ 纳米线[11]和纳米棒[12]具有较高的比表面积和较小的横向尺寸，有助于电子和空穴的分离。研究表明，$TiO_2$ 的（001）晶面和（101）晶面对光生电子和空穴的选择性分离起关键作用，$TiO_2$ 纳米片可以优化高活性晶面（001）的比例，有助于提高其催化性能[13]。三维 $TiO_2$ 纳米球和纳米花不仅可以提供高的比表面积，还可以对光进行多级散射和反射，从而增大了光的吸收效率。

常规的 $TiO_2$ 带隙较大，只能吸收紫外光，可以通过非金属元素、金属元素的掺杂来缩减其禁带宽度，使其对可见光产生响应。2001 年，Asahi 等[14]首次对 TiO₂ 进行了非金属元素的掺杂，为了保证金属掺杂后能够使 TiO₂ 具有可见光催化活性，一方面非金属元素可以在 TiO₂ 的带隙中形成新的能级，另一方面导带的最小能级高于 TiO₂，即高于 H₂/H₂O 电位，保证其还原活性，此外掺杂形成的带隙能级能够与 TiO₂ 重叠，使得光生载流子能够迁移到催化剂表面的活性位点。TiO₂ 中常用的掺杂非金属元素包括氮、硫、碳、氟等。氮元素在 TiO₂ 中有取代型和间隙型两种掺杂形式，取代型掺杂是指单原子取代 TiO₂ 中的氧原子，与周围的钛原子成键，这一结构比较稳定；间隙型掺杂是单原子位于 TiO₂ 晶格的间隙，与氧原子成键，同时 N-O 再与周围的钛原子成 π 键，其中 N 呈正价，这一结构不太稳定[15]。Asahi 等[14]通过理论计算认为 N 的 2p 轨道与 O 的 2p 轨道杂化，提高了 TiO₂ 的价带，使得 TiO₂ 的 $E_g$ 减小，从而扩宽了 TiO₂ 对可见光的响应范围，实验结果进一步验证了该结论。但 Irie 等[16]认为 TiO₂ 中的 O 被 N 取代后，形成了独立的 N2p 能级，与 O2p 构成的价带不重叠，因此 $E_g$ 并未减小。Umehara 等[17]发现 S 原子在 TiO₂ 中以阴离子形式存在，S 的 3p 态与价带重叠，使得带隙变窄，吸收光谱的吸收边发生明显的红移。Irie 等[18]研究发现在 C 掺杂的 TiO₂ 中，C 原子代替了氧原子，形成 C-Ti 键，C 的掺杂使得材料的吸收光谱发生一定的红移。掺杂 0.1%~0.5% 的 $Mo^{5+}$、$Fe^{3+}$、$V^{4+}$、$Ru^{3+}$、$Os^{3+}$、$Re^{5+}$ 金属元素能够显著增加 TiO₂ 的光催化性能，而 $Co^{3+}$、$Al^{3+}$ 的掺杂则会降低催化性能[19]。

对 TiO₂ 材料进行复合改性也能够提升其催化性能，一般可分为表面光敏化、表面贵金属沉积、半导体复合三类。表面光敏化是通过物理吸附或者化学吸附，将具有可见光活性的有机化合物负载到 TiO₂ 材料表面。在可见光的激发下，有机染料的价带电子跃迁至导带，当染料的导带高于 TiO₂ 的导带时，染料上的电子就会迁移到 TiO₂ 的导带，从而实现 TiO₂ 对可见光的吸收。常用的 TiO₂ 表面光敏化染料主要有罗丹明 B、N719、曙红等[6]。在 TiO₂ 表面沉积贵金属能够改变材料体系中的电子分布结构。具体来讲，贵金属的费米能级较低，光生电子会从费米能级高的 TiO₂ 迁移到贵金属上，直至二者能级平衡，形成肖特基势垒来捕获光生电子，实现光生电子和空穴的有效分离，提升 TiO₂ 的光催化产氢效率。同时，贵金属沉积还会影响 TiO₂ 的生长过程，如抑制锐钛矿 TiO₂ 颗粒的长大，阻碍其向金红石型 TiO₂ 转变[20]。$Au$[21]、$Pt$[22]、$Ag$[23]、$Pd$[21]是 TiO₂ 材料中常用的贵金属助催化剂。将 TiO₂ 与其他半导体复合可以制备半导体复合材料，根据带隙的大小分为宽带隙复合和窄带隙复合化，宽带隙复合能够促进光生载流子的有效分离，提高光催化效率；窄带隙复合在抑制光生载流子复合的同时，能够拓宽光的响应范围，提升光的利用效率。窄带隙复合是采用跟 TiO₂$E_g$ 相当的半导体修饰 TiO₂，二者的带隙大小可以相同，但是导带和价带的位置不同，这样可以促进光生电子和空穴在材料体系的转移，最终分布在复合半导体的不同相中。如将 TiO₂ 与 SnO₂ 进行复合，TiO₂ 导带上的电子迁移到 SnO₂ 导带上，SnO₂ 价带上的空穴转移到 TiO₂ 价带上，分别在 TiO₂ 和 SnO₂ 上发生还原和氧化反应[24]。窄带隙是指用 $E_g$ 小于 TiO₂ 的半导体材料进行修饰，最典型的例子就是 CdS/TiO₂ 复合材料[25]。可见光可以激发 CdS，产生的光生电子迁移至 TiO₂ 的导带上，空穴留在 CdS 的价带中，从而实现光生载流子的有效分离。

除 TiO₂ 以外，其他半导体氧化物也有较好的光催化产氢能力，如 $Ta_2O_5$[26]、$WO_3$[27]、$Ga_2O_3$[28]、$ZnO$[29]等。

### （2）氮化物

石墨相氮化碳（g-C₃N₄）具有类石墨烯层状结构，是一种新型非金属半导体材料，能带带隙为 2.7eV，吸收边带为 460nm。它是各种氮化碳同素异形体中室温最稳定的物相，理想氮化碳的结构单元主要是三嗪环和七嗪环，它们的碳原子和氮原子都为 $sp^2$ 杂化，形成类似石墨烯的 π-π 共轭电子结构。2008 年，首次发现石墨相氮化碳可以催化水裂解产氢。石墨相氮化碳因具有合适的禁带宽度、良好的化学稳定性和可见光响应，是一种极具发展前景的半导体光催化产氢材料，但未经改性的石墨相氮化碳比表面积小、光吸收范围窄、电子和空穴易复合，导致其光催化效率较低。为了提高石墨相氮化碳的光催化性能，微结构调控、元素掺杂、异质结构筑等一系列策略被应用于 g-C₃N₄ 的优化。

微结构的优化能够有效增强光响应能力、增加催化活性位点。常规制备的 g-C₃N₄ 因缩聚反应的层堆叠效应呈现较低的比表面积，通过制备条件的优化来调节 g-C₃N₄ 的形貌能够增加催化活性位点，提升载流子的迁移率。Han 等人[30]自组装形成纤维结构双氰胺，在 550℃ 热聚合后，制备得到了具有多孔结构的纳米纤维状 g-C₃N₄，比表面积达 130m²/g，在 420nm 波长下气产氢速率达 9900μmol/（g·h），量子产率为 7.8%，相比于传统热聚合双氰胺制备 g-C₃N₄，纳米纤维状 g-C₃N₄ 的光催化活性提高 10 倍以上。采用球磨法制备的超薄 g-C₃N₄ 纳米片可见光催化产氢速率为 1365μmol/（g·h），是普通 g-C₃N₄ 的 13.7 倍[31]。Zhang 等人[32]采用 KCC-1 型商用 KCC-1 型二氧化硅球作为牺牲模板，制备了带有纳米片微结构的 g-C₃N₄ 纳米球，该材料的比表面积达 160m²/g，可见光下产氢速率为 572μmol/g·h，量子效率是 9.6%。其采用类似的方法，利用二氧化硅纳米棒制备了手性螺旋介孔结构的 g-C₃N₄ 纳米棒[33]。以三聚氰胺和三聚氰酸为前驱体，采用氢键超分子自组装方法，可以制备空心球结构的 g-C₃N₄[34]。

元素掺杂是催化材料改性中最常用的一种策略，通过杂元素（金属或非金属）的掺杂，有效调节催化材料的能带结构，从而优化其电子结构和光吸收[35]。g-C₃N₄ 的光催化活性取决于其氧化还原电位，当受体和供体的电位比 g-C₃N₄ 的导带更负，比价带更正时，在热力学上才可发生光氧化还原反应。通常，具有较低电位的价带允许增强空穴的氧化性，而较高的导带值则会产生具有较高还原能力的电子。异质元素原子不仅可以替换 g-C₃N₄ 晶格中的 C 或 N 原子，而且某些特定条件下掺杂的原子还可能使掺杂元素在 g-C₃N₄ 的平面层中，使 g-C₃N₄ 的分子轨道和杂原子掺杂轨道间发生杂化，有效调控 g-C₃N₄ 的价带和导带电子结构及电位，从而提升 g-C₃N₄ 的光催化产氢性能[36]。非金属元素掺杂一般采用 S、P、B、O 等，掺杂机制一般为杂原子取代 g-C₃N₄ 晶格的 N 或 C，也可能在平面空穴内，能够调节 g-C₃N₄ 的电子和能带结构[37]。此外，非金属原子的电负性较大，使得 g-C₃N₄ 易与其他材料形成共价键，从而改善其光催化制氢性能。如 P 的掺杂可以降低 g-C₃N₄ 的带隙，增加材料的导电性，有效抑制光生电子-空穴的复合[38]。除了非金属杂元素掺杂外，还可以通过自掺杂调控 g-C₃N₄ 的性能，如将桥接的 N 替换为 C 能够形成离域大 π 键，加速电子的转移。金属元素的掺杂能够调控 g-C₃N₄ 的带隙结构，扩宽光吸收范围，而且金属和 g-C₃N₄ 的 N 间的强离子偶极相互作用能够加快光生载流子的转移和分离效率[35]。利用金属阳离子与 g-C₃N₄ 中带负电的 N 之间的相互作用能够实现对 g-C₃N₄ 的金属元素掺杂，如 Fe²⁺可以跟 g-C₃N₄ 的末端 N

配位形成 Fe 掺杂的 g-C₃N₄，掺入的 $Fe^{2+}$ 能够促进电子离域，提高载流子迁移率，促进界面电荷传输[39]。两种或两种以上杂元素共掺也是 g-C₃N₄ 常用的改性策略，如 C-O 非金属元素共掺会使 g-C₃N₄ 的价带负移，具有更强的电子还原性[40]；In-P 金属-非金属元素共掺不仅能够增大 g-C₃N₄ 的可见光响应，还能够协同促进光生电子-空穴的分离和迁移[41]。

在 g-C₃N₄ 材料中加入金属助催化剂也是提升催化剂性能的常用手段，当金属与 g-C₃N₄ 接触时，两者会在界面产生接触电势差，这一电势差称为肖特基能垒，促进光生电子从半导体到金属的定向迁移，有效抑制 g-C₃N₄ 光生电子和空穴的复合；同时贵金属一般在长波长具有等离子共振吸收，可扩宽 g-C₃N₄ 的光吸收范围。Au、Pd、Ag 等单质金属纳米粒子和 AuPd 等二元金属纳米粒子都是常用的助催化剂。Ge 等人[42]在 g-C₃N₄ 表面负载了质量分数为 1%Ag 纳米颗粒后，其催化产氢速率可提高十几倍；核壳结构的 Ag@g-C₃N₄ 在产氢方面是常规 g-C₃N₄ 的 30 倍[43]。负载贵金属纳米颗粒虽然可以提升 g-C₃N₄ 光催化活性，但是贵金属高贵的价格限制了其大规模工业应用。

将 g-C₃N₄ 与其他半导体材料复合构筑异质结也是提升光催化性能常用的方法，异质结材料会形成一种不同于两种半导体能带的新能带结构，在界面处通常会形成内建电场，该方法不仅能够扩展材料的光响应范围，还可以有效提升光生电子-空穴的传输和分离。与 g-C₃N₄ 构筑的异质结有Ⅱ型异质结、Z 型异质结、S 型异质结和同型异质结等[44]。g-C₃N₄ 可以与 TiO₂ 构成Ⅱ型异质结，光照下 g-C₃N₄ 导带上的光生电子可以转移到 TiO₂ 的导带上，而光生空穴从 TiO₂ 的价带转移到 g-C₃N₄ 的价带上，这种相反方向的电荷转移，显著促进 g-C₃N₄ 了的光催化制氢效率[45]。碳酸氧铋（Bi₂O₂CO₃）、过渡金属氧化物等可以跟 g-C₃N₄ 构筑 Z 型异质结，其产生的电子通过异质结构或特殊电子介体转移到 g-C₃N₄ 的价带上，并与 g-C₃N₄ 价带上的空穴耦合，使得还原性的光生电子保留在 g-C₃N₄ 上，而氧化性的光生空穴在另外一种半导体上[46,47]。S 型异质结是一种新型异质结，该体系主要由两种 n 型半导体组成，宏观来看 S 型异质结中的电荷转移类似"阶梯"，微观来看类似"n 型"，高还原性电子在还原光催化剂的导带上富集，而高氧化性空穴在氧化催化剂的价带聚集，分别发生还原和氧化反应，有效地分离光生载流子。WO₃、CdS 可以与 g-C₃N₄ 形成 S 型异质结，一方面能够有效抑制高氧化还原电势电子-空穴的重组，另一方面提升了电子和空穴的转移效率[48,49]。利用不同原料制备带隙有差异的 g-C₃N₄，不同带隙的 g-C₃N₄ 可以形成同型异质结[50]，不同维度的 g-C₃N₄ 也可以形成同型异质结[51]，如一维/二维 g-C₃N₄ 异质结，二者之间存在的内置电场能够提升电子的转移效率，驱动光生载流子的分离。

### （3）硫化物

与金属氧化物相比，金属硫化物具有更负的价带和更窄的带隙，目前主要的硫化物光催化有 CdS 和硫化锌（ZnS）[52]。纯的 CdS 光催化性能并不理想，往往通过掺杂、改性或者复合等手段对其性能进行改善，如制备具有堆垛层错结构的 CdS 纳米棒，堆垛层错区形成的Ⅱ-型带结构能够提高光生电子和空穴的分离效率；硫化镍（NiS）/碳量子点/CdS 三元复合催化剂中，通过碳量子点收集电子和 NiS 收集空穴的正协同效应，提升光生电子和空穴的有效分离。但 CdS 用于光解水制氢存在光腐蚀问题，即 $S^{2-}$ 易被光生空穴氧化，$Cd^{2+}$ 进入溶液中。ZnS 的带隙为 3.6eV，只能吸收紫外光，掺杂改性是 ZnS 提升性能常用的方法之一，金属 In

和 Cu 的掺杂能够增加 ZnS 的吸收波长,非金属 N 和 C 共掺也能够增加材料的可见光吸收。

### （4）碳材料

石墨烯因其优异的机械性、导热性、光学性质和大的比表面积等性质广受关注。将杂原子引入能够破坏石墨烯的晶格对称性,可以打开其带隙,使其具有半导体特性。改性的石墨烯具有表面积大、导电性优异、电子特性可调等特性,被认为是光催化制 $H_2$ 的理想光催化材料之一。例如,氮掺杂石墨烯可以用作半导体催化剂的载体,以增强光催化活性。通过加强界面相互作用以及在半导体和氮掺杂石墨烯之间形成的 p-n 异质结,可以极大地改善光生载流子的分离、迁移和收集。另外,基于其独特的半导体性质,氮掺杂石墨烯在非金属光催化剂中也显示出巨大的潜力。

石墨烯可以与金属氧化物半导体复合构筑光催化剂材料。Mou 等人[53]通过溶剂热处理制备 $TiO_2$ 纳米颗粒功能化氮掺杂石墨烯复合材料,由于有效的结构恢复和石墨缺陷数量较少,该复合材料中氮掺杂石墨烯导电性优于传统还原氧化石墨烯,氮原子可以作为 $TiO_2$ 纳米颗粒在氮掺杂石墨烯上成核或者锚定位点,使得 $TiO_2$ 纳米颗粒与氮掺杂石墨烯界面之间形成紧密的接触,同时 $TiO_2$ 纳米颗粒均匀分布在石墨烯上。该催化剂的产氢速率达 13.3 mmol/h,并且具有良好的稳定性。除了与金属氧化物复合,石墨烯还可以作为硫化物的载体,如硫化镉、硫化锌、硫化钼。一些金属硫化物虽然具有光催化产氢性能,但是硫化物在光照下会发生光腐蚀,如 CdS 价带中的光生电子会氧化 $S^{2-}$。将硫化物与掺氮石墨烯复合,一方面能够提高硫化物的稳定性,另一方面硫化物半导体导带上的电子可以转移到石墨烯上,抑制光生电子和空穴的复合[54]。除了与其他半导体复合外,通过巧妙的设计,石墨烯本身也可以作为光催化剂。氮掺杂的氧化石墨烯量子点可以在可见光下实现光催化全水分解,石墨烯结构内的氮原子面内掺杂和含氧官能团的边缘修饰能够提供 n 型和 p 型半导体性,构成一个类似于二极管的体系,电子注入的 p 型区和空穴注入的 n 型区分别用于产氢和产氧[55]。此外,也有研究人员直接利用壳聚糖高温分解制备的氮掺杂石墨烯作为光催化产氢催化剂。

除了 n 型 N 原子的掺杂,B 和 P 等杂原子的掺杂能够诱发石墨烯产生 p 型传导特性。利用含磷藻朊酸盐的高温分解能够制备得到 P 掺杂的石墨烯,其在紫外光激发下具有催化产氢的性能,Pt 的加入则可以进一步提升其催化性能[56]。

### 3.2.3.2　太阳能热化学分解水制氢

利用太阳能从水中提取氢气最直接的方法是对水分子进行一步热解。然而,水的直接热解需要非常高的温度（2500℃以上）,同时还存在气体分离问题。这类装置的造价很高,且效率很低,不具有普遍的实用意义。直接热解的替代方法是通过多步热化学循环来生产氢气,可避免 $H_2$ 和 $O_2$ 的分离问题,而且操作温度相对温和。在这一过程中,仅仅消耗水和热量,整个反应过程构成一个封闭循环系统。考虑到实际应用时热化学分解水制氢的简单性和效率,使用金属氧化物氧化还原对的两部水分解循环是最具前景的。两步金属氧化物氧化还原循环过程中,首先金属氧化物吸收太阳能还原为金属或低价氧化物（吸热）[反应式（3-29）],其次金属/低价氧化物水解形成 $H_2$,并再生金属氧化物 [反应式（3-30）],该反应不需要太阳能，为放热反应。

$$第一步 \quad MO_x + 热能 \longrightarrow MO_{x-d} + d/2 \quad\quad (3-29)$$

$$第二步 \quad MO_{x-d} + dH_2O \longrightarrow MO_x + dH_2 \quad\quad (3-30)$$

该循环最初采用 $Fe_3O_4/FeO$ 和 $ZnO/Zn$ 氧化还原对。在 2273 K 下，$ZnO/Zn$ 循环的能量效率约为 45%，无热回收的最大火用效率为 29%。由于其高能量和火用效率的潜力，$ZnO/Zn$ 被认为是最有利的循环，但固体热还原需要非常高的温度，与之相关的技术挑战仍然存在。$ZnO/Zn$（>2235K）和 $Fe_3O_4/FeO$（>2500K）氧化还原对需要非常高的热还原温度，意味着材料的严重烧结、熔化和汽化，从而降低了循环效率和持久性。此外，在此类系统中，需要淬火还原产物（FeO 或 Zn）以避免再氧化，在大规模利用中带来了不便。

在过去几年中，各种类型的铁氧体 $MFe_2O_4$（$M$=Co, Ni, Zn, Ni-Zn, Ni-Mn, Mn-Zn）。这些铁氧体的热还原步骤可在比纯四氧化三铁（$Fe_3O_4$）温度更低的情况下进行。然而，这些铁氧体的还原温度与它们的熔点接近，因此还原后的铁氧体在此步骤后发生烧结，减少了后续水解循环中氢气的生成。为防止铁氧体在热还原过程中烧结或熔化，将其负载在单斜晶二氧化锆（$ZrO_2$），在 1273~1673K 温度范围内具有良好抗烧结性。部分稳定的四方 $ZrO_2$ 和氧化钇稳定的立方 $ZrO_2$ 也可作为抑制铁氧体高温烧结的载体。为了寻找在较低温度下工作的氧化还原对来替代 $Fe_3O_4$ 或 $ZnO$，研究了不同的金属氧化物，包括 $CeO_2/Ce_2O_3$、$SnO_2/SnO$ 和 $GeO_2/GeO$ 等。其中 $SnO_2/SnO$ 和 $GeO_2/GeO$ 可用于低温分解反应，但是 $GeO_2$ 的融化和歧化限制了该循环的实际应用。

综上，太阳能热分解所需的较高温度仍然是该技术的巨大挑战，将材料科学与工程知识用于开发具有较低还原温度和高水分解能力的材料仍然是该科学领域努力的方向。

### 3.2.3.3　太阳能电解水制氢

电解水制氢是在酸性或碱性的电解槽内通入电流，在阴极和阳极上分别得到氢气和氧气。太阳能电解水制氢基本原理如图 3-3 所示，光阴极吸收太阳能后，将光能转化为电能，同时在对电极上给出电子。光阳极和对极（阴极）组成光电化学池，光照条件下半导体导带上激发产生的电子通过外电路流向对极，质子在其上得电子产生氢气。

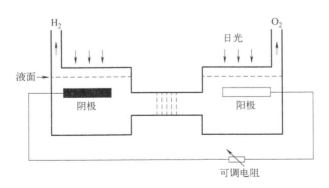

图 3-3　太阳能直接电解水制氢

## 3.2.4 电解水制氢

在 1800 年左右，化学家和哲学家 Nicholson 发现了水电解过程，他对伏打电堆直流电通过水后产生的效应进行了一系列实验测试。在电解水实验过程中，Nicholson 得到了外科医生 Carlisle 的协助。电解的发现是电化学的重要里程碑之一。另一个里程碑是法拉第在 1834 年提出的电解定律，指出电极上反应物的质量与循环（消耗）电荷成正比。该定律给出了电化学反应中产物和反应物的质量与消耗电流之间的定量关系，是设计电解系统的最基本工具。在接下来的 50 年里，电化学和水电解技术取得了长足进步，该定律的重要性不言而喻。

19 世纪末，在新兴化肥行业催化合成氨对氢气大量需求的刺激下，电解制氢开始实现工业规模。1885 年，法国皇家学院设计了日产约 300L（标准状况）氢气的首批商业系统，该系统采用含 30%KOH 的碱性电解液。到 1890 年，双极碱性电解槽的氢气生产规模达到 250L/h（标准状况）。Schmidt 于 1899 年在苏黎世建造了一座工厂，采用双极碱性电解槽，利用石棉制成的隔膜，实现了 54% 的能源效率，每小时生产约 1.4m³ 的氢气，资本成本为约 2000 英镑（或相当于 2011 年的约 20 万美元）。要注意的是，每小时 1.4 标准立方米的氢气相当于产氢速率约为 115g/h，在 54% 的效率下需要约 7kW 的电力。

在 20 世纪上半叶，由于煤气化和蒸汽甲烷重整成为最具成本竞争力的技术，大规模发展电解水制氢的兴趣急剧下降。水电解被用于一些特殊领域，如需要高纯氢气的制药或食品行业等领域，或者利用碱性电解从盐水中提取氯的氯碱行业。在军事海洋领域，核动力水电解器被用于从水中产生氧气，以供深海生存。在空间应用方面，20 世纪 60 年代为完成空间任务需求研发了质子交换膜电解槽。20 世纪 70 年代的能源危机再次让科学家们对电解产生了浓厚的兴趣，将电解作为一种从可再生资源生产氢气的手段。欧洲共同体资助了一项为期 10 年的可再生能源电解制氢研究计划。同期，美国能源部继续开展相关工作，日本也进行了一些碱性电解槽的研究项目（工作温度超过 120℃）。1980 年，全球有七家主要制造商采用碱性电解装置制得的氢合成氨，标准状况下，这些装置产氢能力为 535~30000m³/h（等效电力消耗为 2~100MW）。标准状况下，产能为 10~20m³/h 时，碱性电解槽是最经济的制氢技术，优于煤气化和天然气重整。在产能高于 100000m³/h 时，最具经济竞争力的技术是煤气化。近年来开发了具有 "零间隙" 电解质的先进碱性电解系统，通过零间隙构型配置，电解质的欧姆损失最小化，得到纯度更高的氢气。到 20 世纪末，质子交换膜电解槽开始商用，生产能力可达约 100kW（基于所产生氢的较低热值计算）。最近，固体氧化物电解槽在研究和开发方面取得了很大进展，成为大规模生产电解氢的最有前途的技术之一。

### 3.2.4.1 电解水的机理

水电解过程可以看作在电极附近同时或连续发生的电化学反应（半反应）的叠加，其总体效果是分解水分子和分离气态产物（氢和氧）。根据 Guerrini 和 Trasatti 的理论，整个水分解反应写为

$$H_2O+2F \longrightarrow H_2(g)+1/2O_2 \ (g) \tag{3-31}$$

式中，$F$ 为 1mol 电荷，定义为法拉第常数 $F=N_Ae$，其中 $N_A=6.022\times10^{23}$，是阿伏伽德罗数，$e=1.602\times10^{-19}$C，是基本电荷；因此 $F=96490$C/mol。方程式（3-31）表明为了电解 1mol 水，必须提供 $2F$ 库仑的电荷，以形成 1mol 氢和 0.5mol 氧。电解过程中可能会发生多种电化学反应，例如还原和氧化，以及其他物理和化学过程，例如吸附、电子转移、由原子氢形成分子氢等，该过程中涉及的电化学反应类型取决于电解槽的具体类型。电解槽的结构如图 3-4 所示，由两个电极（阳极和阴极）和电解质组成，整个组件

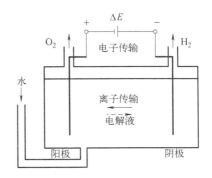

图 3-4　电解系统

连接到直流电源。连接在电源正极的电极为阳极，而负极为阴极，氧气在阳极放出，而氢气在阴极产生，电解液是离子传导的介质。在电场的作用下，正离子（或阳离子）从阳极移动到阴极，阴离子（或带负电的离子）通过电解质从阴极移动到阳极。根据电解液的性质，最容易移动的离子可能是阴离子或阳离子。在酸性电解质中，移动的是阳离子，而在碱性电解质中，移动的是阴离子。混合电解系统是指除使用电力之外，还使用其他形式能量作为输入的系统，可以辅助电解的其他形式能量有光子辐射、核辐射和磁场等。此外，该领域的最新进展表明，可以在电极表面上将非均相电催化与均相催化叠加来实现混合电解。

　　电解槽系统的分析必须考虑多个方面因素，最基础的分析是热力学分析，基于守恒定律的应用确定反应驱动力，诸如能量守恒定律（热力学第一定律）、热力学平衡原理和其他特定方法等。热力学分析需要和反应速率的动力学分析相结合。此外，电解槽内传输现象的研究也非常重要，其他方面如材料分析、经济分析和环境影响分析也需要考虑。

### 3.2.4.2　水电解制氢装置

　　水电解制氢装置一般由水电解槽、气液分离器、气体洗涤器、电解液循环泵、电解液过滤器、压力调整器、测量和控制仪表和电源设备等单元组成。水电解槽是水电解制氢装置的主体设备，由若干个电解池组成，每个电解池由阳极、阴极、隔膜和电解液构成。通入直流电后，水在电解池内被分解，阴极和阳极分别产生氢气和氧气。电解槽中的气体夹带着电解液随后进入气液分离器，进行气液分离，并对电解液进行冷却，冷却后的电解液经循环管、电解液过滤器返回电解槽，构成闭合循环。而气体进入氢气分离器和氧气分离器，气体洗涤器可以进一步除去分离器的气体中夹带的电解液，并把气体冷却至常温。电解液过滤器可以清除电解液中夹带的残渣、污物等杂质。压力调整器可以维持氢气和氧气压力的平衡，以免隔膜两侧的氢气和氧气因压力差发生互相混合。

### 3.2.4.3　电解水制氢材料

　　在电解水制氢技术与系统中，电催化材料的制备是最为重要的研究方向之一。在电解水制氢过程中，反应速率与氢在催化剂表面吸附吉布斯自由能相关，理想的高性能电解水制氢催化剂上氢吸附的吉布斯自由能应接近于 0。图 3-5 所示为氢吸附吉布斯自由能与电流密度

之间的关系图[57]，为析氢催化剂的选择提供了依据。

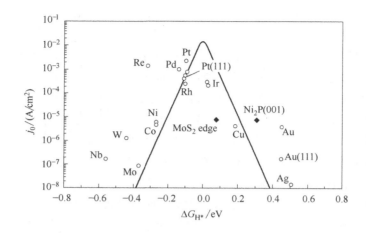

图 3-5　氢吸附吉布斯自由能 $\Delta G_{H*}$ 与电流密度 $j_0$ 的关系

经过科研工作者的努力，已经开发了一系列的电解水制氢催化材料，主要类型介绍如下。

### （1）贵金属

贵金属是最早使用的电催化析氢催化剂。目前，在电解水制氢技术中常用的催化剂主要有 Pt、Pb、铱（Ir）、钌（Ru）及其合金或氧化物。尽管这些催化剂具有优异的催化性能，但高成本限制了其应用。主要通过以下几种手段来充分发挥贵金属催化剂的性能：a.制备纳米结构的贵金属，使其表面暴露更多的活性位点，从而提升其性能；b.利用其他材料作为基底，沉积贵金属替代纯贵金属催化剂，以降低成本；c.将贵金属与其他材料合金化增加位点的特定活性。尽管以上方法在提升性能和降低成本方面取了一定成效，但贵金属基催化剂仍无法满足规模化应用。为此，探寻高性能非贵金属催化剂对电解水制氢技术的规模化应用具有重要意义。

### （2）过渡金属

过渡金属中未填满的 d 轨道有利于氢的吸附，所以具有较好的催化析氢性能。其中，研究最多的是 Ni 基合金，Ni 与一种金属合金化可以制备出高效催化剂，如 Ni-Cu、Ni-Mo、Ni-W、Ni-Fe、Ni-Zn、Ni-Sn 等；也可与其他两种金属相形成三元合金，如 Ni-Mo-Cd、Ni-Mo-Zn、Ni-Mo-Co 等。此外，常用的过渡金属合金还有 Fe-Mo 和 Co-Mo。通过金属间的协同效应，能够提高催化析氢的性能和材料的稳定性，但这类合金催化剂容易被腐蚀，无法大规模应用。

### （3）过渡金属化合物

二硫化钼（$MoS_2$）作为一类过渡金属硫化物，可以用于替代贵金属做电解水制氢催化剂。在自然条件下，2H 相的 $MoS_2$ 最为稳定，通过对其进行锂离子插层或者超声剥离等处理，可以得到一种亚稳态的金属性 1T 相 $MoS_2$，从而大大提升 $MoS_2$ 的催化活性。理论计算证明在单层 $MoS_2$ 纳米片边缘，氢原子吸附自由能接近 Pt，预示着 $MoS_2$ 具有成为高性能产氢催化剂的潜力[58]。研究表明，MoS₂边缘形态的电子结构由一维的金属性边缘态决定，说明 MoS₂被完全硫化的边缘 Mo 原子在催化水分解中具有重要的作用[59]。2007 年，Jaramillo 等[60]制备了不同粒径的 MoS₂作为催化剂，发现催化性能与 MoS₂表面积无关，而与 MoS₂边缘位点数呈线性关系，随后过渡金属硫化物就成为最有前景的电解水制氢材料之一。Kong 等人[61]制备了垂直排列的 MoS₂，最大限度地暴露催化剂的边缘活性位点。通过掺杂可以产生MoS₂平面内的活性位点，掺杂过程形成的缺陷能够破坏 MoS₂的惰性平面，从而在平面上形成活性位点，同时掺杂还能够调节 MoS₂的电子结构[62]。通过引入 N 原子取代 S 原子，使得 MoS₂暴露更多边缘位置，提升 MoS₂的电催化析氢性能。除了非金属元素的掺杂，金属原子的掺入也能够提升 MoS₂的催化性能，如 Co 的共价掺杂能够显著增强 MoS₂的电解水制氢性能。与其他材料复合也是改善 MoS₂催化性能的常用手段之一，如与还原氧化石墨烯（rGO）复合形成 MoS₂/rGO 复合材料。

硒与硫为同一主族的元素，最外层电子数相同，因此过渡金属硒化物与硫化物具有类似的电催化活性，其中二硒化钼（MoSe₂）和二硒化钨（WSe₂）就是非常有潜力的电解水制氢催化剂[62]。科研工作者通过氧化腐蚀助切割法在 MoSe₂片上开孔，可以破坏基底平面的结构，创造更多的活性位点；垂直阵列的 MoSe₂也能增加电极表面的活性位点数量，提升催化催化剂的导电性；将 MoSe₂负载到碳纤维、rGO 等基底上制备 MoSe₂基复合材料，也是常用的提升其性能的方法。将过渡金属硒化物与过渡金属硫化物形成二维异质结也能够提升催化性能，如 WSe₂与 MoS₂复合形成的范德华异质结，能够增加界面空穴和电子的分离，利用界面分散活性面，表现出优良的析氢效果。

过渡金属磷化物表面的 P 原子不仅具有捕获质子的负电荷，还能为 H₂的解离提供了很高的活性[62]。金属与金属磷化物间的协同作用可以加速表面电荷的聚集和分离，从而进一步提升磷化物的催化性能，如 Ni-Ni₂P。但金属/金属磷化物在酸性电解质中稳定性较差，可以在催化活性位点上涂覆碳纳米管形成密闭效应来保护催化剂，同时碳纳米管与催化剂之间的电荷转移和碳纳米管良好的导电性可进一步改善催化析氢性能。

前文介绍了化石燃料制氢、生物质制氢、太阳能制氢、电解水制氢等几种制氢方法。由于多种原料都可以用于制氢，同时制氢过程也可以采用各类热源，故制氢方法和工艺多种多样，下面再介绍一些其他的制氢方法。

等离子重整制氢技术利用电或热产生的等离子体提供能量和自由基。当水或蒸汽与燃料一起注入时，除了电子之外，还会形成 H·、OH·和 O·自由基，从而为还原和氧化反应创造条件。等离子管可以产生非常高的温度（大约 2000℃），并且可以通过电来调节温度。产生的热量与反应化学无关，可以在较宽范围的进料速率和气体组成下保持最佳运行条件。等离子体本身的高能量密度和较短的反应停留时间确保了等离子体重整器的紧凑性。利用各种前体（生物质、生物油或天然气）在等离子体重整器中可以产生富含 H₂的气流，转化效率接近 100%。与传统的制氢技术相比，等离子体重整技术具有潜在优势，等离子体的高温、高解离度和大电离度可以在没有催化剂的情况下加速热力学有利化学反应或加速吸热重整反应。等离子体产氢可用于很多方面，例如燃料电池的分布式和低污染发电。此外，它还可以用于移动应用，例如用于燃料电池动力汽车的车载 $H_2$ 的生成，以及加氢站（汽车的固定氢源）。等离子重整的缺点是对电力的依赖和高压操作难度较大。尽管可以实现高压，也会由于电弧迁移率降低而增加电极腐蚀，因此降低电极寿命。

金属可以在有水或无水的情况下与氢氧化钠反应生成氢气。过渡金属与氢氧化钠反应生成金属氧化物和氢气。硅铁合金在与氢氧化钠反应时也会产生氢气。当水蒸气存在时，铝（地壳中含量最多的金属）和氢氧化钠发生化学反应产生 $H_2$，理论产率是 3.7%（质量分数）氢气。$Al/H_2O$ 体系是一种安全的制氢方法，但在中性水环境中，该体系受动力学限制，这是因为在中性水中容易发生金属表面钝化，并且金属与水反应的活性极低，因此需要提高铝在水中的活性。为了解决 Al 的表面钝化问题，迄今为止已经提出了各种解决方案，包括添加氢氧化物、金属氧化物、特定盐类，或将铝与低熔点金属合金化。碱促进的 $Al/H_2O$ 系统因高产氢速率而优于其他金属系统。Al 与氢氧化钠溶液反应生成氢气，可表示如下：

$$2Al+6H_2O+NaOH \longrightarrow 2NaAl(OH)_4\downarrow+3H_2\uparrow \qquad （3-32）$$

$$NaAl(OH)_4 \longrightarrow NaOH+Al(OH)_3\downarrow \qquad （3-33）$$

在放热反应中产氢所消耗的氢氧化钠将通过 $NaAl(OH)_4$ 的分解而再生 [反应式（3-33）]，同时也会产生氢氧化铝的结晶沉淀。以上两个反应的结合完成了整个循环，表明如果操作过程得当，整个过程中只消耗水。许多研究人员研究了控制碱辅助 $Al/H_2O$ 系统制氢性能的关键参数的影响，包括温度、碱浓度、形态、铝的初始量和铝酸盐离子的浓度。此外，对比 NaOH、KOH 和 Ca（OH）$_2$ 三种氢氧化物的产氢性能，与其他两种氢氧化物相比，NaOH 溶液消耗铝的速度更快。

甲醛水溶液与氢氧化钠反应生成少量氢气，其中氢气的产生与甲醛的歧化反应（生成醇和酸）为竞争关系。科研工作者们研究其反应机理发现氢气中一个氢原子来自水，另一个来自有机部分。在室温下当甲醛的稀溶液与浓氢氧化钠反应时，会产生大量氢气。然而，当浓甲醛溶液与稀氢氧化钠溶液反应时，只产生微量氢气。此外，当过氧化氢溶液与甲醛、氢氧化钠混合时，会再次产生氢气。过氧化氢将甲醛氧化成甲酸，氢氧化钠进一步中和该酸。

$$H_2O_2+2HCHO+2NaOH \longrightarrow 2HCOONa+H_2+2H_2O \qquad （3-34）$$

但是，在没有氢氧化钠的情况下没有观察到氢的产生。反应式（3-34）受到动力学的限制，需要过量的碱金属氢氧化物。

综上，人们在开发制氢技术方面开展了大量的工作，对于一些化石燃料制氢技术已经过数十年的研究和开发，因此在未来几年内这些技术可能不会有实质性改进。但是，可以设计新的催化剂和新的反应器来提升性能，例如通过改变反应平衡来提高合成气转化率的催化膜反应器。最有前途的可再生能源技术之一是利用太阳能水分解生产氢气。考虑到简单性、高能量和火用效率，两步金属氧化物氧化还原循环被认为是太阳能产氢中最具吸引力的热化学循环之一，但热还原所需的高温是一大技术挑战。在半导体表面上利用光分解水产氢是最有前途的可再生能源技术，但目前其反应速度和量子效率仍无法满足工业需求，寻找新型光催化材料或对光催化剂改性是成功的关键。

# 3.3 氢的纯化

自然界中没有纯净的氢，其总是以水、碳氢化合物等形式存在，在氢的制备过程中不可避免地引入杂质。在水电解制氢过程中，如果采用碱性电解液，氢气中常含有氧气和水汽，通常占 1%。如若想得到高纯氢，则需要进一步对其进行净化。对于重油裂解制氢，得到的气体除氢外，还含有一定量的 $N_2$、$O_2$、$CO$、$CO_2$、$CH_4$、$C_2H_6$、$C_2H_4$ 等烃类组分。煤制氢的杂质含量与煤的品种关系较大，往往含有多种杂环类化合物。所以无论采用哪种制氢方式，都含有不同程度的杂质。然而在现代工业中，对氢的品质要求各不相同，这就需要对制备得到的氢气进行纯化。

在燃料电池方面，燃料电池堆对氢纯度有一定的要求，尤其是在低温条件下工作的燃料电池对氢的要求较高。对于在 80℃以下工作的质子交换膜燃料电池，要求氢气中的 CO 和 $SO_2$ 含量控制在 $10^{-6}$，而对于磷酸燃料电池，氢中的一氧化碳含量允许达到 1%。在石油加工过程中，原油蒸馏或裂解得到的馏出液需要加氢精制，以获得高质量的产品。在炼油工业中，氢气主要用于加氢脱硫。在石油化工行业，氢气主要用于 $C_3$ 馏分加氢、汽油加氢、制备环己烷等。为了除去石脑油中的氮化物、硫化物、砷等杂质，需要在重整原料中接入氢来精制。在冶金领域，氢可将金属氧化物还原成金属，也可作为高温加工过程中的还原性保护气体，硅钢片的生产则要利用高纯氢气（99.99%以上）。此外，在电子领域中，大规模和超大规模集成电路的制造过程，需利用超纯氢作为底气；在硅和砷化镓外延制备时，对氢的纯度要求也很高。如果产生的氢气纯度不够，在能源工业、现代工业和电子工业方面使用时均会出现一些不便，并且杂质会对后续工艺产生毒害作用。若在未来实行氢经济，氢气纯化技术至关重要。例如，CO 分子可以不可逆地强烈吸附在质子交换膜燃料电池电极的表面上，从而减少它们的寿命，$CO_2$ 分子的存在也会缩短碱性燃料电池的寿命。

氢气的纯化技术种类繁多，均有其各自的优劣，现就技术原理、原料气体要求、产品纯度、回收率和生产规模，将氢气纯化技术总结如下，见表 3-5。

表 3-5　各种氢气纯化方法的对比

| 技术 | 原理 | 原料气 | 产品氢气纯度/% | 氢气回收率/% | 规模 | 备注 |
|---|---|---|---|---|---|---|
| 金属氢化物法 | 氢与金属形成氢化物的可逆反应 | 氢吹扫气 | >99.9999 | 75~95 | 小~中 | 回收材料易中毒（$O_2$、$N_2$、CO、S 导致） |
| 低温分离法 | 低温下，混合气中部分冷凝分离 | 石化废气 | 90~98 | 95 | 大 | 需预处理除去 $CO_2$、$H_2S$ 和 $H_2O$ |
| 催化纯化法 | 与氢气的催化反应除去氧气 | 含氧氢气流 | 99.999 | 99 | 小~大 | 一般用于电解水制氢法氢气的纯化，催化剂易中毒 |
| 变压吸附法 | 混气中选择性吸附气体杂质 | 任何富氢气体 | 99.999 | 70~85 | 大 | 吹扫过程有氢损失，回收率低 |

| 技术 | 原理 | 原料气 | 产品氢气纯度/% | 氢气回收率/% | 规模 | 备注 |
|------|------|--------|------------|-----------|------|------|
| 低温吸附法 | 低温下吸附剂对杂质的选择性吸附 | 高氢含量工业氢 | 99.9999 | 约95 | 小~中 | 先冷凝干燥除水，再催化脱氧 |
| 聚合物膜扩散法 | 气体通过薄膜的扩散速率差异 | 氨吹扫气和石化废气 | 92~98 | 85% | 小~大 | He、$CO_2$、$H_2O$ 也可渗透穿过薄膜 |
| 无机物薄膜扩散法 | 氢选择性扩散穿过钯合金膜 | 任何含氢气体 | 99.9999 | 99 | 小~中 | 硫化物和不饱和烃会降低渗透效率 |

目前，用于氢气纯化的方法主要有变压吸附及其衍生方法，例如变温吸附、低温过程、基于膜的分离以及用于消除化合物或提高氢气产量的催化过程。在本节中，深入讨论了金属氢化物法、变压吸附法和低温吸附法的最新进展。

## 3.3.1 金属氢化物法

金属氢化物作为储氢系统已被广泛研究，也可用于从混合物中纯化氢气，如今主要应用于汽车行业，具有严格的操作限制。金属氢化物纯化氢气的方法基于储氢材料与氢反应时，对氢具有很高的选择性，当含有氢气的混合气体与其接触时，除氢气以外其他杂质气体不与金属反应。利用储氢合金的可逆性释放氢气的性质，金属氢化物可用作氢气纯化回收材料，其原理为：在低温下金属与氢气反应形成氢化物，在高温条件下释放氢气。

氢与许多金属或合金形成氢化物和固溶体，金属氢化物由金属和间隙位置的氢原子组成。金属氢化物可以通过两种方式形成：直接解离化学吸附［反应式（3-35）］和水的电化学分解［反应式（3-36）］。

$$M + \frac{x}{2}H_2 \longleftrightarrow MH_x \tag{3-35}$$

$$M + \frac{x}{2}H_2O + \frac{x}{2}e^- \longleftrightarrow MH_x + \frac{x}{2}OH^- \tag{3-36}$$

根据吸附/解吸过程的温度，氢化物可分为高温氢化物和低温氢化物。在低温氢化物中，氢通常以共价键结合，形成高分子量材料。在高温氢化物中，氢通常以离子键结合，形成低分子量材料金属氢化物。其中，高温氢化物的储氢能力更强。表面吸引力是表面距离的函数，决定了是分子氢的范德华型弱物理吸附，还是原子氢的解离和化学吸附。氢气浓度和温度，决定反应式（3-36）中所示的反应向右或向左进行。如果氢气压力高于平衡压力，则反应向右进行形成氢化物。金属氢化物系统的工作温度由热力学平衡中的平台压力和整个反应动力学决定。$P\text{-}c\text{-}T$ 曲线描述从气态氢形成氢化物的热力学曲线，在给定温度（$T$）下，将氢压（$P$）

作为氢原子比（$c$）的函数，则会存在一个平台，在平台处固溶体不断转化为氢化物。

氢吸附动力学包括：在多孔介质内不同形式的扩散，其主要机制取决于孔尺寸和扩散分子的平均自由程。a.泊肃叶流，压力梯度驱动的扩散。b.分子扩散。c.克努森扩散，由气体分子在孔壁中的碰撞引起。d.表面扩散，吸附分子在不同的表面吸附位点之间扩散。当孔径减小时，表面扩散更为显著，所以在微孔材料中，表面扩散是关键机制。在通过孔隙进行扩散之前，氢分子首先必须进入孔隙，实际上整个氢吸附过程非常迅速。无论是进入孔隙还是表面扩散效应，都不会在可观察的时间尺度内限制整个动态氢吸附过程。假设过程中动力学受到最慢步骤的限制。对于氢化物中氢的吸附情况，不同步骤的描述和量化很复杂，很难确定其限速步骤。这些步骤可以概括为：a.分子氢通过气相传输到表面区域；b.分子氢物理吸附在表面上；c.氢分解为原子氢和化学吸附；d.化学吸附的原子氢渗透穿过材料表面，随后在晶格中的间隙位点之间扩散，最初形成无序的固溶体（$\alpha$）相，随着氢的进一步吸收，有序的氢化物（$\beta$）相将成核，最后形成氢化物。对氢化物相形成和生长的了解尚不深入，并仍具有一定的挑战性。有 3 个参数可以应用于动态氢吸附和解吸过程：表观活化能、氢扩散系数和表观氢化物形成速率。

早在 1987 年，Ti-V-Mn 便被用于对工业纯氢进行纯化，纯化前 $CO/CO_2$ 和 $O_2$ 的含量分别为 0.02% 和 0.0005%，纯化后杂质气体浓度可降至 $1 \times 10^{-5}$%。$Zr(Mn_{0.5}, Fe_{0.5})_2$ 合金用于氢气纯化的相关研究较为系统全面，在 100sccm 流量下 100g 合金对氨气（$NH_3$）、$CO_2$、$O_2$ 和 $CH_4$ 的纯化温度及纯化效率见表 3-6，它们的纯化效率均可达到 99.9%，纯化温度为 673~973K。有文献报道，将含氧气的氢气通过 $MnNi_{4.5}Al_{0.5}$，氢气与储氢材料发生反应生成氢化物，而氧气则不会参与反应。如果氢气中含有 $100 \times 10^{-6}$ 氧气，采用氢化物吸收后，在剩余的气体中，氢的量为 $10^{-6}$，而氧为 $30 \times 10^{-6}$，并且从氢化物中释放的气体中并未检测出氧气。金属硼氢化物具有很高的理论氢容量，例如，硼氢化锂（$LiBH_4$）和硼氢化钠（$NaBH_4$）都具有高储氢容量。但由于脱氢的熵变相对较高，操作温度高于 400℃。氨基锂（$LiNH_2$）也可用于氢气纯化，但它释放的 $NH_3$ 会导致质子交换膜燃料电池中毒。在其中添加氢化锂（$LiH$）后，$NH_3$ 的形成可减少，但基于采用的方法不同，仍然会观察到一些 $NH_3$ 的释放。稀土金属合金化合物也被广泛研究，用于氢化物的前体合金可分为六类：AF（如 HfNi、FeTi）；$AB_2$（如 $TiFe_2$）；$A_2B$（如 $Hf_2Fe$、$Mg_2Ni$）；$A_2B_7$（如 $Pr_2Ni_7$、$Ce_2Co_7$）；$AB_3$（如 $NdCo_3$、$GdFe_3$）；$AB_5$（如 $LaNi_5$、$CeNi_5$）。A 或 B 的部分取代进一步丰富了材料的特性，可增强其生命周期、耐腐蚀性和电化学特性。研究表明 $La_{0.9}Gd_{0.1}Ni_5$ 在长时间的热循环和老化试验（10000 次循环）后，氢吸附性能大幅降低，但 $LaNi_{4.8}Sn_{0.2}$ 和 $LaNi_{4.27}Sn_{0.24}$ 氢化物实际上几乎不受影响。

表 3-6  $Zr(Mn_{0.5}, Fe_{0.5})_2$ 对不同气体的纯化温度及纯化效率

| 气体 | 浓度/% | 温度/K | 纯化效率/% |
| --- | --- | --- | --- |
| $NH_3$ | 1.0 | 673 | >99.9 |
| $CO_2$ | 1.0 | 673 | >99.9 |
| $O_2$ | 1.0 | 673 | >99.9 |

| 气体 | 浓度/% | 温度/K | 纯化效率/% |
|------|--------|--------|-----------|
| $NH_3$ | 0.1 | 873 | 98 |
| $NH_3$ | 0.1 | 973 | >99.9 |
| $NH_3$ | 1.0 | 873 | 93 |
| $NH_3$ | 1.0 | 973 | 99.9 |

需要注意的是，气相中的杂质可能会引起材料的表面中毒和腐蚀。氢气混合物包含不同的化合物，具体取决于所采用的生产工艺，如 CO、$CO_2$、$H_2O$、$O_2$、$H_2S$、$NH_3$、烃类等。这些杂质有可能会导致：a.中毒，这会导致材料储氢能力迅速丧失，但不会降低样品中未受影响部分的动力学，如 $H_2S$；b.延迟，降低氢吸附动力学，但不降低存储容量，如 $NH_3$。c.因合金的腐蚀反应而降低容量，如 $O_2$；d.无害，不会损坏表面，但会因惰性气体覆盖或浓差极化效应（如 $CH_4$ 或 $N_2$）而降低吸附动力学。研究表明，对于 $2LiNH_2/MgH_2$ 体系，1%CO 会降低解吸容量，而且 CO 造成的损伤是不可逆的，这是由于 C 和 O 之间键断裂，然后 C 与 $Li^{2+}$ 和 $N^{3-}$ 反应，而 O 与 $Mg^{2+}$ 反应，从而导致吸附能力和解吸率下降。

浙江大学将 Mn-Ca-Cu-Ni-Al 合金用于氢纯化装置中，使得工业普氢提纯到 6N，并压缩至 14 MPa。为了实现连续生产过程，使用两个储氢合金筒，当其中一个工作时，另外一个处于再生阶段。以电解氢为原料时，将其预净化至 4N 后，进入储氢合金筒，再利用低温下吸氢、高温下放氢的特性，得到纯度为 6N 的超纯氢，整个工艺流程比较简单。

## 3.3.2　吸附法

吸附是分子和吸附剂之间一种自发吸引的现象，通常吸附剂具有高表面积，提供大量的吸附位点，可以更快地吸附。当吸附剂与分子接触时，一段时间后可以达到吸附平衡，这一吸附过程受热力学限制。因此，更改操作参数可以逆转吸附过程，实现吸附剂再生。当吸附剂的再生是通过改变系统压力来进行时，这个过程被称为变压吸附，系统的总压力在进料高压和再生低压之间摆动。再生吸附剂还可通过改变温度，称为变温吸附。在这两种情况中，要想以连续和经济的方式运行，工艺设计至关重要。所用的吸附剂种类、不同吸附剂层的相对长度和位置，以及气体混合物的组成都会影响分离性能。变压吸附技术已广泛应用于氢气净化，特别是大规模的氢气纯化。一般来说，当要去除组分的浓度非常高（超过几个百分点）时，变压吸附优于其他工艺。目前，在吸附剂和工程设计方面取得了很多进展，沸石和活性炭等多孔材料被广泛使用，但一类名为金属有机骨架（metal organic framework，MOF）的新型吸附剂可以提供更好的选择性、生产率和更低的能源成本。

用于氢气纯化的变压吸附工业流程通常包括多个床，每个床由不同的吸附剂层制成，通常为三层，对每种杂质具有不同的亲和力。一个常见的结构是第一层去除水蒸气，第二层去除具有高吸附亲和力的其他杂质（如 $CO_2$），第三层去除较轻的杂质（$CH_4$ 和 CO）。许多相关研究不断开展，旨在获得具有更好特性的吸附剂。例如，将醋酸纤维素和沸石装入模块中，在快速循环变压吸附时纯化 $H_2$。科学家们针对吸附过程的优化设计开展了大量的工作，研发了一种使用 MOF（CuBTC）的氢纯化系统，该系统已经实现商业化，包含四步变压吸附循环，并在固定床中建立了多组分吸附的数学模型，从而优化了变压吸附过程，通过从 $CO_2$、$CH_4$ 和 CO 中纯化氢气的实验验证了该模型。在 Moon、Kim、Ahn 和 Lee 的工作中，分析了填充活性炭的双床变压吸附制氢系统（pressure shift adsorption，PSA）中操作变量的影响，目的是能够从熔化焚化炉气体中产生不同质量的回收氢气，使产生的氢气适应附近的工业需求。Luberti、Friedrich、Brandani 和 Ahn 进行了另一个工业应用，他们设计了一个用于氢气纯化的 PSA 系统，该系统集成在一个先进的气化联合循环装置中，用于产生电力和超纯氢气。氢气吸附过程也被集成到更复杂的工艺中，以通过吸附增强水煤气变换来提高氢气产量。该过程涉及 $CO_2$ 吸附（基于 PSA 系统），可在更紧凑和经济的过程中实现更高的氢气产量。吸附工艺在工业上日趋成熟并且得到广泛应用。Angers 等人通过计算流体动力学模拟分析了在 PSA 中使用高压氢气的工程安全问题。Papadias、Lee 和 Ahmed 基于 PSA 工艺开发了一种能够测量氢样品中杂质的方法，可用于更便宜和更简单的氢质量监测和认证分析仪器。

在低温条件下，吸附剂选择性吸附气体，从而实现气体分离的方法称为低温吸附法。低温吸附的纯化系统由原料气稳压系统、常温吸附系统和低温吸附系统三部分组成。在稳压系统中，调节原料气压力为 0.3~0.4MPa。常温吸附系统一般包含两级吸附，初级吸附大量水和碳氢化合物，随后在二级进行微量吸附。气体中的氧气在初级吸附后，会在催化剂的作用下转化成水，并在二级吸附中被去除；所含氮气，在二级吸附中被脱氮罐所吸除。最后在低温吸附系统中，低温下利用吸附剂的吸附作用对杂质气体进行深度脱附，从而获得超纯氢。

# 3.4 氢的存储

氢能工业对储氢的要求是储氢系统要安全、成本低、容量大等。储氢问题需要结合储氢规模来讨论。氢的终端用户有两类：一类是供应民用和工业的气源，另一类是交通工具的气源。前者需要特别大的存储容量，如几十万立方米，就像天然气存储使用的储罐；后者要求较大的储氢密度。结合实际的应用要求，美国能源部将储氢系统的目标定位为：质量密度 6.5%，体积密度 $62\,kgH_2/m^3$。对于各类储氢情况，各对应一组特定的解决方案。超大规模储存可应用于氢气生产厂家附近，包括未来的核氢设施。在这种情况下，可以将氢气注入枯竭的油井、地下洞穴或盐丘。在盐穴中储氢有很多经验，在墨西哥湾的普莱克斯拥有一条氢气管道，该管道与洞穴中的储存设施相结合。德国林德公司将氢气储存在多孔岩石中，压力最高达 40atm。对于中等规模的储存，可以考虑以氨或尿素的形式储存氢。氨可以在 60 kt 的油轮中作为常压下的冷冻液体季节性储存。这种策略被广泛应用，因为氨是一种全年生产的产品，主要在夏季消耗（作为肥料）。由于 1 个氨分子含有 3 个氢原子，从氨中回收氢气比较简单，需要花费 15% 的能源成本，60kt 氨产生的氢气量约为 10kt。对于较小规模的氢气存储比较困难。在氢气存储中，填充到类似于当今车辆用的普通燃料的能量密度是非常困难的。在较高的热值基础上，1kg 汽油相当于 0.3kg 氢气。汽油的体积为 1.3L/kg，而等效的液化氢的体积是汽油的 3.5 倍。在 400bar、298K 下，压缩氢气占据的体积是汽油的 9.6 倍。氢气可采用以下储存方法进行小型储存：

① 标准压力和 20K 下的低温液体；

② 标准温度和高压下的压缩气体；

③ 固体材料基质中氢分子的物理键合；

④ 化学键合合成密度更高的化学物质，随后可以释放氢。

在固体基质中储存氢有物理吸附和化学吸附两种方法。一般来说，它在释放阶段需要一些热能，在充气时需要冷却。钠、锂、镁和硼可以生成化学氢化物，这种方式存储氢比通过氢化物的物理吸附和化学吸附来存储氢能量密度更高。化学氢化物的分解是不可逆的，因此必须采用复杂的工艺来回收氢气释放后的化合物，所以化学氢化物产生氢气的装置是庞大的。考虑到使用时储氢系统和提取氢系统的体积都要考虑在内，许多化学氢化物似乎不能满足车辆应用的要求。例如，根据最近的评估，美国能源部（Department of Energy，DOE）认为硼基氢化物不适用于道路车辆。氨硼烷是便携式应用的不错选择，它是最有前途的储氢系统之一，质量百分数为 19%，储氢量为 120 g/L。氨硼烷通过高温下热裂解反应释放氢气，反应式如下：

$$2NH_3BH_3 \xrightarrow{<120℃} (NH_2BH_2)_2 + 2H_2 \tag{3-37}$$

$$(NH_2BH_2)_2 \xrightarrow{约150℃} (NHBH)_2 + 2H_2 \tag{3-38}$$

$$(NHBH)_2 \xrightarrow{>500℃} BN + 2H_2 \tag{3-39}$$

上述反应中氨硼烷可以在低于 120℃ 的条件下释放氢气，如果操作得当，分解反应即使在室温下也能释放出氢气。在低温下释放氢气是小型发动机冷启动存储系统的关键特性。金属胺被认为是氨中间体储存氢的替代解决方案，例如形成 $Mg(NH_3)_6Cl_2$ 的氯化镁。该分子含 109g/L 和 92g/kg 的氢，并通过热解吸释放氨。在小规模应用中，氨也可用于"化学"储存氢。尿素是氨的替代品，是一种可以通过水解获得的氨源。尿素非常稳定，可以储存很长时间，允许在乘用车上使用。用生物质合成的尿素是一种"零碳"燃料和氢源。从尿素中提取氢气时，可以使用可持续的热能，例如从废气中回收热量。

## 3.4.1 金属储氢材料

金属储氢的原理是金属 M 与氢反应生成金属氧化物（$MH_x$）：

$$M + xH_2 \rightarrow MH_x + xH \quad （生成热） \tag{3-40}$$

除惰性气体外，几乎所有元素都可以跟氢反应生成氢化物，但这并不意味着所有的金属氢化物都能用作储氢材料，只有在温和条件下能够大量可逆吸/放的金属或合金氢化物才能作为储氢材料。改变温度和压力可以使反应正、逆向反复进行，从而实现吸氢和放氢。

储氢合金是由易生成稳定氢化物的金属元素 A 与对氢亲和力较小的金属元素 B 组成的金属间化合物。其中 A 主要是 I A~ⅡA，ⅢB~ⅤB 族金属，如镧（La）、铈（Ce）、镁（Mg）、Ti 等，硼（B）主要是过渡金属，如 Fe、Ni、Co、Al 等[63]。金属元素 A 易与氢反应，为放热反应，形成稳定的氢化物，称为放热型金属；元素 B 与氢亲和力小，氢在其中的溶解度小，通常不生成氢化物，为吸热反应，称为吸热金属。前者决定储氢量，后者决定吸/放氢的可逆性，调节生成热与分解压。当前储氢合金主要包括稀土系 $AB_5$ 型合金、钛系和锆系 $AB_2$ 型合金、钛-镍系合金、钒系合金、镁系合金以及稀土-镁-镍系合金等。在中国和日本等国已经实现了大规模产业化的 Ni/MH 电池负极材料属于 $AB_5$ 型合金，$AB_5$ 型合金的活化、吸/放氢动力学性能好，但 $AB_5$ 型储氢合金的一个单元吸收氢数量有限，所以以其电化学容量低，且成本也较高。TiFe 属于 Ti 系储氢合金，具有 CsCl 型结构，理论储氢密度为 1.86%。虽然 TiFe 合金放氢温度低，但不易活化，滞后现象严重。锆系合金吸/放氢量大，碱性电解液中形成的致密氧化膜可阻止电极进一步氧化，但其初期活化困难、放电平台不明显。Mg 系合金是一种轻质高能的储氢合金，因储氢量大、成本低被认为是一种非常有潜力的储氢合金，以 MgNi 和 $Mg_2Ni$ 合金为代表。钒系固溶体合金具有储氢密度大、平衡压适中等优点，但合金熔点高、价格贵、制备相对困难。

## 3.4.2　无机化合物储氢材料

传统的金属氢化物储氢材料，尽管可以在较温和的条件下实现可逆吸/放氢，但质量分数均低于 3%，无法满足未来车载储氢材料的要求。1996 年，人们发现 $NaAlH_4$ 中掺杂含 Ti 催化剂可在温和条件下实现可逆加/脱氢，随后 $[AlH_4]^-$、$[BH_4]^-$ $[NH_2]^-$ 等配位阴离子和 Li、Mg、Na 等轻金属离子形成的离子型化合物展现出巨大的储氢潜力。轻金属-B-H 配位氢化物体系拥有比轻金属-Al-H 配位氢化物体系和轻金属-N-H 配位氢化物体系更好的可逆储氢容量，但该体系热力学性能较差、动力学能垒较高，致使其放氢温度为 260~500℃，典型的硼氢化物有 $LiBH_4$ 和 $NaBH_4$。铝氢化物中的 4 个 H 原子与 Al 原子通过共价作用形成 $[AlH_4]^-$ 四面体，$[AlH_4]^-$ 再以离子键与金属阳离子相结合，典型代表是 $LiAlH_4$ 和 $NaAlH_4$。其中 $LiAlH_4$ 中的 $Li^+$ 活性较强，所以在存储、运输过程中存在安全隐患。纯 $NaAlH_4$ 具有热稳定性，无法用来进行可逆储氢，可以通过颗粒纳米化、掺杂改性和多元改性等方法来提高其动力学性能。金属氮氢化物储氢材料主要为氨基-亚氨基体系，包括含有一个金属离子的 Li-N-H 体系、Mg-N-H 体系、Ca-N-H 体系和 Al-N-H 体系，以及含有两种金属离子的 Li-Mg-N-H 体系、Li-Ca-N-H 体系、Na-Ca-N-H 体系和 Mg-Ca-N-H 体系。氨硼烷是一类固体储氢材料，具有极高的理论储氢含量，并且具备良好的放氢动力学和热力学特性。相较于氨硼烷，其衍生物金属氨硼烷的储氢性能得到明显改善。在室温水溶液中，氨硼烷和金属氨硼烷都能够稳定存在，待加入催化剂后，氨硼烷开始水解放氢，水解放氢容量与热分解放氢容量相当。

### 3.4.3　有机液体储氢材料

有机液体储氢技术具有储氢量大、安全、环保、高效、易于规模化等优点，常见的有机液体储氢材料有环己烷、甲基环己烷、咔唑、乙基咔唑、十氢化萘等，有机液体储氢材料是通过 C＝C 双键的打开实现储氢的目的，无论是加氢还是脱氢都需要加入催化剂。这些有机液体，在相对较低压力和高的温度下，利用合适的催化剂，可以作为氢载体，用于储存和运输氢，其储氢量可达 7%（质量分数）左右。除了温度条件外，有机液体储氢材料在吸/脱氢过程中还需加入催化剂，其能够降低有机液体储氢材料在吸/脱氢反应的温度，同时改善反应速率。常用的加氢催化剂有镍系催化剂、钯系催化剂、铂系催化、钌系催化剂和铑系催化剂，对中等程度的氢化主要用镍钼和钨/氧化铝催化剂，而对于深度氢化，主要选用贵金属催化。脱氢催化剂包含铂、钯、铑等贵金属，Ni、Fe、Cu 等非贵金属，以及含有贵金属和非贵金属的催化剂。

### 3.4.4　碳质储氢材料

碳质储氢材料是近年来出现的利用吸附理论进行储氢的新型储氢材料，具有安全可靠、储氢效率高、储存容器质量小、对少量杂质不敏感等优点。常用碳质储氢材料有活性炭、活性炭纤维、碳纳米纤维、富勒烯、碳纳米管和石墨烯等。大多数学者认为碳质材料储氢是利用吸附作用。碳材料非极性的表面使其适用于作为储氢材料，所以从 20 世纪 80 年代起就开始了碳基材料储氢的研究。最初普通活性炭在低温下的储氢量不到 1%（质量分数），后来发现具有更大比表面积、更小孔径的超级活性炭具有良好的储氢性能。人们普遍认为超级活性炭储氢是物理吸附，利用大的表面积与氢分子间的范德瓦尔斯力来实现，是超临界气体吸附。碳纳米纤维表面具有分子级细孔、大的比表面积，而且可以合成石墨层面垂直于纤维轴向或与轴向成一定角度的鱼骨状的纳米碳纤维，氢气可以在其中凝聚，从而实现储氢。Chambers 等发现鲱鱼骨状的纳米碳纤维的储氢质量分数高达 67%（12MPa，25℃）。碳纳米纤维吸收机理尚不明确，可能的机理是边缘裸露的石墨片等对氢进行物理吸附，氢达到一定浓度后，部分氢通过碳纳米纤维的微孔和两端口向碳纳米纤维层间扩散，进行化学吸附。富勒烯储氢分为笼内储氢和笼外储氢两种方式，既有物理吸附也有化学吸附，也就是说富勒烯吸收氢气是以富勒烯氢化物或者内嵌富勒烯包合物的形式。碳纳米管储氢是化学吸附还是物理吸附，抑或是两种方式共存，尚存在争议。一种观点认为只发生物理吸附，氢气与吸附材料之间的相互作用归结于经典位势函数；另一种观点则从化学反应角度来研究碳纳米管的储氢过程，考虑吸附过程中分子的电子态改变和量子效率；当前多数人认为物理吸附和化学吸附共同作用于碳纳米管的储氢行为。石墨烯在储氢方面也展现了良好的应用前景，理论研究表明多层石墨烯和层间距较大的石墨烯更有益于氢气的存储。

# 3.5 氢的应用

## （1）氢在汽车中的应用

运输部门的运营在很大程度上依赖于化石燃料，而化石能源的使用是温室气体排放的主要原因。为了降低 $CO_2$ 排放，该行业开始使用氢气作为车辆燃料。氢储存是氢汽车应用的主要障碍之一，其重量和体积应尽可能低。汽车工业提出了多种用氢替代当前燃料的方案：燃料电池汽车和氢内燃机汽车[64]。氢燃料电池电动汽车似乎是未来交通的一种可行选择，因为它不会造成污染，而且其续航里程可与传统内燃机汽车相媲美。在部分负载运行时的高效率使其成为乘用车的合适选择。如果这些车辆中使用的氢气是由低碳/零碳原料生产的，或者如果在其生产过程中产生的 $CO_2$ 被捕获和储存，将提供一种使整个燃料供应链脱碳的有效手段。为了满足正常运行、瞬态期间的合理行为（例如加速和制动）以及电池堆更长寿命的要求，燃料电池汽车采用混合形式设计，使用电池组或带有燃料电池的电容器。然而，材料供应可能成为燃料电池汽车广泛采用的限制因素。氢气也可用于设计与传统内燃机类似的内燃机，成熟的工业和可用于内燃机的庞大生产基础设施使氢内燃机在经济学角度具有很强的引力。此外，与燃料电池汽车不同，这些汽车不依赖于限制其大规模生产的材料。这类发动机与传统汽油发动机不同的是电子单元控制，以正确管理喷射和氢气燃烧器中的压力。但这些发动机并非无排放，而是会排放氮混合物。如果要大量使用氢动力汽车，它们需要一个全新的、专用的氢分配和加油基础设施，为用户提供足够的地理覆盖范围，包括一个容量和密度与氢燃料汽车兼容的加氢站网络。氢气可以在该站或其他地方生产并运送到该站，然后储存以转移到车载氢气装置。据估计，石油基燃料在未来几十年将保持其在运输部门的主导地位，因为它们处理相对简单，具有高体积能量密度，易于在车辆上储存，并且可以使用现有的分配和加油基础设施。在大型加气站网络尚未部署完善的过渡时代，氢内燃汽车能够在没有加氢站的情况下切换到传统燃料，为用户提供灵活性。

## （2）氢在工业领域的应用

在工业领域，化石燃料是工业燃料和原料，所以工业是目前脱碳难度较大的领域，如钢铁领域。氢冶金是钢铁领域实现"双碳"目标的革命性技术，绿氢有望逐步成为工业生产原料。氢在未来能源供应方面有很大的潜力，2019 年 6 月荷兰启动了试点项目，世界上第一台氢动力家用锅炉开启运行，在这项试点中家用锅炉使用的纯氢由风电和太阳能电解水产生。

# 习题

1. 简述氢能的特点和氢的发展史。

2. 制氢的方法有哪些？你认为哪些方法更有发展前景，为什么？

3. 简述一种制氢方法的原理及其关键材料。

4. 氢气纯化的方法有哪些？分别有什么特点？

5. 储氢材料有哪几类？简述其储氢的原理。

6. 简述氢的应用前景。

# 参考文献

［1］ 毛宗强，毛志明. 氢气生产及热化学利用［M］. 化学工业出版社，2015.

［2］ Subramani V，Basile A and Veziroglu T N. Compendium of Hydrogen Energy：vol 1［M］. Elsevier，2016.

［3］ Naterer G F，Dincer I and Zamfirescu C. Hydrogen Production from Nuclear Energy［M］. Elsevier，2003.

［4］ 毛宗强. 氢能——21世纪的绿色能源［M］. 北京：化学工业出版社，2005：1.

［5］ 毛宗强，毛志明，余皓，等. 制氢工艺与技术［M］. 北京：化学工业出版社，2018：4.

［6］ Dambournet D，Belharouak I and Amine K. Tailored Preparation Methods of $TiO_2$ Anatase，Rutile，Brookite：Mechanism of Formation and Electrochemical Properties［J］. Chemistry of Materials，2010，22（3）：1173-1179.

［7］ 任达森. 新型光催化材料 纳米二氧化钛［M］. 贵州：贵州人民出版社，2006.

［8］ Bokhimi X，Morales A，Aguilar M，et al. Local Order in Titania Polymorphs［J］. International Journal of Hydrogen Energy：2001，26（12）：1279-1287.

［9］ 郭彪，赵晨灿，刘芯辛，等. 不同形貌的 $TiO_2$ 光催化制氢性能研究进展［J］. 沈阳师范大学学报：自然科学版：2021，39：8.

［10］ Lu H Q，Zhao B B，Pan R L，et al. Safe and Facile Hydrogenation of Commercial Degussa P25 at Room Temperature with Enhanced Photocatalytic Activity［J］. RSC Advances，2013，4：1128-1132.

［11］ Silva A，Fernandes C G，Hood Z D，et al. PdPt-$TiO_2$ Nanowires：Correlating Composition，Electronic Effects and O-Vacancies with Activities towards Water Splitting and Oxygen Reduction［J］. Applied Catalysis B：Environmental，2020，277（15）：119177.

［12］ Cruz M A，Sanchez-Martinez D. and Torres-Martinez，L. M. $TiO_2$ Nanorods Grown by Hydrothermal Method and Their Photocatalytic Activity for Hydrogen Production［J］. Materials Letters，2019，237：310-313.

［13］ Kim N Y，Lee H K，Moon J T，et al. Synthesis of Spherical $TiO_2$ Particles with Disordered Rutile Surface for Photocatalytic Hydrogen Production［J］. Catalysts，2019，9（6）：491.

［14］ Asahi R，Morikawa T，Ohwaki T，et al. Visible-Light Photocatalysis in Nitrogen-Doped Titanium Oxides［J］. Science，2001，293：269-271.

［15］ Di Valentin C，Pacchioni G，Selloni A，et al. Characterization of Paramagnetic Species in N-doped $TiO_2$ Powders by EPR Spectroscopy and DFT Calculations［J］. Journal of Physical Chemistry B，2005，109：11414-11419.

［16］ Irie H，Watanabe Y and Hashimoto K. Nitrogen-Concentration Dependence on Photocatalytic Activity of $TiO_{2-x}N_x$ Powders［J］. Journal of Physical Chemistry B，2003，107：5483-5486.

［17］ Umebayashi T，Yamaki T，Itoh H，et al. Band Gap Narrowing of Titanium Dioxide by Sulfur Doping［J］. Applied Physics Letters，2002，81（3）：454-456.

［18］ Irie H，Watanabe Y and Hashimoto K. Carbon-Doped Anatase $TiO_2$ Powders as a Visible-Light Sensitive Photocatalyst［J］.

Chemistry Letters, 2003, 32（8）: 772-773.

[19] Choi W Y, Termin A and Hoffmann M R. The Role of Metal Ion Dopants in Quantum-Sized TiO₂: Correlation between Potoreactivity and Charge Carrier Recombination Synamics［J］. Journal of Physical Chemistry, 1994, 98（51）: 13669-13679.

[20] Yoo H, Kim M, Bae C, et al. Understanding Photoluminescence of Monodispersed Crystalline Anatase TiO₂ Nanotube Arrays ［J］. Journal of Physical Chemistry C, 2014, 118（18）: 9726-9732.

[21] Su R, Tiruvalam R, Logsdail J, et al. Designer Titania-Supported Au-Pd Nanoparticles for Efficient Photocatalytic Hydrogen Production［J］. ACS Nano, 2014, 8（4）: 3490-3497.

[22] Sun R, Wang R, Liu X, et al. Hydrogen Production on Pt/TiO₂: Synergistic Catalysis between Pt Clusters and Interfacial Adsorbates ［J］. Journal of Physical Chemistry Letters, 2022, 13（14）: 3182-3187.

[23] Jovic V, Hsieh P H, Chen W T, et al. Photocatalytic H₂ Production from Ethanol over Au/TiO₂ and Ag/TiO₂［J］. International Journal of Nanotechnology. 2014, 11（5/6/7/8）: 686-694.

[24] Xu X, Yang G R, Liang J, et al. Fabrication of One-Dimensional Heterostructured TiO₂@SnO₂ with Enhanced Photocatalytic Activity［J］. Journal of Materials Chemistry A, 2014, 2: 116-122.

[25] Meng A, Zhu B, Zhong B, et al. Direct Z-scheme TiO₂/CdS Hierarchical Photocatalyst for Enhanced Photocatalytic H₂ Production Activity［J］. Applied Surface Science, 2017, 422（15）: 518-527.

[26] Duan J Y, Shi W D, Xu L L, et al. Hierarchical Nanostructures of Fluorinated and Naked Ta₂O₅ Single Crystalline Nanorods: Hydrothermal Preparation, Formation Mechanism and Photocatalytic Activity for H₂ Production［J］. Chemical Communications, 2012, 48: 7301-7303.

[27] Tanaka A, Hashimoto K and Kominami H. Visible-Light-Induced Hydrogen and Oxygen Formation over Pt/Au/WO₃ Photocatalyst Utilizing Two Types of Photoabsorption due to Surface Plasmon Resonance and Band-Gap Excitation［J］. Journal of the American Chemical Society, 2014, 136（2）: 586-589.

[28] Wang X, Xu Q, Li M R, et al. Photocatalytic Overall Water Splitting Promoted by an α–β Phase Junction on Ga₂O₃［J］. Angewandte Chemie-International Edition, 2012, 51: 13089-13092.

[29] Peng T Y, Lv H J, Zeng P, et al. Preparation of ZnO Nanoparticles and Photocatalytic H₂ Production Activity from Different Sacrificial Reagent Solutions［J］. Chinese Journal of Chemical Physics, 2011, 24（4）: 464-470.

[30] Han Q, Wang B, Zhao Y, et al. A Graphitic-C₃N₄ "Seaweed" Architecture for Enhanced Hydrogen Evolution［J］. Angewandte Chemie-International Edition, 2015, 54（39）: 11433-11437.

[31] Han Q, Zhao F, Hu C G, et al. Facile Production of Ultrathin Graphitic Carbon Nitride Nanoplatelets for Efficient Visible-Light Water Splitting［J］. Nano Research, 2015, 8（5）: 1718-1728.

[32] Zhang J S, Zhang M W, Yang C et al. Nanospherical Carbon Nitride Frameworks with Sharp Edges Accelerating Charge Collection and Separation at a Soft Photocatalytic Interface［J］. Advanced Materials, 2014, 26: 4121-4126.

[33] Zheng Y, Lin L H, Ye X J, et al. Helical Graphitic Carbon Nitrides with Photocatalytic and Optical Activities［J］. Angewandte Chemie-International Edition, 2014, 53（44）: 11926-11930.

[34] Jun Y-S, Lee E Z, Wang X C, et al. From Melamine-Cyanuric Acid Supramolecular Aggregates to Carbon Nitride Hollow Spheres ［J］. Advanced Functional Materials, 2013, 23: 3661-3667.

[35] 邹菁, 廖国东, 王海涛, 等. 石墨相氮化碳光催化产氢性能提升策略研究进展［J］. 华中师范大学学报: 自然科学版, 2021, 5（6）: 950-960.

[36] Zhang J W, Gong S, Mahmood N, et al. Oxygen-Doped Nanoporous Carbon Nitride via Water-Based Homogeneous Supramolecular Assembly for Photocatalytic Hydrogen Evolution［J］. Applied Catalysis, B. Environmental, 2018, 221: 9-16.

[37] Wang Y, Shen S. Progress and Prospects of Non-Metal Doped Graphitic Carbon Nitride for Improved Photocatalytic Performances［J］. Acta Physico-Chimic Sinica, 2020, 36（3）: 1905080.

［38］ Guo S E, Deng Z P, Li M X, et al. Phosphorus-doped carbon nitride tubes with a layered micro-nanostructure for enhanced visible-light photocatalytic hydrogen evolution［J］. Angewandte Chemie International Edition, 2016, 128（5）: 1862-1866.

［39］ Oh Y, Hwang J O, Lee E S, et al. Divalent Fe Atom Coordination in Two-Dimensional Microporous Graphitic Carbon Nitride ［J］. ACS Appl Mater Interfaces, 2016, 8: 25438.

［40］ Wu J J, Nan L, Zhang X H, et al. Heteroatoms Binary-Doped Hierarchical Porous g-$C_3N_4$ Nanobelts for Remarkably Enhanced Visible-Light-Driven Hydrogen Evolution［J］. Applied Catalysis B: Environmental, 2018, 226: 61-70.

［41］ Yang X H, Cao C, Guo Z L, et al. Promoting Hydrogen Evolution of a g-$C_3N_4$-Based Photocatalyst by Indium and Phosphorus Co-Doping［J］. New Journal of Chemistry, 2021, 45: 7231.

［42］ Ge L, Han C C, Jing L, et al. Enhanced Visible Light Photocatalytic Activity of Novel Polymeric g-$C_3N_4$ Loaded with Ag Nanoparticles［J］. Applied Catalysis A General, 2011, 409: 215-222.

［43］ Bai X J, Zong R L, Li C X, et al. Enhancement of Visible Photocatalytic Activity via Ag-$C_3N_4$ Core-Shell Plasmonic Composite ［J］. Applied Catalysis B: Environmental, 2014, 147: 82-91

［44］ Tan X Q, Ng S F, Mohamed A R, et al. Point-to-Face Contact Heterojunctions: Interfacial Design of 0D Nanomaterials on 2D g-$C_3N_4$ towards Photocatalytic Energy Applications［J］. Carbon Energy, 2022, 4（5）: 665-730.

［45］ Shen L Y, Xing Z P, Zou J L, et al. Black $TiO_2$ Nanobelts/g-$C_3N_4$ Nanosheets Laminated Heterojunctions with Efficient Visible-Light-Driven Photocatalytic Performance［J］. Science Reports, 2017, 7: 41978.

［46］ Yang C W, Xue Z, Qin J Q, et al. Visible-Light Driven Photocatalytic $H_2$ Generation and Mechanism Insights on $Bi_2O_2CO_3$/G-$C_3N_4$ Z-Scheme Photocatalyst［J］. The Journal of Physical Chemistry C, 2019, 123（8）: 4795-4804.

［47］ Xu H, She X J, Fei T, et al. Metal-Oxide-Mediated Subtractive Manufacturing of Two-Dimensional Carbon Nitride for High-Efficiency and High-Yield Photocatalytic $H_2$ Evolution［J］. ACS Nano, 2019, 13（10）: 11294-11302.

［48］ Fu J W, Xu Q L, Low J X, et al. Ultrathin 2D/2D $WO_3$/g-$C_3N_4$ Step-Scheme $H_2$ Production Photocatalyst［J］. Applied catalysis B: Environmental, 2019, 243: 556-565.

［49］ Ren D D, Zhang W N, Ding Y N, et al. In Situ Fabrication of Robust Cocatalyst‐Free CdS/g‐$C_3N_4$ 2D–2D Step‐Scheme Heterojunctions for Highly Active $H_2$ Evolution［J］. Solar RRL, 2019, 1900423.

［50］ Liu X L, Guo Y H, Peng W, et al. The Synergy of Thermal Exfoliation and Phosphorus Doping in g-$C_3N_4$ for Improved Photocatalytic $H_2$ Generation［J］. International Journal of Hydrogen Energy, 2021, 46（5）: 3595-3604.

［51］ Yang B, Wang Z W, Zhao J J, et al. 1D/2D Carbon-Doped Nanowire/Ultra-Thin Nanosheet g-$C_3N_4$ Isotype Heterojunction for Effective and Durable Photocatalytic $H_2$ Evolution［J］. International Journal of Hydrogen Energy, 2021, 46: 25436-25447.

［52］ 宋华, 汪淑影, 李锋. 光催化分解水制氢催化剂的研究进展［J］. 当代化工, 2010, 39（2）: 202-205.

［53］ Mou Z G, Wu Y J, Sun J H, et al. $TiO_2$ Nanoparticles-Functionalized N-Doped Graphene with Superior Interfacial Contact and Enhanced Charge Separation for Photocatalytic Hydrogen Generation［J］. ACS Applied Materials & Interfaces, 2014, 6: 13798-13806.

［54］ Jia L, Wang D H, Huang Y X, et al. Highly Durable N-Doped Graphene/CdS Nanocomposites with Enhanced Photocatalytic Hydrogen Evolution from Water under Visible Light Irradiation［J］. Journal of Physical Chemistry C, 2011, 115: 11466-11473.

［55］ Yeh T F, Teng C Y, Chen S J, et al. Nitrogen-Doped Graphene Oxide Quantum Dots as Photocatalysts for Overall Water-Splitting under Visible Light Illumination［J］. Advanced Materials, 2014, 26: 3297-3303.

［56］ Latorre-Sanchez M, Primo A and Garcia H. P-Doped Graphene Obtained by Pyrolysis of Modified Alginate as a Photocatalyst for Hydrogen Generation from Water-Methanol Mixtures［J］. Angewandte Chemie-International Edition, 2013, 52: 11813-11816.

［57］ Norskov J K, Bligaard T, Logadottir A, et al. Trends in The Exchange Current for Hydrogen Evolution［J］. Journal of the Electrochemical Society, 2005, 152（3）: 23-26.

［58］ Hinnemann B, Moses P G, Bonde J, et al. Biornimetic Hydrogen Evolution: $MoS_2$ Nanoparticles as Catalyst for Hydrogen Evolution［J］. Journal of the American Chemical Society, 2005, 127（15）: 5308-5309.

［59］ Hinnemann B, Norskov J K and Topsoe H. A Density Functional Study of the Chemical Differences between Type I and Type II

MoS$_2$-Based Structures in Hydrotreating Catalysts [J]. Journal of Physical Chemistry B, 2005, 109 (6): 2245-2253.

[60] Jaramillo T F, Jorgensen K P, Bonde J, et al. Identification of Active Edge Sites for Electrochemical H$_2$ Evolution from MoS$_2$ Nanocatalysts [J]. Science, 2007, 317 (5834): 100-102.

[61] Kong D, Wang H, Cha J J, et al. Synthesis of MoS$_2$ and MoSe$_2$ Films with Vertically Aligned Layers [J]. Nano Letters, 2013, 13: 1341-1347.

[62] 骆永伟, 朱亮, 王向飞, 等. 电解水制氢催化剂的研究与发展 [J]. 金属功能材料, 2021, 28 (3): 9.

[63] 蔡颖, 许剑轶, 胡锋, 等. 储氢技术与材料 [M]. 北京: 化学工业出版社, 2018: 10.

[64] Rosen M A and Koohi-Fayegh S. The Prospects for Hydrogen as an Energy Carrier: An Overview of Hydrogen Energy and Hydrogen Energy Systems [J]. Energy Ecology & Environment, 2016, 1 (1): 10-29.

# 第 **4** 章

# 燃料电池材料与器件

## 4.1 概述

### 4.1.1 燃料电池的概念

燃料电池是一种将燃料的化学能直接转换为电能的化学装置，又称电化学发电器。燃料电池发电效率高，通过电化学反应将化学能中的吉布斯自由能部分转换成电能，其能量转换效率不受热发动机卡诺循环的制约，减少了机械做功和能量传递过程中的损失，因此其有效能效可达 40%~80%，理论能量转换效率高达 90% 以上。但由于工作时各种极化的限制，目前燃料电池的能量转化效率为 40%~60%，若实现热电联供，燃料电池的总利用率可达 80% 以上。燃料电池是继水力发电、热能发电和原子能发电之后的第四种发电技术。由此可见，从节约能源和保护生态环境的角度来看，燃料电池是最有发展前途的发电技术之一[1-4]。燃料电池具有以下优势[5]。

① 减少有害气体的排放　燃料电池用燃料和氧气（$O_2$）作为原料，二氧化碳（$CO_2$）的排放量比热机过程减少 40% 以上，且燃料气在反应前必须脱硫，按电化学原理发电，没有高温燃烧过程，因此几乎不排放氮和硫的氧化物，减少对大气的污染。氢燃料电池只产生水（$H_2O$）、热和直流电，没有其他气体产生。除了可以控制的高温燃料电池的氮氧化物排放，其他燃料电池堆没有有害气体排放。当然，燃料电池的排放也取决于其燃料（例如氢气）是如何产生的。例如，氢气的生产取决于化石燃料所处的改革阶段，不可避免地会产生温室气体［如一氧化碳（$CO$）和二氧化碳（$CO_2$）］。当使用非重整氢时，燃料电池的耐用性和可靠性比使用重整氢时有所提高，可称为真正的清洁能源转换器。

② 模块化　燃料电池具有良好的模块化，原则上，改变每一堆或每个系统的电池数

量，即可以控制任何燃料电池系统的功率输出。与燃烧型装置不同，燃料电池的效率与系统尺寸或负载系数的关系不大。事实上，与传统发电厂相比，燃料电池在部分负荷下的效率更高，这将被证明其在大型燃料电池系统的优势，通常运行在部分负载而不是全负载。此外，燃料电池的高模块化意味着小型燃料电池系统的效率与大型系统相似。

③ 建设性和可靠性强　燃料电池具有组装式结构，安装维修方便，不需要很多辅助设施，并且从中断运转到再启动，输电能力回升速度快，并可在短时间内增加和减少电力输出，可随时补充电网在用电高峰时所需的部分电能。

④ 静态特性　燃料电池堆是一种无声的、静止的装置。这一关键特性支持燃料电池在辅助电源和分布式发电应用中使用，以及需要安静操作的便携式或移动应用。燃料电池系统的动态组件很少，振动也很少，因此比热机的分析、设计、制造、组装和操作要简单得多。但是，如果用压缩机代替鼓风机供应氧化剂，燃料电池就会产生噪声。

⑤ 应用范围和燃料灵活性　对于燃料电池而言，只要含有氢原子的物质都可以作为燃料，既可是天然气、煤气和液化燃料，也可以是甲醇、沼气乃至木柴。根据不同地区的具体情况，选用不同的燃料用于燃料电池的发电系统，符合能源多样化的需求，可以缓解主流能源的耗竭。燃料电池的范围从 1W 输出的微型燃料电池到主要的多兆瓦发电厂，适用于多种应用场景。有几种高度模块化和静态的燃料电池类型，使它们成为消费电子产品和移动电源应用中电池的理想替代品。同样，燃料电池可以取代运输和电网供电的热机，因为它们与大多数其他可再生能源发电设备高度集成。在低温范围内工作的燃料电池预热时间短，这对便携式和应急电源应用非常有用。对于运行在中高温范围内的燃料电池，可以通过使用产生的余热来提高系统的整体效率，此外，其还可以用于生活热水和空间供暖应用，或热电联产（combined heat and power，CHP）工业应用。

虽然燃料电池具有许多引人关注的优点，但也存在以下劣势。

① 成本太高　燃料电池要想在能源市场引起人们的兴趣，每千瓦发电成本必须降低 10 倍。目前燃料电池堆的成本较高，主要归因于其对铂基催化剂的依赖、膜合成的精细性以及双极电极的涂层和平板材料。在系统层面，防喷器组件如燃料供应和存储系统；泵、鼓风机、电力和控制电子设备；压缩机的成本约为典型燃料电池系统的一半。目前的制氢防喷器设备，无论是可再生的，还是基于重组的，都不需要任何成本，但去除污染物仍然是一个关键的昂贵项目。

② 低的耐久性　燃料电池的耐久性需要提高 5 倍左右（例如，在固定分布式发电领域至少需要 6000h），才能成为市场上现有发电技术的长期可靠替代品。

③ 氢基础设施　世界上至少 96% 的氢供应仍然来自碳氢化合物改造过程，主要是天然气重整制氢，然而在燃料电池中燃烧的缺点阻碍了燃料电池的发展，因为每千瓦时的成本比直接使用化石燃料发电的成本要高。此外，在保持合理成本的情况下，开发高能量密度的氢存储技术需要关注安全性，因为氢是一种高度易燃的燃料，很容易从普通容器泄漏。金属和其他元素的氢化物储存技术已被证明是安全和高效的替代品。但是，目前的氢化物存储技术仍需降低其高昂的成本，并提高其性能。

④ 水平衡　水在燃料电池中以几种不同的形式被输送，但主要是以进口流动相、阴极反应产物、燃料电池组件之间的迁移和作为出口流动相的形式存在。就水平衡而言，重点是

保持膜的水分充足，但不潮湿，以免造成膜电极堵塞。在质子膜燃料电池内部，这种平衡是一个重大的技术挑战，必须在一系列运行环境和负载下解决。质子膜燃料电池的水管理涉及许多微妙的、相互依赖的方面，这些方面会导致性能损失和物理降解，造成永久的膜损伤。通过经验液态水可视化数值模拟方法，可以对离子电导率、电流密度分布和反应物管理等性能进行评价，但根据应用和操作的要求，需要对燃料电池内部的水传输现象有一个更好的基本理解，并做出模型，以优化组件设计、水去除和膜电极材料。

除此之外，功率密度也是一个重要指标，功率密度表示一个电池单位体积（体积功率密度）或单位质量（质量功率密度）所产生的功率。虽然在过去几十年的发展中，燃料电池的功率密度有了明显的提升，但在便携式电子领域和汽车领域仍需进一步提高。另外，燃料的储存和运输仍是一个难题。这些不足限制了燃料电池的应用，因此，解决这些问题迫在眉睫。

## 4.1.2 燃料电池的发展

自从 1839 年英国格罗夫第一个发现了燃料电池原理，各种类型的燃料电池被用在了不同领域。碱性燃料电池（alkaline fuel cell，AFC）是最早开发的燃料电池技术，在 20 世纪 60 年代就成功地应用于航天飞行领域。磷酸型燃料电池（phosphoric acid fuel cell，PAFC）也是第一代燃料电池技术，是目前最为成熟的应用技术，已经进入了商业化应用和批量生产。由于其成本太高，目前只能作为区域性电站来现场供电、供热。熔融碳酸型燃料电池（molten carbonate fuel cell，MCFC）是第二代燃料电池技术，主要应用于设备发电。固体氧化物燃料电池（solid oxide fuel cell，SOFC）以其全固态结构、更高的能量效率和对煤气、天然气、混合气体等多种燃料气体广泛适应性等突出特点，发展最快，应用广泛，成为第三代燃料电池。

美国阿波罗登月飞船上利用碱性燃料电池作为主电源提供动力展现了燃料电池潜在的应用价值。1973 年石油危机后，世界各国普遍认识到能源的重要性。20 世纪 70 年代，磷酸型燃料电池和熔融碳酸盐燃料电池作为各种应急电源和不间断电源被广泛使用。此外，固体氧化物燃料电池直接采用天然气、煤气和碳氢化合物作燃料，固体氧化物膜作为电解质，在 600~1000℃工作，余热与燃气、蒸汽轮机构成联合循环发电。美国通用电气公司采用杜邦公司生产的全氟磺酸型质子交换膜组装的燃料电池，运行寿命较长，可在室温下快速启动，因此受到了军方的青睐。1983 年，加拿大国防部斥资支持巴拉德动力公司研究这类电池。1984年，美国能源部也开始质子交换膜燃料电池的研发。1993 年加拿大巴拉德动力公司展示了一种零排放汽车，最大速度为 72km/h，引发了全球研发燃料电池电动汽车的繁荣。1998 年，美国芝加哥首次在公共交通体系采用以燃料电池为动力的公交车。目前，燃料电池电动汽车已经在各个国家进行测试。作为 21 世纪的高科技产品，燃料电池已应用于汽车工业、能源发电、船舶工业、航空航天、家用电源等行业，受到各国政府的重视。

目前正在开发的商用燃料电池还有质子交换膜燃料电池（proton exchange membrane fuel cell，PEMFC）。它具有较高的能量效率和能量密度，体积重量小，冷启动时间短，运行安全可靠。另外，由于其使用的电解质膜为固态，可避免电解质腐蚀。燃料电池技术的研究与开发已取得了重大进展，技术逐渐成熟，并在一定程度上实现了商业化。

我国燃料电池研究始于 20 世纪 50 年代末，70 年代国内的燃料电池研究出现了第一次高峰，主要是国家投资的航天用 AFC，如氨/空气燃料电池、肼/空气燃料电池、乙二醇/空气燃料电池等。80 年代我国燃料电池研究处于低潮，90 年代以来，随着国外燃料电池技术取得了重大进展，在国内又形成了新一轮的燃料电池研究热潮。1996 年召开的第 59 次香山科学会议上专门讨论了"燃料电池的研究现状与未来发展"，鉴于 PAFC 在国外技术已成熟并进入商品开发阶段，我国重点研究开发 PEMFC、MCFC 和 SOFC。中国科学院将燃料电池技术列为"九五"院重大和特别支持项目，国家科委也相继将燃料电池技术包括 DAFC 列入"九五""十五"攻关、"863""973"等重大计划之中。燃料电池的开发是一项较大的系统工程，"官、产、研"结合是国际上燃料电池研究开发的一个显著特点，也是必由之路。目前，我国政府高度重视燃料电池开发，研究单位众多、具有多年的人才储备和科研积累、产业部门的兴趣不断增加、需求迫切，这些都为我国燃料电池的快速发展带来了无限的生机。

另外，我国是产煤和燃煤大国，煤的总消耗量约占世界的 25%，造成煤燃料的极大浪费和严重的环境污染。随着国民经济的快速发展和人民生活水平的不断提高，我国汽车的拥有量（包括私人汽车）迅猛增长，燃油汽车越来越成为重要的污染源。所以开发燃料电池这种洁净能源技术就显得极其重要，这也是高效、合理使用资源和保护环境的一个重要途径。在"双碳"大背景下，发展氢能已成为全球主要国家的共识，氢燃料电池产业同样受到了高度重视。近年来，我国有关氢能和燃料电池相关的政策持续加码，积极推进氢能及燃料电池的推广和应用。

### 4.1.3 燃料电池的组成

组成燃料电池的基本单元是单体燃料电池。单体电池的电化学电动势、负载时的输出端口电压和输出电流密度均较低，因此，具有实际应用价值的燃料电池系统，必须通过单体电池的串联或并联形成具有一定功率的电池组，才能满足绝大多数用电负载的需求。此外，还需为系统配置燃料储存单元，氧化剂供给单元，电池组温度、湿度调节单元，功率变换单元及系统控制单元等，将燃料电池组成为一个连续、稳定的供电电源。

#### （1）电池组

燃料电池单电池组成主要包括膜电极、双极板和集流体等。其中，膜电极是燃料电池最核心的部件。如图 4-1 所示，由阴极催化层、阳极催化层以及膜组成的三明治结构的单一组件即为膜电极。膜电极通常由阳极扩散层、阳极催化剂层、质子交换膜、阴极催化剂层和阴极扩散层 5 层组成。催化剂层作为电极的核心部分，是发生电化学反应的场所。催化层主要可分为两部分，其中一极为阳极（anode），另一极为阴极（cathode），厚度一般为200~500mm。其结构与一般电池电极的不同之处在于燃料电池的电极多为多孔结构，主要是因为燃料电池所使用的燃料及氧化剂大多为气体（例如 $O_2$、$H_2$ 等），而气体在电解质中的溶解度并不高，为了提高燃料电池的实际工作电流密度，降低极化作用，故发展出多孔结构电极，以增加参与反应的电极表面积。另外，燃料电池的电极还要求导电性好，耐高温和耐腐蚀。

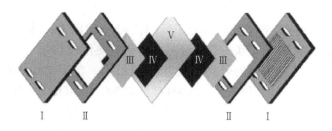

图 4-1　膜电极

Ⅰ—双极板；Ⅱ—密封垫；Ⅲ—气体扩散层；Ⅳ—催化剂；Ⅴ—质子交换膜

质子交换膜（proton exchange membrane，PEM）是膜电极的核心部件之一，是电解质的基底，须具备以下特点：较高的离子传输率，能及时传输生成的氢离子；反应燃料和产物在内部的低透过率，避免混合电压降低输出功率；不传导电子，以避免短路；有适度的黏弹性满足膜与电极之间的连接需求；具有良好的机械强度和低的溶胀系数。目前使用最广的质子交换膜主要是由美国杜邦（DuPont）公司生产的全氟磺酸质子交换膜（Nafion），其主体材料是全氟磺酸型离子交换树脂，这是一种与聚四氟乙烯相似的固体磺酸化含氟聚合物水合薄片。另外，美国的陶氏化学公司（Dow Chemical）和日本的朝日化学工业公司（Asahi Chemical Industry）也分别研发并推出供质子交换膜燃料电池使用的 Dow 膜和 Aciplex-S 质子交换膜。

集电器又称作双极板，双极板具有传递反应物质、导出生成物、收集电流、分隔氧化剂与还原剂、疏导反应气体等功用，同样是影响燃料电池性能、成本和商业化的重要因素之一。为了获得实际需要的电压，须将几个、几十个甚至几百个燃料电池连接起来，组成电池堆。两个相邻的燃料电池通过一个双极板连接。双极板的一侧与前一个燃料电池的阳极相连，另一侧与后一个燃料电池的阴极连接。另外，双极板还起到支撑、加固燃料电池的作用。双极板的性能主要取决于其材料特性、流场设计及其加工技术。目前，常用的双极板主要有石墨板和经过表面处理的金属板两种。此外也有研究人员提出复合双极板，它采用价格低廉的多孔石墨板制备流场，以薄金属板为分隔板。将双极板的表面处理成布满回形、网状或者蛇形的沟槽，以实现对气体和反应物的有效运输，而沟槽的边缘部分则与电极的扩散层紧密结合，形成电子传输通道。不论采用何种材料，双极板的设计和制作都是十分关键的。

### （2）燃料及氧化剂的储存与供给单元

为了满足质子交换膜燃料电池连续稳定的发电需求，必须配置燃料及氧化剂的储存与供给单元，以便不间断地向燃料电池提供电化学反应所需的燃料和氧化剂。燃料供给部分由储氢器及减压阀组成；氧化剂供给部分由储氧器、减压阀或空气泵组成。

### （3）燃料电池湿度与温度调节单元

在质子交换膜燃料电池运行过程中，随着负载功率的变化，电池组内部的状态也需随之发生改变，以确保电池内部的电化学反应能够正常进行。其中，电池内部的湿度和温度是影响质子交换膜燃料电池运行的两个最大因素。因此，在电池系统中需要配置燃料电池湿度与温度调节单元，以确保质子交换膜燃料电池在负载功率变化时仍能在最佳状态下工作。

### （4）功率变换单元

质子交换膜燃料电池所产生的电能为直流电，其输出电压因受内阻的影响会随负荷的变化而改变。基于上述原因，为满足大多数负载对交流供电和电压稳定度的要求，在燃料电池系统的输出端需要配置功率变换单元。当负载需要交流供电时，应采用 DC/AC 变流器；当负载要求直流供电时，也需要用 DC/DC 变流器实现燃料电池组输出电能的升压与稳压。

### （5）系统控制单元

由上述四个功能单元的配置和工作要求可知，质子交换膜燃料电池系统是一个涉及电化学、流体力学、热力学、电工学及自动控制等多学科的复杂系统。质子交换膜燃料电池系统在运转过程中，需要调节与控制的物理量和参数非常多，难以手动完成。为使质子交换膜燃料电池系统长时间安全、稳定地发电，必须配置系统控制单元，以实现燃料电池组与各个功能单元的协调工作。

## 4.1.4 燃料电池的基本原理

燃料电池是一种电化学装置，其组成与一般电池相同。单体电池由正负两个电极（负极即燃料电极，正极即氧化剂电极）以及电解质组成。不同的是一般电池的活性物质贮存在电池内部，因此限制了电池容量；而燃料电池的正、负极本身不包含活性物质，只是个催化转换元件，因此燃料电池是名副其实的把化学能转化为电能的能量转换机器。电池工作时，燃料和氧化剂由外部供给，进行反应。原则上只要反应物不断输入，反应产物不断排出，燃料电池就能连续地发电。

燃料电池工作主要包括 3 个步骤：反应物输入燃料电池，燃料电池内部化学能转化为电能，反应产物的排出。

### （1）反应物输入燃料电池

燃料电池工作时需要连续不断的燃料和氧化物。燃料电池流场的形状、尺寸都会影响燃料电池的性能，流场大多包括许多精细的沟槽，以使得气体流动并充分与燃料电池电极表面接触。因此，利用流场结合多孔的电极结构有利于实现反应物的高效运输。流场和电极的材料对燃料电池而言也非常重要，包括耐热性、机械特性和耐腐蚀性等。

### （2）燃料电池内部化学能转化为电能

当反应物输送到电极表面后会发生电化学反应。电化学反应速度越快，燃料电池产生的电流越大，因此，电极上的催化剂通常用来提高电化学反应的速率。这里以氢-氧燃料电池为例来介绍燃料电池的基本原理，氢-氧燃料电池反应本质上是电解水的逆过程。如图 4-2 所示。首先，$H_2$ 由阳极进入，在催化剂的作用下被阳极催化分解成两个 $H^+$，并释放两个电子。其次，$H^+$ 通过质子交换膜由阳极传递到阴极，电子则经过导线形成电流后到达阴极，与从阴

极进入的 $O_2$ 在阴极催化剂的作用下同时发生电化学反应生成唯一的产物 $H_2O$。

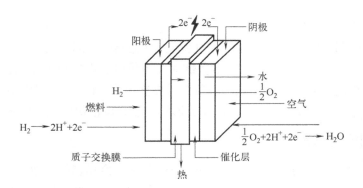

图 4-2　燃料电池工作原理

$$\text{阳极反应：} H_2 \longrightarrow 2H^+ + 2e^- \qquad E_1^\theta = 0V \qquad (4\text{-}1)$$

$$\text{阴极反应：} \frac{1}{2}O_2 + 2H^+ + 2e^- \longrightarrow H_2O \qquad E_2^\theta = 1.23V \qquad (4\text{-}2)$$

$$\text{总反应：} H_2 + \frac{1}{2}O_2 \longrightarrow H_2O \qquad E^\theta = E_2^\theta - E_1^\theta = 1.23V \qquad (4\text{-}3)$$

式中，$E^\theta$ 为标准电极电势。

电子在外电路形成直流电。因此，只要源源不断地向燃料电池阳极和阴极供给 $H_2$ 和 $O_2$，就可以向外电路的负载连续输出电能。

### （3）反应产物的排出

燃料电池反应后会生成至少一种生成物，这些生成物如果不排出，就会在电池内部逐渐积累，从而阻碍新的燃料和催化剂反应，最终导致电池的性能衰减。因此，质量传输、扩散和流体力学等问题都是燃料电池设计的关键。

## 4.1.5　燃料电池的性能参数

燃料电池在有电流通过时存在过电位的影响，因此，电池的工作电压（$E_{cell}$）总是低于其电动势（可逆电压 $E_r$），并随着放电电流的增加而逐渐减小。电池的工作电压与电流的关系是体现燃料电池性能，尤其是电极电催化性能的一个重要指标，是燃料电池电极反应动力学研究的重要内容之一。

通过燃料电池的电流与电池端电压的关系可以用下式描述：

$$E_{cell} = E_r - \eta_a - \eta_c - iR_\Omega \qquad (4\text{-}4)$$

式中，$i$ 为通过电池的电流；$R_\Omega$ 为电池内阻；$\eta_a$ 为阳极过电位；$\eta_c$ 为阴极过电位。

电池的内阻包括电解质、电极材料、电池连接材料等的欧姆电阻以及电池材料之间的接触电阻，在经过电池材料以及结构的优化后主要由电解质欧姆电阻决定。阴、阳极的极化过电位由电极的电催化活性以及传质性能决定，在通常情况下可以进一步分解为电化学活化过电位以及扩散过电位（浓差过电位）。活化过电位是为了使电荷转移反应能够进行而施加的外部电势，该电势的施加使反应物突破反应速控步的能垒（活化能）而使反应按照一定的速率进行。活化过电位（$\eta$）与电流密度（$j$）的关系通常可以用 Butler-Volmer 公式描述：

$$j = j_0 \left[ \exp \frac{\alpha_a F \eta}{RT} - \exp \left( -\frac{\alpha_c F \eta}{RT} \right) \right] \tag{4-5}$$

式中，$j_0$ 为交换电流密度；$F$ 为 Faraday 常数；$R$ 为气体常数；$T$ 为热力学温度；$\alpha_a$、$\alpha_c$ 分别为阳极、阴极的电荷转移系数。

电荷转移系数与反应的总电子转移数（$N$）及反应速控步进行的次数（$v$）的关系为

$$\alpha_a + \alpha_c = \frac{N}{v} \tag{4-6}$$

交换电流密度的特性以及电荷转移系数的大小与电极反应的机制有密切的关系，分析交换电流密度以及电荷转移系数与反应物种类、浓度以及操作条件的关联，对于解析电极催化反应机理具有重要的作用。

图 4-3 所示为典型燃料电池的端电压随电流变化的示意图。在没有电流通过的条件下（即开路状态，对应的电压为开路电压），电池的端电压与电池的可逆电压相等。随着电流的增加，电极反应在小电流的条件下主要受活化过电位的控制；在中等电流的条件下，电极反应速率迅速提高，电池的端电压主要受欧姆电阻的影响；在大电流下，当反应物的传质速率无法满足电极反应的需求时，反应将受扩散过电位的控制而进入物质传递控制区。

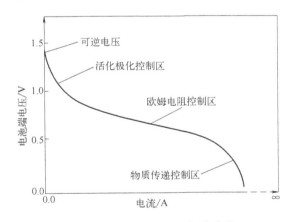

图 4-3　典型燃料电池的极化曲线

影响燃料电池动力学特性的主要参数为电池的电动势、电极反应的交换电流密度和电荷传递系数、极限扩散电流以及电池的内阻。电动势由燃料电池中发生的电化学反应决定，即决定于燃料与氧化剂的组成、电池操作温度等条件。具有高电动势的电池在相同的极化过电位下具有高的电压效率，因此选择具有高的电动势的燃料电池体系及操作条件是保证电池效率的一个前提。在电极反应的电荷转移系数相同的条件下，交换电流密度是决定电极活化过电位的重要因素，是表征电极电催化活性的一个重要常用参数。对于同一反应，具有高交换电流密度的电极具有高的电催化活性，在相同的电流下产生的活化极化过电位较小，因此提高电极反应的交换电流密度是提高电池效率的重要手段。交换电流密度的提高可以通过增加反应活性位的数量或提高活性位的催化活性实现。电荷转移系数与电极反应的机理相关，对电极极化过电位同样有重要的影响，在利用交换电流密度作为标准比较不同电极的活性时，必须保证电极反应具有相同的电荷转移系数。

燃料电池在实际操作条件下必须保证高的燃料利用率，电池出口处的反应物燃料的浓度较低，电池可能会受到扩散过电位的严重影响。具有大的极限扩散电流是保证电池在低反应物浓度下具有高效率的关键，多孔性电极材料可以显著增加电极的极限扩散电流。在经过电池材料以及结构的优化后，燃料电池的内阻主要由电解质的欧姆电阻决定，因此，电解质的欧姆电阻是影响电池动力学特性的重要参数。欧姆降为通过电池的电流与内阻的乘积，随着电流的增加，欧姆降会超过活化极化，在大电流的操作条件下成为决定电池效率的主要因素，减小电解质的电阻可以提高电池效率以及输出性能。减小电解质欧姆电阻可以通过减小电解质的厚度和提高电解质的离子电导率来实现。

# 4.2　燃料电池的分类

燃料电池可根据燃料的类型、燃料电池的工作温度和电解质类型分类。按燃料种类可分为氢燃料电池、甲醇燃料电池、乙醇燃料电池、甲烷燃料电池、乙烷燃料电池等。按工作温度可分为低温型（温度低于 200℃）、中温型（温度为 200~750℃）、高温型（温度高于750℃）。其中，最常用的是根据电解质的类型来分类，可分为碱性燃料电池（AFC）、磷酸燃料电池（PAFC）、熔融碳酸盐燃料电池（MCFC）、固体氧化物燃料电池（SOFC）、质子交换膜燃料电池（PEMFC）五大类[6-10]。

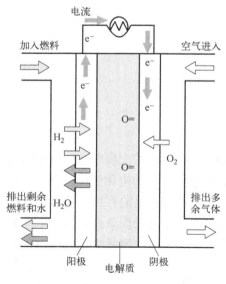

图4-4　碱性燃料电池工作原理

## 4.2.1　碱性燃料电池

碱性燃料电池（AFC）是燃料电池中生产成本最低的一种，因此可用于小型固定发电装置。碱性燃料电池最大的特点是电解质中迁移的物质为 $OH^-$，从阴极交换过来的氢氧根离子（$OH^-$）会在阳极与 $H_2$ 发生反应，生成的 $H_2O$ 扩散到阴极与 $O_2$ 反应再次生成 $OH$。如图 4-4 所示，电极反应如下：

阳极反应：$2H_2+4OH^- \longrightarrow 2H_2O+4e^-$（4-7）

阳极反应：$O_2+2H_2O+4e^- \longrightarrow 4OH^-$（4-8）

总反应：$2H_2+O_2 \longrightarrow 2H_2O$　（4-9）

美国航空航天局（NASA）首次使用碱性燃料电池在太空应用中提供饮用水和电力。目前，它们被用于潜艇、船舶、叉车和利基运输应用。由于使用的电解质是标准的氢氧化钾，碱性燃料电池被认为是最经济的燃料电池类型。电极的催化剂是镍，与其他类型的催化剂相比并不昂贵，大大降低了催化剂的成本。由于采用无纺布双极板，碱性燃料电池的结构也很简单。碱性燃料电池产生的副产物水是饮用水，同时产生热能和电能，其中水对宇宙飞船和航天飞机非常有用，且这个过程中不排放温室气体，运行效率约为70%。尽管碱性燃料电池拥有这些优势，但是电池中使用的碱性电解质浓度较高，易与空气中的$CO_2$反应生成碳酸盐沉淀，严重影响电池的性能，所以碱性燃料电池中的阴阳极都必须进行纯化处理，因此其应用受到了很大的限制。

## 4.2.2 磷酸燃料电池

磷酸燃料电池（PAFC）是商业上开发得最多的在中等温度下工作的燃料电池，是以磷酸水溶液为电解质，以贵金属催化的气体扩散电极为正负极的一种燃料电池。由于磷酸在室温下呈固态，当温度高于42℃时才会变成液态，当温度高于210℃时磷酸会发生不利的相变而不再适合作电解质，因此，磷酸燃料电池的工作温度一般为200℃左右。其工作原理为$H_2$由阳极进入，在催化剂表面被分解成$H^+$，并释放电子。随后，$H^+$通过质子交换膜由阳极迁移到阴极，电子则通过外电路到达阴极，最终与外部供给的空气在阴极催化剂的作用下生成$H_2O$并释放热量。磷酸燃料电池工作原理如图4-5所示，电极反应如下。

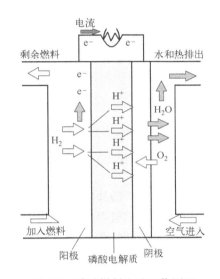

$$阳极反应：H_2 \longrightarrow 2H^+ + 2e^- \qquad (4\text{-}10)$$

$$阴极反应：\frac{1}{2}O_2 + 2H^+ + 2e^- \longrightarrow H_2O \qquad (4\text{-}11)$$

$$总反应：H_2 + \frac{1}{2}O_2 \longrightarrow H_2O \qquad (4\text{-}12)$$

图4-5　磷酸燃料电池工作原理

磷酸燃料电池的操作不需要纯氧，依靠空气就可以运行，可以很容易地使用经过改造的化石燃料，因此$CO_2$不影响电解液或电池性能。此外，磷酸盐具有低挥发性和长期稳定性。由于磷酸燃料电池使用含有21%氧气的空气，而不是纯氧气，故电流密度降低至原来的1/4，因此磷酸燃料电池需要设计成堆叠的双极板，以增加电极面积，从而产生更多的能量，这意味着该技术的初始成本较高。目前，磷酸燃料电池系统已进入商用阶段，容量可达200kW，更高容量（11MW）的系统已经在测试中。由于需要在电极上涂上较昂贵的铂催化剂，磷酸燃料电池的制造成本会更高。

## 4.2.3 熔融碳酸盐燃料电池

熔融碳酸盐燃料电池（MCFC）所使用的电解质为熔融状态的碳酸盐类混合物，主要包括碳酸锂、碳酸钠和碳酸钾等，由于这类电解质需加热到 650℃时才会熔化，因此也是一种高温燃料电池。阴极的 $O_2$ 在催化剂的作用下与 $CO_2$ 反应生成碳酸根，产生的碳酸根离子从阴极流向阳极，在阳极催化剂的作用下和 $H_2$ 反应生成 $CO_2$ 和 $H_2O$。熔融碳酸盐燃料电池工作原理如图 4-6 所示，电极反应如下。

$$阳极反应：CO_3^{2-} + H_2 \longrightarrow H_2O + CO_2 + 2e^- \tag{4-13}$$

$$阴极反应：\frac{1}{2}O_2 + CO_2 + 2e^- \longrightarrow CO_3^{2-} \tag{4-14}$$

$$总反应：H_2 + \frac{1}{2}O_2 \longrightarrow H_2O \tag{4-15}$$

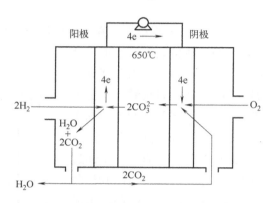

图 4-6　熔融碳酸盐燃料电池工作原理

从熔融碳酸盐燃料电池反应原理可以看出，在整个电池反应的过程中，$CO_2$ 在阴极消耗的同时又在阳极生成。为了维持 $CO_2$ 的平衡，需要在阴极通入 $CO_2$，与此同时，阳极生成的 $CO_2$ 会再从阴极进入，实现 $CO_2$ 的重复利用，这也是熔融碳酸盐燃料电池与其他燃料电池最大的不同之处。与其他燃料电池相比，熔融碳酸盐燃料电池具有发电效率高、电池结构简单、燃料多样性等特点。由于高温条件使得阳极反应和阴极反应都具有较高的活性，因此使用常见的非贵金属就能发挥出很好的催化性能，也降低了催化剂的成本。但是高温也会带来一些问题，比如需要较长时间方能达到工作温度，且电解质温度和腐蚀性等安全性也是一个亟待解决的问题。

## 4.2.4　固体氧化物燃料电池

固体氧化物燃料电池（SOFC）属于第三代燃料电池，是一种直接将燃料和氧化剂中的化学能转换成电能的全固态能量转换装置，具有一般燃料电池的结构，是几种燃料电池中理论能量密度最高的一种，被普遍认为是会在未来与质子交换膜燃料电池（PEMFC）一样得到广泛普及应用的一种燃料电池。氧化钇（$Y_2O_3$）和稳定化的氧化锆（$ZrO_2$）由于具有较高的化学稳定性、热稳定性以及离子电导率，是固体氧化物燃料电池最常用的电解质，在高温（800~1000℃）下反应，反应气体不直接接触，因此可以使用较高的压力以缩小反应器的体积而没有燃烧或爆炸的危险。由于 $ZrO_2$ 本身并不导电，当 $Y_2O_3$ 的掺杂量达到 10% 左右时，钇离子就可以将晶格中的锆离子取代从而导致氧离子空穴的生成，因此 $O_2$ 在阴极发生还原反应生成氧离子，生成的氧离子利用空穴在电解质中传递到阳极，与 $H_2$ 在阳极发生氧化反应。固体氧化物燃料电池工作原理如图 4-7 所示，电极反应如下。

$$阳极反应：O^{2-}+H_2 \rightarrow H_2O+2e^- \tag{4-16}$$

$$阴极反应：\frac{1}{2}O_2 + 2e^- \longrightarrow O^{2-} \tag{4-17}$$

$$总反应：H_2 + \frac{1}{2}O_2 \longrightarrow H_2O \tag{4-18}$$

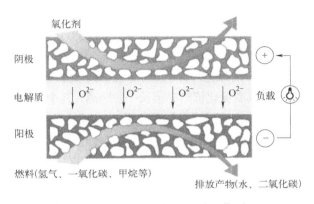

图 4-7　固体氧化物燃料电池工作原理

固体氧化物燃料电池已被大规模应用于数百兆瓦分布式发电系统中。其产生的热能通过转动燃气轮机被用来产生更多的电力，从而将效率提高到 70%~80%。与前几种燃料电池相比，固体氧化物燃料电池具有较高的功率密度和电流密度，可直接使用氢气、烃类（甲烷）、甲醇等作燃料，而不使用贵金属作催化剂，具有全固态结构，避免了其他燃料电池电解质的腐蚀和漏液问题。然而固体氧化物燃料电池工作温度较高，较长的启动时间和冷却时间以及各种机械和化学相容性问题也限制了其使用，且其使用寿命仍需考证。

## 4.2.5　质子交换膜燃料电池

质子交换膜燃料电池（PEMFC）是可再生的、安全可行的、无 $CO_2$ 排放的能源转换设备，在原理上相当于电解水的逆反应。其单电池主要由膜电极、密封圈和带有导气通道的流场板组成。膜电极是质子交换膜燃料电池的核心部分，由阴极、阳极和质子交换膜组成。其中，质子交换膜不传导电子，是 $H^+$ 的优良导体，它既作为电解质提供 $H^+$ 的通道，又作为隔膜隔离两极反应气体。膜的两边是气体电极，由催化剂基底和催化剂组成，阳极为氢电极，阴极为氧电极。质子交换膜燃料电池以氢为燃料。多个电池单体根据需要串联或并联，组成不同功率的电池组（电堆）。具有一定湿度和压力的 $H_2$ 和 $O_2$ 分别进入阳极和阴极，经扩散层到达催化层和质子交换膜的界面，分别在催化剂的作用下发生氧化和还原反应。在阳极，$H_2$ 生成 $H^+$ 和电子，其中 $H^+$ 通过质子交换膜传导到阴极，电子通过外电路到达阴极。在阴

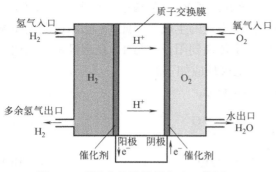

氢气入口 $H_2$     质子交换膜     氧气入口 $O_2$

$H^+$

$H_2$    $O_2$

多余氢气出口 $H_2$     $H^+$     水出口 $H_2O$

阳极 阴极
催化剂 $e^-$   $e^-$ 催化剂

图 4-8 质子交换膜燃料电池工作原理

极，$H^+$、电子和 $O_2$ 反应生成 $H_2O$。生成的 $H_2O$ 以水蒸气或冷凝水的形式随多余的 $O_2$ 从阴极出口排出。质子交换膜燃料电池工作原理如图 4-8 所示，电极反应如下。

阳极反应：$H_2 \longrightarrow 2H^+ + 2e^-$ （4-19）

阴极反应：$\frac{1}{2}O_2 + 2H^+ + 2e^- \longrightarrow H_2O$

（4-20）

总反应：$H_2 + \frac{1}{2}O_2 \longrightarrow H_2O$ （4-21）

质子交换膜燃料电池的发电过程不涉及氢氧燃烧，因此不受卡诺循环的限制，能量转化率高。此外，该电池还具有工作温度低、启动快、比功率高、结构简单、操作方便等优点，发电时不产生污染，是一种清洁、高效的绿色环保电源。虽然质子交换膜燃料电池的研究在各方面均取得了很大的进展，但是实现其商业化依然有很长一段距离。其中：a.质子交换膜制作困难、成本较高，且目前还没有开发出催化性能可以与贵金属 Pt 相媲美的替代品。b.膜的受温性差、湿度敏感：随着电池长时间的工作，温度开始升高，膜的湿度也将增加，增加了水管理的难度，使电池的稳定性能变差。c.电池反应过程中，阴极会产生大量的 $H_2O$，排出不及时就会淹没导气孔，从而阻断传质通道，此外，阴极产生的 $H_2O$ 由于浓差渗透很容易会到达阳极，同样产生水淹，使电极的整体催化性能降低。d.催化剂易中毒，质子交换膜燃料电池常用催化剂仍为 Pt 基催化剂，其中阳极燃料反应后生成的中间产物如 CO 等会使阳极 Pt 催化剂中毒。

尽管所有类型的燃料电池的工作原理相似，但就功率效率而言，碱性燃料电池的效率最高（60%），其次是质子交换膜燃料电池（58%）和熔融碳酸盐燃料电池（47%）。虽然碱性燃料电池是最高效的，但质子交换膜燃料电池是汽车等交通应用的理想选择。固体氧化物燃料电池具有较高的热电联产效率。为了提高燃料电池汽车的可行性和提高效率，还需要进行更多的研究和开发。与内燃机和其他现有的发电系统相比，燃料电池提供了更高的效率功率。

# 4.3 质子交换膜燃料电池

## 4.3.1 工作原理

质子交换膜燃料电池（PEMFC）是以固体聚合物膜为电解质的燃料电池，这种聚合物膜是电子绝缘体，却是一种很好的质子导体，目前应用较广泛的是含氟的磺酸型聚合物膜，如杜邦公司生产的 Nafion 膜。质子交换膜燃料电池除了具有燃料电池的一般特点，如能量转化效率高和环境友好等，同时还有可在室温下快速启动、无电解液流失、水易排出、寿命长、比功率与比能量高等突出特点。几十年来，大量的研究成果使质子交换膜燃料电池商业化，但这些燃料电池仍然需要克服严峻的挑战，如基础设施发展、成本降低、低碳燃料、氢气运输和存储等问题。虽然面临诸多问题，质子交换膜燃料电池技术仍是最有可能的绿色技术之一，代表了未来现实的能源转换系统。目前，燃料电池在交通运输、通信设备、军事、航天航空等方面拥有巨大的应用前景。

质子交换膜燃料电池（PEMFC）采用可传导离子的聚合膜作为电解质，所以也叫聚合物电解质燃料电池（polymer electrolyte fuel cell，PEFC）、固体聚合物燃料电池（solid polymer fuel cell，SPFC）或固体聚合物电解质燃料电池（solid polymer electrolyte fuel cell，SPEFC）。质子交换膜燃料电池一般包括两种：一种为采用纯氢气或重整气如天然气为燃料，氧气或空气为氧化剂的氢-氧（空）质子交换膜燃料电池，另一种为以液态甲醇为燃料，氧气或空气为氧化剂的直接甲醇燃料电池。燃料电池中的电催化反应包括阴极的氧还原反应（oxygen reduction reaction，ORR）和阳极的氢氧化反应（hydrogen oxidation reaction，HOR）或甲醇氧化反应（methanol oxidation reaction，MOR）。

最为传统的是以氢气为燃料的质子交换膜燃料电池，经过几十年的发展，其技术已处于商业化的前期。2001年，我国第一辆氢燃料电池概念车制备成功，并能够上路运行。但若要大规模使用，必须解决关键技术和关键材料方面的难题，以确保其稳定性和可靠性，同时大幅度降低其成本。氢燃料电池最理想的燃料是纯氢气，其电池功率密度已经达到实际应用的要求，国际上对纯氢为燃料的质子交换膜燃料电池进行了大量研究和投资。但以纯氢气为燃料时，氢的贮存和运输具有一定的危险性，且建立氢供给的基础设施投资巨大。研究表明，重整氢是目前理想的氢源，它能有效解决氢气的存贮、运输以及安全方面的问题。但是重整氢中含有少量CO，会毒化催化剂从而使电池性能大幅度降低，因此解决CO毒化问题对推进质子交换膜燃料电池的实际应用具有重大意义。

与氢燃料相比，液体燃料的质子交换膜燃料电池，无需氢气净化装置，便于运输与贮存。但也存在阳极氧化过程动力学缓慢、催化剂中毒和燃料透过等一系列问题。大多数液体燃料在氧化过程会产生CO类的中间物种，它们会强吸附在催化剂表面（例如Pt表面），占据电催化活性位点，造成催化剂活性和电池性能的下降。另外液体燃料如甲醇能透过质子交换膜，在阴极发生电氧化反应，这样不仅降低了燃料的利用效率，而且会在阴极产生混合电位，从而大大地降低电池的性能。因此，对于液体燃料来说，开发高活性和抗中毒的催化剂，以及解决燃料渗透等问题是当务之急。

在氢-氧燃料电池的阳极，$H_2$接触催化剂，发生氧化反应：

$$阳极反应：H_2 \longrightarrow 2H^+ + 2e^- \qquad (4\text{-}22)$$

电子通过外电路到达电池的阴极，$H^+$则通过电解质膜到达阴极。$O_2$在阴极发生还原反应生成$H_2O$：

$$阴极反应：\frac{1}{2}O_2 + 2H^+ + 2e^- \longrightarrow H_2O \qquad (4\text{-}23)$$

生成的$H_2O$大部分随反应尾气排出。

直接甲醇燃料电池在酸碱介质中都能运行，如图4-9所示[11-14]。在酸性介质中，甲醇的水溶液或甲醇汽化后和水蒸气的混合物输入阳极，从而发生甲醇电氧化反应（MOR），甲醇与$H_2O$反应生成质子、电子和$CO_2$，$CO_2$在酸性电解质溶液的帮助下从阳极出口排出，电子通过外电路迁移到阴极，质子经过离子交换膜到阴极。在阴极区，质子和电子在催化剂的作用下与 $O_2$ 发生电化学还原反应生成 $H_2O$（ORR），从阴极出口排出。在此过程中，阳极产生的电子多于阴极消耗的电子，在电极之间形成电势，该电势差通过外电路产生电流，并对外供电。酸性条件下的反应如下[15, 16]。

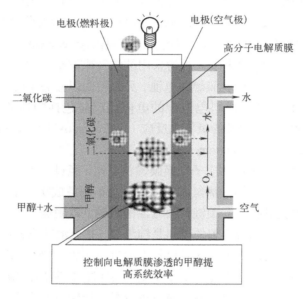

图 4-9　直接甲醇燃料电池工作原理

$$\text{阳极反应：} CH_3OH+H_2O \longrightarrow 6H^++CO_2+6e^- \tag{4-24}$$

$$\text{阴极反应：} \frac{3}{2}O_2+6H^++6e^- \longrightarrow 3H_2O \tag{4-25}$$

$$\text{总反应：} CH_3OH+\frac{3}{2}O_2 \longrightarrow 2H_2O+CO_2 \tag{4-26}$$

碱性介质中，在阳极区，甲醇和电解液中的 $OH^-$ 发生氧化反应生成 $CO_2$ 和 $H_2O$，同时释放出电子。电子经过外电路传至阴极，与阴极的 $O_2$ 发生反应被还原为 $OH^-$，而生成的 $OH^-$ 又通过离子交换膜被传送到阳极。碱性条件下的反应如下[17]。

$$\text{阳极反应：} CH_3OH+6OH^- \longrightarrow 5H_2O+CO_2+6e^- \tag{4-27}$$

$$\text{阴极反应：} \frac{3}{2}O_2+3H_2O+6e^- \longrightarrow 6OH^- \tag{4-28}$$

$$\text{总反应：} CH_3OH+\frac{3}{2}O_2 \longrightarrow 2H_2O+CO_2 \tag{4-29}$$

与二次电池相比，直接甲醇燃料电池只需连续不断地供给燃料和氧化剂，就会不断生成电子，再通过外电路产生电能对外供电。对于甲醇-空气燃料电池来说，整个反应所获得的最大理论电压约为 1.21V，理论效率为 96.5%。但由于缓慢的电极动力学和电解液的电阻损失，实际上远达不到这种理论电压[18]。

## （1）阳极氧化反应

直接甲醇燃料电池在完全反应时只生成 $CO_2$ 和 $H_2O$，但实际应用中的情况往往比较复杂，有时反应不完全会生成许多副产物和有毒的中间产物，如图 4-10 所示[19, 20]。

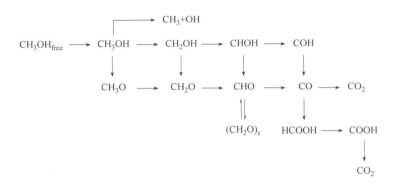

图 4-10　酸性条件下的甲醇氧化路径

在酸性条件下，以 Pt 基催化剂为例，Pt 对甲醇的电化学催化为[21, 22]：

$$CH_3OH+2Pt \longrightarrow Pt-CH_2OH+Pt-H \tag{4-30}$$

$$Pt-CH_2OH+2Pt \longrightarrow Pt_2-CHOH+Pt-H \tag{4-31}$$

$$Pt_2-CHOH+2Pt \longrightarrow Pt_3-COH+Pt-H \tag{4-32}$$

甲醇首先吸附在 Pt 表面，随后发生脱氢反应，之后生成的 Pt-H 中间体解离产生 $H^+$：

$$Pt-H \longrightarrow Pt+H^++e^- \tag{4-33}$$

该反应的速率非常快，但是在缺少含氧物种时，$Pt_3$-COH 的分解占据了主导地位，从而生成 CO 中间体吸附在 Pt 表面，容易造成催化剂中毒：

$$Pt_3-COH \longrightarrow Pt_2-CO+Pt+H^++e^- \tag{4-34}$$

$$Pt_2-CO \longrightarrow Pt-CO+Pt \tag{4-35}$$

在有活性氧存在时，$Pt_3$-COH 等中间产物不再毒化 Pt，而是发生下述反应：

$$Pt-CH_2OH+OH_{ads} \longrightarrow HCHO+Pt+H_2O \tag{4-36}$$

$$Pt_2-CHOH+2OH_{ads} \longrightarrow HCOOH+2Pt+H_2O \tag{4-37}$$

$$Pt_3-COH+3OH_{ads} \longrightarrow CO_2+3Pt+2H_2O \tag{4-38}$$

中间产物与活性氧发生反应后，将 Pt 活性位点释放出来，同时生成少量的甲醛和甲酸。研究表明，当电位低于 0.7V（RHE）时，水的解离被认为是甲醇在 Pt 表面电氧化的决速步骤，当高于这个电位时，含氧物种才能在 Pt 表面生成。因此设计出在更负的电位下能使水发生解离的催化剂是关键。

与酸性条件相比，有许多材料在碱性条件下更具有优势，反应途径如图 4-11 所示[23]。

在碱性条件下，Pt 对甲醇的电化学催化如下[24]。

$$Pt+OH^- \longrightarrow Pt-OH+e^- \tag{4-39}$$

$$Pt-CH_3OH+OH^- \longrightarrow Pt-CH_3O+H_2O+e^- \tag{4-40}$$

$$Pt-CH_3O+OH^- \longrightarrow Pt-CH_2O+H_2O+e^- \tag{4-41}$$

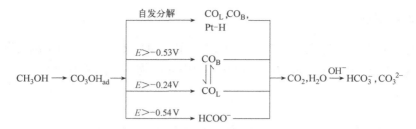

图 4-11　碱性条件下的甲醇氧化路径

$$Pt-CH_2O+OH^- \longrightarrow Pt-COH+H_2O+e^- \tag{4-42}$$

$$Pt-COH+Pt-OH+2OH^- \longrightarrow 2Pt+CO_2+2H_2O+2e^- \tag{4-43}$$

首先甲醇和溶液中的 $OH^-$ 吸附在 Pt 表面，然后甲醇分解成各种含碳中间体，含碳中间体最终和 OH 吸附物种发生反应生成 $CO_2$。Wieckowski[25]等人认为在碱性条件下，当电位低于产生 O 吸附物种的电位时，Pt 表面吸附的 CO 中间体会被溶液中的 $OH^-$ 进攻而被氧化，这也表明了碱性条件更有利于降低甲醇在催化剂表面的氧化过电位，从而提高催化剂的催化活性。

一些研究表明，甲醇在碱性环境中的反应动力学比在酸性中更优异[26, 27]，这是因为在碱性环境中，含碳中间产物在 Pt 表面的吸附能低于其在酸性介质中的吸附能，使得甲醇在碱性介质中更容易被氧化。同时有人提出碱性溶液中甲醇氧化的决速步骤取决于-CHO 中间体在 Pt 表面上的氧化速率[28, 29]。

虽然研究表明碱性环境中甲醇氧化更有优势，但是在实际应用中，甲醇氧化释放的 $CO_2$ 会与电解液中的 $OH^-$ 发生反应，造成碳酸化效应[30, 31]。这种碳酸化反应会导致电解液的 pH 下降，且碳酸化的产物会沉淀在催化剂表面，造成电池性能的衰减，缩短电池的使用寿命。因此解决电解液碳酸化反应是发展碱性介质下直接甲醇燃料电池的关键。电解液碳酸化反应为

$$CO_2+2OH^- \longrightarrow H_2O+CO_3^{2-} \tag{4-44}$$

$$CO_2+OH^- \longrightarrow HCO_3^- \tag{4-45}$$

### （2）阴极还原反应

质子膜燃料电池的阴极是一个氧还原过程，这个过程包括一系列反应步骤，反应途径如图 4-12 所示[32]。酸性介质中的反应方程式为

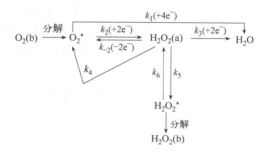

图 4-12　氧还原路径

$$O_2+4H_3O^++4e^- \longrightarrow 6H_2O \tag{4-46}$$

碱性条件下的反应方程式为

$$O_2+2H_2O+4e^- \longrightarrow 4OH^- \tag{4-47}$$

氧四电子还原反应方程式为

$$O_2+Pt \longrightarrow Pt\text{--}O_2 \tag{4-48}$$

$$Pt\text{--}O_2+H^++e^- \longrightarrow Pt\text{--}HO_2 \tag{4-49}$$

$$Pt\text{--}HO_2+Pt \longrightarrow Pt\text{--}OH+Pt\text{--}O \tag{4-50}$$

$$Pt\text{--}OH+Pt\text{--}O+3H^++3e^- \longrightarrow 2Pt+2H_2O \tag{4-51}$$

其中式（4-50）是氧还原反应的决速步骤。迄今为止，Pt 仍是氧还原性能最好的催化剂之一，这主要是由于 Pt 表面原子与 O 形成的 Pt-O 键键能适中，Pt 既能使 $O_2$ 中的 O-O 键断裂，又可以使 Pt 表面吸附的含氧物种发生还原反应生成 $H_2O$。

实验表明，在酸性介质下，Pt 基催化剂氧还原的主要产物是 $H_2O$，但当 Pt 基催化剂表面吸附一些阴离子、氢或有机物时，会有部分 $O_2$ 在 Pt 表面发生不完全还原反应，从而生成过氧化氢（两电子还原反应）[33-35]。由此可见，在氧还原过程中可能还会生成许多其他中间产物，如 $O_2^{2-}$、$H_2O_2$、$HO_2^-$、O，OH 等[36]，这大大增加了阴极反应的复杂性。

研究表明，即使是贵金属基催化剂，如 Pt、Pd 等，不论是在酸性还是碱性介质中，在开路时的过电位就高达 0.2V[37]，这严重阻碍了质子膜燃料电池阴极的发展。且在质子膜燃料电池中普遍存在阳极燃料透过质子膜的问题，阳极燃料会与氧竞争催化活性位点，进一步增加了阴极反应的复杂性，降低燃料电池的催化性能。所以现阶段急需开发高活性、抗燃料透过和低价的阴极催化剂。

## 4.3.2　电催化剂

一般来说，在保证一定输出功率以及一定使用寿命的条件下，燃料电池的性能与催化剂的使用量、活性以及稳定性息息相关，而催化剂活性及稳定性又与催化剂以及载体的材质、物理化学结构和相互作用有关。因此，催化剂与载体的研究决定了燃料电池的实际使用价值。

### （1）一元金属催化剂

虽然很多一元金属如 Pt、Au、Ag、Os、Ir、Ru、Rh 和 Pd 等作为燃料电池电催化剂，但研究表明，Pt 依旧是当前性能最好的催化剂[38]。以甲醇氧化为例，通过对甲醇在 Pt 单晶表面的吸附及氧化行为研究发现，在不同的 Pt 晶面上，甲醇具有不同的吸附行为和氧化行为。在 Pt（100）晶面上，甲醇的解离吸附以线性吸附的 CO 或其他氧化中间产物为主，在 Pt（211）晶面上时，甲醇的解离吸附以双中心及三中心桥式吸附为主。当电解质为硫酸时，甲醇在 Pt（111）晶面及 Pt（110）晶面的情况与在 Pt（211）晶面上的吸附行为相似[39, 40]。实际上，甲醇在 Pt（100）晶面的吸附状态随时间的变化表明，甲醇在 Pt（100）晶面上首先以双中心及三中心桥式吸附为主，随着吸附时间的延长，逐渐演变为较为稳定的线式吸附[41]。实验结果表明，Pt（100）晶面初始反应速率虽然较高，但随着 CO 的迅速累积，其反应速率迅速衰减，抗中毒能力变差，表面吸附中间物需要较高的过电势才能氧化除去，相比之下，

Pt（111）晶面的初始反应速率较低，但比较稳定，抗中毒能力也较强。因此，甲醇在 Pt 催化剂表面的反应活性和中毒程度既依赖电势的高低，也依赖催化剂的表面结构。因此，暴露更多的 Pt（111）晶面有利于提高催化剂的抗中毒能力，保持催化剂的稳定性能。

通过聚合物模板和电沉积法可以制备 Pt 纳米线[42]。未负载的 Pt 纳米线与负载或未负载的 Pt 纳米颗粒相比，拥有更高的甲醇电氧化催化活性。研究表明，Pt 纳米线由紧密连接的原子构成，且存在大量的晶界，这些晶界的存在使 CO 能在较低的电位下被氧化[43]。通过 XPS 测试可知，Pt 的 d 带中心发生偏移，降低了含碳中间体在 Pt 表面的吸附能，从而加速了含碳中间体在催化剂表面的氧化。电化学结果表明，Pt 纳米线催化剂的甲醇氧化峰电流密度是 Pt 纳米颗粒催化剂的 3 倍。Xia 等[44]通过溶剂热法成功制备了直径为 3nm、长度为 10μm 的超细、超长单晶 Pt 纳米线。电化学测试结果表明，其拥有较高的甲醇电氧化质量比活性和面积比活性，且在加速老化后，甲醇氧化的活性衰减率远远低于商业 Pt/C 催化剂的衰减率，证明其拥有较好的稳定性。

在酸性溶液中，学者们对不同指数晶面的 Pt 与其 ORR 催化活性之间的构效关系做了深入研究：当电解液为 HClO$_4$ 时，单晶 Pt 的 ORR 电催化活性为（110）>（111）>（100）晶面[45]；当电解液为 H$_2$SO$_4$ 时，Pt（100）晶面的 ORR 催化活性高于 Pt（111）晶面[46-48]。Sun 等人[49]在高温下利用有机溶液制备了一种只暴露（100）晶面的 Pt 纳米立方颗粒并研究它们在 H$_2$SO$_4$ 电解质溶液中的 ORR 催化性能，电化学测试表明，Pt 纳米立方晶体在 1.5M H$_2$SO$_4$ 溶液中的 ORR 电催化活性比商业 Pt/C 催化剂高 2 倍以上。铂单晶也可以使用十六烷基三甲基溴化铵为软模板，采用相转移方法来制备。Yang 等人[50]利用十六烷基三甲基溴化铵为封端剂，也同样制备出了颗粒大小分布均匀的 Pt 纳米立方体晶体，而且该 Pt 基催化剂表现出了良好的 ORR 电催化活性。

除此之外，许多研究人员还针对 Pt 粒径的大小对甲醇氧化和氧还原催化活性的影响进行了研究。一般情况下，粒径为 1nm 以下的粒子，它的理论利用率能够达到近 100%。然而实际上，那些尺寸为 1nm 左右的粒子与载体表面会有很强的相互作用，从而导致催化剂的活性较低。与此同时，当 Pt 纳米颗粒的尺寸小于 2nm 时，就会很容易进入载体的微孔中，从而无法形成电催化反应所需的三相界面，造成催化剂失去催化作用。此外，虽然降低 Pt 的粒径可以增大 Pt 的比表面积，但是甲醇氧化的中间产物如 CO 的吸附能也会随之增强，这不利于氧化 CO。此外，由于一维纳米材料结构具有不对称性，其可以缓解纳米颗粒遭遇的贵金属溶解、团聚和奥斯特瓦尔德熟化现象[51]。总而言之，催化剂的形貌和粒径大小对甲醇氧化和氧还原的性能都有很大的影响。

### （2）二元合金催化剂

虽然相对于其他一元金属而言，Pt 在燃料电池中的阳极氧化和阴极还原性能最好，但是由于 Pt 的 CO 毒化和成本问题，它离真正的商业化还有很远的距离。为了降低 Pt 的用量并提高阳极氧化和阴极还原的性能，Pt 基合金受到了广泛关注，目前，针对 PtRu、PtAu、PtPd、PtSn、PtCu、PtCo、PtNi 等合金的研究较为深入。向 Pt 中引入其他金属元素形成合金提高阳极氧化和阴极还原性能的原因可能有两方面，一个是电子效应，另一个是协同效应，即双功能机理。电子效应指与 Pt 形成合金的金属能够提高 Pt 表面给电子能力，同时降低 Pt

表面得电子的能力，从而在一定程度上降低 CO 中间物种在 Pt 表面的吸附强度[52]，从而促进 CO 中间产物的氧化；在氧还原中，表面电子结构改变引起的 $OH_{ads}$ 覆盖度下降，从而提高了 ORR 的催化活性。协同效应指催化剂表面需要多个吸附位点同时参与方能使反应进行。

其中，研究最多的和性能最好的是 Pt-Ru 二元催化剂，也是目前应用最广泛的燃料电池阳极催化剂。Ru 的加入既带来了电子效应，又具有协同效应。电子效应：Ru 通过电子作用修饰 Pt，使 Pt 的电子性能影响燃料的吸附和脱质子过程，减弱 CO 中间物种在 Pt 表面的强吸附。还有观点认为 Ru 的加入使吸附的含碳中间物中的 C 原子上正电荷增加，使其更容易受到水分子的亲核攻击，这也有利于 Pt-Ru 催化剂活性的提高。协同效应：由于 Ru 是一种比 Pt 更活泼的贵金属，Ru 的加入使得催化剂在较低电位下就能获得反应所必需的表面含氧物种。甲醇在 Pt 表面脱氢生成 $Pt-CO_{ads}$，Ru 促进水电氧化生成 $Ru-OH_{ads}$，最后这些中间产物被氧化成 $CO_2$，从而增强了甲醇氧化催化活性和 CO 耐受性。此外，这些表面含氧物种可能不仅限于 Ru-OH 物种的存在，Pt-OH 物种也有可能因 Ru 的存在而增加。

楼雄文等人[53]通过一步水热法合成了 $PtCu_3$ 合金的立方体纳米笼子，并认为该催化剂拥有良好的甲醇氧化能力是由于其均一的纳米笼子结构和 Pt、Cu 的双功能机理。张华[54]等人通过简单的一步法合成了边缘有纳米刺突出的五折 PtCu 纳米框架，如图 4-13 所示。在碱性条件下，制备的 PtCu 纳米框架对氧还原反应（ORR）和甲醇氧化反应（MOR）的电催化活性明显优于商业 Pt/C。重要的是，纳米刺的长度可以通过精细控制反应动力学来调整。他们认为这归功于 Pt、Cu 双金属间的协同作用和特殊的纳米结构。由此可以说明，除了利用合金中双金属间的电子效应和双功能机理可以提高阳极氧化和阴极还原的性能外，催化剂的形貌对催化活性也有很大的影响。

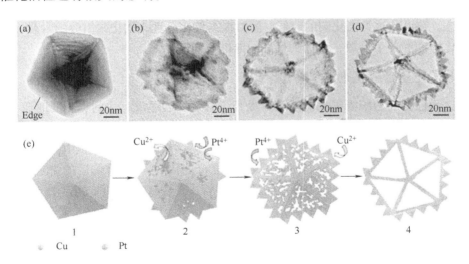

图 4-13　获得的不同反应时间样品的透射电镜图

（a）8h；（b）10h；（c）12h；（d）16h；（e）不同反应时间得到的相应产物

Strasseret 等人[55]成功制备了碳负载的 PtCu 合金氧还原催化剂，该催化剂表现出远远大于纯 Pt 催化剂的 ORR 活性，这是由于 PtCu 催化剂表面不仅富含 Pt，而且表面 Pt 原子之间的有一种应变力，导致 Pt 表面的电子结构发生变化，从而降低了反应中间物在 Pt 表面的吸附能，进而提高了催化剂的氧还原催化活性。Stamenkovic 等人[56]对 Pt₃M 催化剂（M=Ni、Co、Fe、Ti 和 V）做了一系列研究发现，合金化的 ORR 电催化活性取决于 3d 金属的性质，且表面电子结构（d 带中心）和 ORR 的活性之间呈现出"火山形"线性关系，如图 4-14 所示。

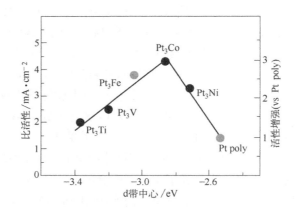

图 4-14　各个催化剂在 0.1M HClO₄ 中的面积比活性以及其与 d-带中心的关系

最近的研究发现，一些稀土离子，如 $Sm^{3+}$、$Eu^{3+}$ 和 $Ho^{3+}$ 等吸附在 Pt/C 催化剂上，它们也能明显地增强 Pt/C 催化剂对质子交换膜燃料电池阳极氧化的电催化性能，原因是稀土离子一般易与水发生配位作用，使稀土离子成为含有活性含氧物种的配合物。

总的来说，无论引入哪一种金属，其助催化作用一般都从能否改变 Pt 的表面电子状态、容易在低电位下吸附含氧物种或自身含有富氧基团、促进 Pt-H 的分解和抑制 CO 的形成等方面去考虑。在设计这类催化剂的时候，需要根据催化机理，优化两组分的含量、存在的状态和合金化程度等各个参数，以达到最好的电催化剂性能。

## （3）多元复合催化剂

虽然二元催化剂的阳极氧化性能有所提升，但是还远远没有达到真正的商业化的要求。因此，许多科研人员在二元催化剂的基础上加入其他组分来进一步增强催化剂的阳极氧化性能和稳定性，如 Pt-Ru-Ni、Pt-Ru-Mo、Pt-Ru-Ir、Pt-Ru-W、Pt-Ru-Os、Pt-Ru-Co 和 Pt-Ru-Sn 等。Cai 等[57]成功合成了 Au 修饰的 PtFe 三元复合催化剂，Au 修饰后的 PtFe 三元合金催化剂保留了前驱体 PtFe 二元合金的单分散颗粒形貌。通过 XPS 发现，相比 Pt 纳米晶的结合能，PtFe 和 PtFeAu 合金的结合能负移，说明电子从 Pt 迁移到了 Fe/Au，降低了费米能级和 Pt 的 d 带中心，从而降低了 CO 在 Pt 表面的吸附能。

Welsch 等[58]研究发现，相比 PtRu 二元合金催化剂，Pt-Ti-Zn、$Pt_{30}Co_{10}Ni_{60}$、$Pt_{30}Mn_{20}Ni_{50}$、$Pt_{30}Mn_{30}Ni_{40}$ 和 $Pt_{30}Fe_{40}Ni_{30}$ 等三元合金催化剂对甲醇氧化具有显著的增强效应。为了进一步降低贵金属的用量和增强甲醇氧化的活性，诸多四元合金催化剂（Pt-Ru-Mo-W、Pt-Ru-Rh-Sn、Pt-Ru-Ir-Os 和 Pt-Ru-Rh-Ni）被应用到直接甲醇燃料电池中[59-62]。

## （4）非贵金属催化剂

在非贵金属催化剂中，过渡金属-氮-碳（M-N-C）化合物或复合物引起了学者的广泛关注，这是由于其价格便宜，而且具有良好的 ORR 催化活性和稳定性，以及较好的抗甲醇性能。Zelenay 等[63]以聚苯胺为前驱体，成功合成了含有铁钴的 M-N-C 催化剂。研究发现，Fe-N-C 催化剂的 ORR 催化活性高于 Co-N-C 催化剂，但都低于将 Fe 和 Co 前驱体同时混于聚苯胺得到的 FeCo-N-C 催化剂。在酸性介质下，FeCo-N-C 催化剂的半波电位仅比商业 Pt/C 低 60mV。在单电池测试中，在 0.4V（vs.RHE）电压下可以稳定工作 700h。另外，$H_2O_2$ 的产率低于 1.0%，说明其对 $O_2$ 的电催化为 $4e^-$ 过程。

目前有大量文献报道通过单原子掺杂、双原子掺杂和三原子掺杂制备碳基催化剂用于氧还原反应。Wei 课题组[64]利用蒙脱土制备了 N 掺杂石墨烯（NG）用于氧还原，研究发现平面 N，如吡啶 N、吡咯 N 和石墨 N 为氧还原反应的活性位点，而非平面 N，如季铵氮，对氧还原反应基本没有响应。在 N 掺杂 C 催化剂中，除了 N 的掺杂类型，催化剂的结构、N 含量、催化剂表面积和石墨化程度都会影响 ORR 活性[65]。尽管研究人员在催化剂比表面积和含 N 量方面做了许多努力，但制备的多孔 N 掺杂 C 催化剂的 ORR 催化活性在酸性介质中仍然无法媲美 Pt/C 催化剂。因此，通过掺杂获得高性能的非贵金属催化剂还需进一步深入研究。过渡金属氧化物在碱性介质中是最具优势的非贵金属 ORR 催化剂，尤其是 Fe、Co 和 Mn 基的氧化物。由于过渡金属氧化物本身的电导率（$10^{-6} \sim 10^{-5} S \cdot cm^{-1}$）较差，不能直接用于燃料电池，因此需要将其与具有较高导电性的材料复合，最常见的高导电性材料为官能团化的碳材料。Dai 等人[66]将氧化钴通过共价键复合在碳纳米管上用于氧还原发现，氧化钴可以显著增强 ORR 的催化活性。这是氧化钴和碳载体之间强的相互作用导致的，而这种强相互作用并不能通过简单的机械混合实现，而是通过过渡金属氧化物与官能团化的载体形成共价键产生的。对于阳极氧化而言，Pt 对甲醇氧化具有很高的电催化活性，但在缺少含氧活性物种时，CO 很容易吸附在 Pt 表面使其中毒。因此，人们开始考虑用含氧丰富的高导电性和高催化活性的 $ABO_3$ 型金属氧化物作为甲醇氧化的阳极催化剂。$ABO_3$ 型金属氧化物中的 A 和 B 分别代表：A=Sr、Ce、Pb、Sm 和 La，B=Co、Pt、Pd 和 Ru 等。为了提高这类氧化物的电催化活性，也会使用复合型的 $ABO_3$ 金属氧化物，即在 A 和 B 晶格位置上都有两种不同的金属，可由化学共沉淀和热解法制备。如 $SrRu_{0.5}Pt_{0.5}O_3$、$SrPd_{0.5}Ru_{0.5}O_3$、$SrPdO_3$、$SmCoO_3$、$SrRuO_3$ 和 $La_{0.8}Ce_{0.2}CoO_3$ 等，这类氧化物催化剂的优点是对甲醇氧化有较高的电催化活性，而且有很强的抗 CO 中毒能力，因此，值得进行进一步的研究。

1986 年，Alonsovante 等首次发现半导体 Chevrel 相 Ru-Mo 硫化物对氧还原有很好的催化活性。在酸性介质中，$O_2$ 在（Mo，Ru）$_6Se_8$ 上的第一个电子转移是速率决定步骤，$O_2$ 主要通过四电子路径进行还原，只有 3%~4% 的氧通过两电子路径还原。从此，过渡金属硫族化合物成为燃料电池阴极催化剂的一个新方向。研究发现，硫化钴在酸性条件下表现出明显优于其他过渡金属硫族化合物的 ORR 电催化活性。经密度泛函理论（density functional theory，DFT）计算发现，对于四电子过程的氧还原反应而言，$Co_9S_8$ 的电催化活性与 Pt 相当，其中，$S^{2-}$ 活性位点有利于含氧物种的吸附和 O-O 键的断裂。Dai 等人[67]通过溶剂热法和煅烧法制备了 $Co_{1-x}S$/RGO 的复合催化剂，通过控制 $Co_{1-x}S$ 纳米颗粒的形态和尺寸，在 RGO 与 $Co_{1-x}S$ 纳米颗粒之间的相互作用下，$Co_{1-x}S$/RGO 催化剂在酸性介质中具有良好的 ORR 电催化性能。

过渡金属氮化物和氮氧化物由于具有良好的导电性和耐腐蚀性也被广泛研究。氮化物有助于改变催化剂表面的电子结构，使过渡金属的 d 带发生改变，从而导致其在费米能级附近出现更大的电子密度，这种现象有助于含氧物种的吸附[68]。有研究表明，MoN 和 Mo₂N 具有相对较好的 ORR 活性，并且对 ORR 催化接近四电子过程；$ZrO_xN_y$ 和 $TaO_xN_y$ 在 $H_2SO_4$ 电解液中具有较合适的 ORR 活性和优异的稳定性。与单金属氮氧化物相比，双金属氧氮化物可以通过多种活性物质的组合进一步提升 ORR 的催化活性。此外，研究发现制备的 Co-W-O-N/C 复合催化剂在 0.5M $H_2SO_4$ 中的氧还原电催化活性远远大于单金属 W 氧氮化物和 Co 氧氮化物。Khalifah 等人报道了通过溶液浸渍法以及后续氨解作用合成的 $Co_xMo_{1-x}O_yN_z$ 催化剂，电化学测试表明，在碱性条件下 $Co_xMo_{1-x}O_yN_z$ 表现出良好的 ORR 活性，起始电位与 Pt/C 催化剂仅有 0.1V 的差距。

尽管非贵金属催化剂用于氧还原的研究取得了一定的成果，但大部分非贵金属催化剂仅在碱性介质中表现出较高的 ORR 电催化性能。因此，开发在酸性介质中具备良好氧还原活性和稳定性的非贵金属催化剂仍然面临诸多挑战。

## 4.3.3 催化剂载体

催化剂载体是质子交换膜燃料电池中不可或缺的一部分，载体最初的目的是提高贵金属的利用率，从而减少其成本。然而，随着催化剂载体的发展，它的作用远远不止于此，其对催化剂的催化活性、燃料和电荷的传输有着显著的影响。催化剂在载体上的分散程度、粒径大小、稳定性和利用率会影响催化剂的性能，载体的导电性也影响着电荷的传递速率，因此载体会直接影响电池的工作效率。除此之外，催化剂载体还可以与催化剂起协同作用，从而提高催化剂的甲醇氧化性能，因此催化剂载体的选择格外重要。一般情况下，良好的催化剂载体需要具备以下几个条件。

① 合适的比表面积，丰富的孔结构　大的比表面积有利于贵金属催化剂的分散，而丰富的孔结构可以促进反应中的质子传输。

② 良好的导电性　高的导电性能够促进电子转移，从而加快燃料电池的反应动力学速率。

③ 优异的稳定性和抗腐蚀能力　由于催化剂在电化学性能测试时会长时间浸泡在电解液中，所以催化剂载体需要具有良好的抗腐蚀性和稳定性以避免催化剂脱落。

④ 与金属间有较强的作用力　催化剂与载体之间存在相互作用力，可以避免催化剂在电化学测试时发生团聚，从而降低燃料电池性能。

### 4.3.3.1 炭黑

炭黑是使用较频繁的一种商业化碳材料载体，它的主要成分是 C，此外还有少量的 H、O、N 等，这些物质虽然少，但对活性炭的性质有一定的影响。炭黑表面存在着羧基、羟基和羰基等官能团，炭黑具有很多的微孔（约 0.5nm）和大的比表面积，热稳定性高，很早就作为贵金属催化剂的载体。在燃料电池中，载体并不是单单作为惰性载体而存在，它的孔结构和表面性质会影响催化剂的活性和选择性。载体表面官能团可以在两方面影响催化剂的性质：一是影响催化剂的平均颗粒大小；二是通过金属和载体之间的相互作用影响催化剂的内在活性。Verde 等人[69]用炭黑做载体负载 Pt 催化剂，获得的 Pt/C 催化剂具有良好的甲醇氧化性能。虽然用炭黑做载体能够提高一定的甲醇氧化性能，但是由于炭黑的抗腐蚀性能太差，在电化学测试时易被腐蚀，从而导致催化剂脱落；而且炭黑中存在着大量的微孔，不利于传质，降低了催化剂的稳定性和催化活性。为了改善炭黑的这些缺陷，科研工作者们致力于开发出更多的新型碳载体材料。

### 4.3.3.2 碳纳米纤维

碳纳米纤维的化学组成中碳元素占总质量的 90% 以上，碳根据其原子结合方式不同，可以形成金刚石和石墨等结晶态，也可以形成非晶态的各种碳的过渡态。碳纳米纤维是一种具有高导电性、耐高温、耐腐蚀和抗蠕变等特点的碳材料，是很有潜力的载体材料。Pastor 等人[70]通过四种不同的方法将 Pt-Ru 负载在碳纳米纤维上用作甲醇氧化催化剂，结果显示甲酸盐离子还原法经过高温处理后制备的 Pt-Ru/CNF-SFM 的甲醇氧化性能和抗 CO 能力最好。Sun 等人[71]通过氧化法和还原法对碳纳米纤维进行改性，使其表面形成不同的化学基团，在其表面上负载 PtRu 合金后作为甲醇氧化催化剂，结果表明碳纳米纤维表面带的化学基团影响合金的分散程度和粒径大小。PtRu 合金在氧化处理过的碳纳米纤维上有团聚的趋势，而在还原处理过的碳纳米纤维上具有良好的分散性。在低、中电流密度下，PtRu/OCNF 的 DMFC 性能优于 PtRu/RCNF，而在高电流密度下，结果相反。但是碳纳米纤维制备较困难，比表面积较小，且它的形貌、直径、长度和制备方法等对催化剂的性能都有很大的影响。

### 4.3.3.3 石墨烯

近年来，石墨烯在能源应用领域受到了广泛关注。石墨烯是一类由单层碳原子以共价键的方式结合形成的六边形蜂窝状晶体结构的二维碳材料，具有高导电性、高比表面积和强的金属载体间相互作用力和优异的力学性能等一系列的优点。因此，石墨烯在作为催化剂载体合成各种复合催化剂方面具有巨大的吸引力。石墨烯担载的 Pt、Pd、Pt-Ru、Pt-Pd 和 Pt-Au 等纳米粒子在催化甲醇氧化和氧还原反应时都获得了增强的活性和稳定性。Xi 等人[72]通过在原始的石墨烯纳米片表面沉积不同载量的 Pt 颗粒用作甲醇氧化催化剂，研究发现石墨烯的边缘和缺陷作为高活性位点有助于 Pt 纳米颗粒锚定在载体表面，且低载量的催化剂分散得更均匀，这是由于 Pt 纳米颗粒和石墨烯纳米片之间有很强的相互作用力，因此具有更高的甲醇氧化催化活性。

### 4.3.3.4 多孔碳

多孔碳材料由于具有丰富的孔结构而被广泛应用于催化剂载体中。甲醇氧化过程中需要对电子和质子进行传输，这就需要有效的传质通道来实现，而传质过程主要受孔结构的影响，所以具有丰富孔结构的碳材料受到了科研工作者们的青睐。不同的孔结构在电化学反应过程中起着不同的作用，微孔可以增加催化剂载体的比表面积；介孔有助于贵金属在载体表面高度分散，也更利于电子传输；而大孔利于传质。多孔碳也被认为具有一些表面氧基，这些氧基被认为可以改善金属催化剂和碳载体之间的相互作用，使其具有更好的分散性。Wu 课题组[73]以有序介孔碳（CMK-3）和无序虫孔状介孔碳（WMC）为载体，揭示了介孔碳的孔隙形貌对 Pt 纳米颗粒在燃料电池反应中的电催化活性的影响。研究发现，CMK-3 可以为 Pt 纳米颗粒提供更多的电化学活性位点和更高的电化学活性面积，因此，与 Pt/WMC 相比，Pt/CMK-3 表现出更好的燃料电池反应活性。该结果表明，碳载体的孔隙形貌对其负载的 Pt 纳米颗粒的电催化活性起着一定的作用。MOF 因为具有大的比表面积和可控的孔结构，且有机配体中含有丰富的氮源和碳源成为很有前景的原位生成多孔碳材料的前驱体。Long 等人[74]通过水热合成 Cu-MOF，在 600℃下直接原位碳化生成碳负载铜纳米颗粒（Cu/C），最后在氯铂酸溶液中 Pt 取代部分 Cu 粒子层制备了具有核-壳结构的 Cu@Pt/C 催化剂。研究发现，Cu@Pt/C 由于电子效应修饰、合适的孔结构和较大的电化学活性面积，因此具有比商业 Pt/C 更高的甲醇氧化能力、更低的电荷转移电阻和良好的稳定性。其中，原位构建碳的方法由于能够缩短合成材料的电子传输路径，有利于加速电子传递，因此被越来越多的科研工作者用来制备碳基材料。

虽然以多孔碳为催化剂载体具有比表面积大、孔结构丰富等优势，能够使 Pt 纳米颗粒分散均匀，加速电子传输，有利于提高催化剂的催化活性。但是由于大多数多孔碳是无定形的，在苛刻的电化学测试环境中容易被腐蚀，造成贵金属的脱落，导致催化剂的稳定性较差。此外，多孔碳的石墨化程度不高，导致材料的导电性也不高，因此，需要进一步开发具有耐腐蚀和高导电性的多孔碳材料。

### 4.3.3.5　碳纳米管

碳纳米管是一种拥有特殊结构的一维碳材料，它是由六边形的碳原子卷曲成的管状碳材料，分为单壁碳纳米管和多壁碳纳米管，具有良好的导电性、耐腐蚀性和电化学稳定性等特点，因此被认为是很有潜力的催化剂载体。Ahmadi 等人[75]将 Pt 负载在经过 S 修饰的 CNT 上，研究表明，Pt 粒径的大小和分布受 S/CNT 比值影响，当 S/CNT 比值为 0.3 时，CNTs 上的 Pt 纳米颗粒分布均匀，平均粒径小于 3nm，粒径分布窄，具有最高的电化学活性面积和阳极氧化催化活性。Li 等测试了相同条件下采用多壁碳纳米管（Pt/MCNT）和采用 XC-72 炭黑为载体的催化剂在半电池系统中的对比，结果表明，Pt/MCNT 在催化相同条件下的质量电流密度是 Pt/XC-72 催化剂的 6 倍多。

研究发现，CNTs 的管壁数对催化剂的催化活性有着很大的影响。Jiang 等人[76]对不同管壁数的 CNTs 载 Pt 后的甲醇氧化催化活性进行测试，结果表明，平均管壁数为 7 的甲醇氧化能力和稳定性最好。这是因为在电化学极化电位驱动力的作用下，通过外壁与内层之间的电子隧穿，可以使碳纳米管内层发生有效的电子转移，这种通过电子隧穿的电荷转移在 SWCNTs 中是不可能实现的。而且当多壁 MWCNTs 的壁数超过 12 时，由于驱动力减弱，这种电荷转移会减少，进而影响催化剂的性能。

由于原始的 CNTs 表面是惰性的，所以金属颗粒很难在 CNTs 表面负载，需要对 CNTs 的表面进行预处理。经过处理的 CNTs 表面带有官能团，可以增强与金属之间的相互作用，使金属均匀地分散在 CNTs 表面，从而提高燃料电池的催化活性。但是经过酸处理的 CNTs 的石墨化结构被破坏，会降低其稳定性和导电性，因此利用过渡金属催化生成 N 掺杂的 CNTs 成为研究的热点。Hsieh 等人[77]以过渡金属（Fe，Co，Ni）为催化剂制备 CNTs，负载 Pt 后研究了三种双金属 Pt-M（M=Fe，Co，Ni）催化剂在甲醇氧化过程中的电化学活性，实验结果表明，Pt-Co/CNT 比其他催化剂拥有更好的电化学活性、CO 耐受性和长的循环稳定性。CNTs 作为质子交换膜燃料电池催化剂载体也面临一些问题。CNTs 一般采用碳弧放电法、激光刻蚀碳和化学蒸汽沉积法，这些方法在大量合成和价值利用效率方面都有很大的限制，比如单壁 CNTs 产量小且昂贵。因此，把 CNTs 作为实际应用的质子交换膜燃料电池催化剂载体也有一定的难度。

### 4.3.3.6　其他碳材料

碳材料作为电催化剂的载体材料虽然具有很多的优点，但是由于其表面惰性，未经表面调控（掺杂、功能化或富含缺陷位点）的电中性纯碳材料在质子交换膜燃料电池中的应用受到了限制。经过杂原子（B、N、P、S 等）掺杂可以明显改善碳材料的物化性质和电化学特性，进而改善其导电性，使贵金属颗粒在其表面高度分散，加强了贵金属与碳载体之间的相互作用，以此提高催化剂的内在催化活性。其中，N 掺杂是目前研究最广泛的杂原子掺杂，这是由于它在电化学过程中能有效地将电子传递给邻近的碳原子，如图 4-15 所示。N 掺杂能增强催化剂的催化活性，这主要归功于 N 掺杂物（特别是吡啶 N）能引起电中性断裂和电子转移，从而改变碳基体中的电荷和自旋分布。Chen 等人[78]以酚醛树脂为碳源，双氰胺为氮源，二氧化硅纳米微球为硬模板，三嵌段共聚物 F127 为软模板，通过改进的双模板法制备了 N 掺杂的介孔碳，将其作为载体负载 Pt 后发现，Pt/N-MCs 的甲醇氧化性能明显优于没有掺杂的介孔碳和商业 Pt/C。造成这种结果的原因可能是吡啶 N 和吡咯 N 为 $sp^2$ 杂化的石墨化碳提供了 p 电子，导致内部电阻降低和质子扩散速率增强，同时使 Pt 在 N-MCs 载体上的粒径分布更均匀。

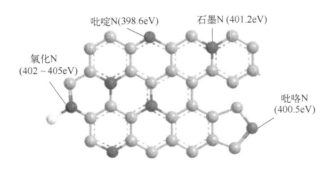

图 4-15　氮掺杂碳材料中不同氮结构

除了杂原子掺杂外，碳材料上的缺陷也是影响催化剂性能的一个重要因素，这是因为缺陷可以为金属催化剂提供有效锚定位点。大量研究表明，石墨烯表面的缺陷可以作为电荷分散位点显著影响其电子特性，因此，通过在石墨烯表面引入外部缺陷，能够调整石墨烯的电子传输特性。Fampiou 等人[79]和 Kim 等人[80]通过计算证明了 Pt 纳米颗粒优先在石墨烯上的点缺陷和边缘处成核。氧化石墨烯含有晶格缺陷（空位、空穴）和官能团（羰基、环氧化合物、羟基等），可作为 Pt 纳米颗粒的有效锚定位点，这些都是增强 Pt 稳定性的原因。首先，与 Pt-C 键能相比，Pt 的内聚能相对较高，因此 Pt 不会润湿原始石墨烯。其次，由于在缺陷处形成了较强的 Pt-C 键，Pt 簇与石墨烯中缺陷的结合更加紧密，这在一定程度上缓解了被破坏的石墨烯的 $sp^2$ 结构。最后，有明确的迹象表明，电荷从 Pt 簇转移到石墨烯载体上，同时伴随着 Pt 的 d 带远离费米能级，这种转移在载体存在缺陷时更大。综上所述，石墨烯载体上的缺陷会增加 Pt 团簇的反应活性，降低氧化 CO 的阻碍，增强催化剂的稳定性。Huang 等人[81]合成了低缺陷的 N 掺杂石墨烯纳米片负载蠕虫状 Pt 纳米催化剂，研究发现低缺陷碳基体中的 N 原子诱导了 Pt 纳米虫（NWs）的形成，这也使得它们各自的结构优势得以整合，并产生了很强的协同效应。因此，得到的蠕虫状 Pt/N-LDG 具有优异的甲醇氧化催化活性、很好的抗 CO 中毒能力和长循环稳定性。

综上所述，虽然碳材料具备许多特点可以作为良好的催化剂载体，但是其本征态不能完全满足催化剂载体的需求。因此，需要对本征态的碳材料进行表面修饰（特殊结构、杂原子掺杂、构建缺陷位点、提高石墨化程度等），使其优势最大化。此外，由于大多数碳载体耐腐蚀性较差，且碳载体的 Pt 基催化剂 CO 耐受性较弱，所以需要开发具有强耐腐蚀性，能够在较低电位下吸附 OH 物种的催化剂载体，如金属氧化物、金属氮化物、金属碳化物等。

### 4.3.3.7　金属氧化物载体

金属氧化物虽然比表面积和导电性没有碳材料好，但是由于金属氧化物与贵金属之间有比碳材料更强的相互作用，且能够在较低的电位下吸附 OH 物种，即双功能机理，从而提高催化剂的催化活性和稳定性，因此作为催化剂载体，金属氧化物在近几年受到了广泛的关注。

$TiO_2$ 由于具有优异的稳定性、较高的机械强度、成本低廉、环境友好且在酸碱溶液中有很好的耐腐蚀性等特点成为质子交换膜燃料电池催化剂载体的优先选择。此外，$TiO_2$ 可以产生丰富的 OH 物种，提高了 Pt 纳米颗粒抗 CO 中毒的能力，有助于提高催化剂的催化活性。Chen 等人[82]通过使用一种简便的光辅助还原方法，将 Pt 纳米颗粒直接沉积在 $TiO_2$ 纳米管上作为甲醇氧化催化剂，研究发现沉积在 $TiO_2$ 纳米管阵列上的 Pt 纳米颗粒具有较大的电化学活性表面积，且催化剂展现了优异的甲醇氧化能力和抗 CO 中毒能力，表现出显著的动力学行为。这是由于 $TiO_2$ 与 Pt 纳米颗粒之间存在很强的相互作用力，$TiO_2$ 不仅作为载体担载了 Pt 纳米颗粒，使其在载体表面分散均匀，同时也起到了促进 CO 氧化的作用，增强了催化剂抗中毒的能力。

由于 $TiO_2$ 的导电性太差，为了提高导电性，一般的方法是添加碳材料或者是掺杂过渡金属在其中。Liu 等人[83]通过采用改进的溶胶-凝胶法制备了铌和钽掺杂的 $TiO_2$ 纳米颗粒催化剂载体负载 Pt 作为甲醇氧化催化剂，对催化剂进行了一系列电化学分析。结果表明，与商业 Pt/C 相比，$Pt/TiO_2$-Nb 和 $Pt/TiO_2$-Ta 催化剂的稳定性明显优于 Pt/C 催化剂，且这些催化剂也表现出了更好的氧化活性，这是因为 $TiO_2$ 纳米颗粒可以在相对较低的电位下形成 OH 物种来促进 CO 氧化。

近几十年的研究表明，$SnO_2$ 是一种比较有前景的催化剂载体，它可以在较低电位下吸附 OH 物种，从而有效地去除 Pt 表面的 $CO_{ads}$，提高 Pt 对甲醇氧化的 CO 耐受性，即双功能机理[84]。同时，强烈的相互作用使电荷从 $SnO_2$ 转移到 Pt，增加了 Pt 纳米颗粒的局部电子密度，增强了 Pt 的催化活性。Guan 等人[85]将 $SnO_2$ 包覆在 MWCNTs 上后负载 Pt 纳米颗粒作为甲醇氧化催化剂，结果显示，Pt/$SnO_2$@MWCNTs 的甲醇氧化催化活性是商业 Pt/C 的 6.2 倍，稳定性和抗 CO 中毒的能力也有显著的提高，这归功于其均一的 1D 结构使 $SnO_2$ 和 Pt 纳米颗粒紧密相连。此外，杂原子掺杂也有利于提高 $SnO_2$ 的导电性。Zhang 等[86]成功制备了由薄纳米针自组装形成的海胆状的分级 Co 掺杂 $SnO_2$ 3D 纳米结构，负载 Pt 后用作甲醇氧化催化剂。研究证明，Pt/Co-$SnO_2$（海胆状）的甲醇氧化性能和稳定性要优于 Pt/Co-$SnO_2$（花状）、Pt/$SnO_2$ 和商业 Pt/C，这说明杂原子掺杂和载体结构都能影响催化剂的性能。

稀土金属氧化物 $CeO_2$ 由于具有萤石结构，它的阳离子可以在+3 价和+4 价的氧化态转换并作为氧缓冲剂调节催化剂表面的含氧量。一些科研人员将 $CeO_2$ 加入到炭黑、碳纳米管、石墨烯等中作为载体材料，结果表明，加入 $CeO_2$ 后可以提高催化剂的催化性能。Zhang 等[87]通过一步微波辅助乙二醇还原法制备了 Pt-$CeO_2$/石墨烯催化剂，研究表明 Pt 纳米颗粒在 $CeO_2$/石墨烯载体上的粒径更小，经过电化学测试可知，与 Pt/石墨烯相比，Pt-$CeO_2$/石墨烯拥有更高的甲醇氧化催化活性和更好的稳定性，这可能是由于 Pt 纳米颗粒在载体上分散得很均匀，且 $CeO_2$ 可以在较低电位下生成 OH 物种，从而促进 $CO_{ads}$ 氧化。Tao 等人[88]通过等离子体辐照法制备了表面粗糙度大、富氧空穴缺陷的 $CeO_2$ 纳米棒（$CeO_2$-p）载体材料，负载 Pt 后提高了催化剂的甲醇氧化性能，这是由于 $CeO_2$ 的粗糙表面为 Pt 生长提供了丰富的成核位点，使其在载体表面分散均匀，且 $CeO_2$ 的氧空穴提供多余的电子转移到 $CeO_2$ 的表面，使其增加导电性。另外，多余的电子在 Pt 和 $CeO_2$ 之间转移，增加 Pt 的电子密度，减少了甲醇氧化过程中 CO 对 Pt 的吸附。

$WO_3$ 是一种重要的稀土氧化物，具有特殊的电化学性能，可作为燃料电池催化剂的载体。$WO_3$ 在酸性介质中可以形成具有高导电性的非化学计量的氢钨青铜（$H_xWO_3$）化合物，该化合物在甲醇氧化反应中可以促进甲醇脱氢。吸附在 Pt 表面的氢转移到 $WO_3$ 表面形成 $H_xWO_3$，在循环过程中，$H_xWO_3$ 又可以分解成 $H^+$、电子和 $WO_3$，因此增强了 Pt 表面的甲醇氧化能力，使 Pt 表面释放出更多的活性位点。此外，$WO_3$ 有助于生成 OH 物种，增强催化剂的抗 CO 中毒能力。Shi 等人[89]制备了具有大比表面积、有序孔结构的介孔 $WO_3$ 载体材料，负载 Pt 后研究了其对甲醇氧化的电化学活性，结果表明该催化剂展现出了较高的甲醇氧化催化性能，且催化活性在电压 0.5~0.7V 时明显高于商业 Pt/C 和 PtRu/C 催化剂。Du 等[90]通过采用简单的水热法合成了由 5~6μm 直径的 $WO_3$ 单晶纳米线自组装的巢状多孔 $WO_3$ 六方微球，负载 Pt 纳米颗粒后的甲醇氧化催化活性明显高于商业 Pt/C，并且该催化剂在酸性介质中有非常显著的电化学稳定性。

### 4.3.3.8 金属硫化物和磷化物载体

过渡金属硫化物因其独特的催化性能和丰富的储量，近年来被认为是 Pt 的良好替代品。目前，二硫化钼（$MoS_2$）等二维纳米材料因其类似于石墨烯的二维层状结构而受到广泛关注，这种特殊的二维结构使 Pt 纳米颗粒在其表面具有优异的分散性和较高的电化学活性面积，这对质子交换膜燃料电池的电催化性能和稳定性有了显著提高。Zou 课题组[91]以废甘蔗渣为碳源，成功地制备了多孔 MoS$_2$/N 掺杂 C（MoS$_2$/CNX）作为 Pt 催化剂载体/甲醇氧化反应助催化剂。由于 MoS$_2$/CNX 可以提供丰富的附着位点来锚定 Pt，从而增大催化剂的电化学活性面积，因此 Pt/MoS$_2$/CNX 的质量活性高于 Pt/MoS$_2$/C 和商业 Pt/C 催化剂。随着多孔 CNX 的引入，在 MoS$_2$ 边缘上有更多的活性位点被暴露出来，促使水分子解离，从而消除 Pt 活性位点上吸附的 CO 物种，有利于提高 Pt/MoS$_2$/CNX 的耐久性和 CO 耐受性。Zhu 课题组[92]设计了一种新型的、高性能的可见光活化电极，该电极采用二维（2D）MoS$_2$纳米片包裹一维 CdS 纳米线，作为光催化的载体，用于沉积 Pt 纳米团簇。与传统的电催化工艺相比，所制备的光催化电极在可见光的照射下对甲醇氧化反应的电催化活性和稳定性有显著的提高，激发的 CdS 基团向修饰过的超薄 MoS$_2$ 的高效界面电子转移，使得光催化与电催化协同作用，提高了催化效率。

近年来，磷化物在电催化水裂解方面表现出优异的催化活性和稳定性，因此，一些学者认为氢易吸附在磷化物上可能有利于甲醇电氧化脱氢。研究发现，Ni$_2$P 和 CoP 在燃料电池电催化剂中有明显的协同能力，是很好的助催化剂，能显著提高催化剂的催化活性和稳定性。此外，研究还表明磷化物的促进作用远远大于 P 或过渡金属单独的促进作用[93]。Peng 课题组[94]通过 H$_2$ 还原法制备了新型 Pt/Ni$_2$P/CNTs 催化剂。结果表明，Ni$_2$P 纳米颗粒作为助催化剂，可以显著提高 Pt 的甲醇氧化催化活性和稳定性。XPS 分析表明，Ni$_2$P 的存在对铂的粒径和电子分布有明显的影响。该课题组还制备了不同 Ni$_2$P 含量的催化剂，结果表明，Pt/6%Ni$_2$P/CNTs 的 MOR 活性最好。此外，与其他 Pt 基催化剂相比，这种新型 Pt/Ni$_2$P/CNTs，具有更正的起始电流密度和更好的稳态电流密度。Feng 等人[95]制备了 PtRu-CoP/C，并且证明了 PtRu 催化甲醇氧化的性能可以通过 CoP 得到显著提高，CoP 的存在可以在很大程度上降低 PtRu 体系中 Ru 和 Pt 的损耗，从而使其在 DMFC 中拥有较高的催化活性和稳定性。新型 PtRu-CoP/C 具有优异的催化活性和稳定性，这应归功于纳米结构的 PtRu 与 CoP 之间的协同作用，其中 CoP 的存在提高了 PtRu 的物理稳定性和 CO 耐受性。

### 4.3.3.9　金属氮化物和碳化物载体

过渡金属氮化物是质子交换膜燃料电池中贵金属催化剂载体的理想选择，因为它具有优异的导电性（4000~55500S/cm），热稳定性好，熔点高，耐腐蚀，且与催化剂之间有良好的相互作用，因此它负载 Pt 后的阳极氧化性能和抗 CO 中毒能力都比较好。此外，由于 N-金属键比 O-金属键有更强的共价键，有利于提高材料的导电性。Pan 等[96]采用溶剂热和高温氮化相结合的方法，成功制备了具有高比表面积和空心多孔结构的氮化钛纳米管，并将其用于 Pt 纳米粒子的载体。结果表明，与商业 Pt/C 相比，Pt/TiN 纳米管的甲醇氧化催化活性和耐久性均有所提高，这是由于载体耐腐蚀，管状和多孔纳米结构以及金属-载体相互作用所产生的电子转移效应对这些性能起到了增强的作用。研究发现，一些金属对甲醇氧化有助催化的作用，掺杂这些金属可以显著提高催化剂的性能。Xiao 等[97]通过溶剂热和高温氮化的方法制备了 Ti$_{0.8}$Mo$_{0.2}$N 混合载体，值得注意的是，Ti$_{0.8}$Mo$_{0.2}$N 负载的 Pt 催化剂比商业 Pt/C

的甲醇电氧化具有更高的质量活性和耐久性。实验数据表明，钼掺杂具有双官能团效应，通过诱导共催化效应和电子效应来提高载体的性能和耐久性。

金属碳化物由于具有高导电性、高熔点和稳定的电化学特性逐渐被用于催化剂载体。碳化物与氮化物的结构和性质相差不大，只是 C（-4）和 N（-3）稳定的化学氧化态不同导致化学计量比和晶格参数不同。另外，由于 C 的电负性明显小于 N，导致吸附原子和金属之间的电子转移数不同。Xie 课题组[98]通过离子交换过程在碳材料上制备了尺寸为 2nm 以下的碳化钼纳米颗粒（MoC 或 Mo₂C）用作 Pt 催化剂载体。结果显示 Pt/C-MoC 比商业 Pt/C-TKK 的甲醇氧化起始电位更低且催化性能更好，催化活性的大幅度提高是由于 Pt 与 MoC 之间的协同作用。结果还表明，MoC 对 Pt 的催化活性和稳定性的促进作用大于 $Mo_2C$，这是由于 MoC 具有不同的协同作用和结合能。

### 4.3.3.10 导电聚合物载体

导电聚合物以其良好的导电性、低成本、环境友好、高电化学稳定性、高亲水性等特点引起了广泛关注，且导电聚合物表面带有大量的官能团，有利于 Pt 的锚定分散。常见的导电聚合物载体包括聚苯胺（PANI）、聚吡咯（PPy）、聚噻吩（PTh）等。PANI 作为载体材料可以明显增强催化剂的 CO 耐受力和 Pt 的分散能力[99]。空心和阵列纳米结构可以明显提高催化剂利用率和传输电活性物种，有效地防止催化剂团聚、溶解和奥斯特瓦尔德成熟。Li 课题组[100]将 $CeO_2$、PANI、多层结构和中空纳米棒阵列的优点集于一身制备了 $Pt/CeO_2$/PANI 三层中空纳米棒阵列（THNRAs）的甲醇氧化电催化剂，结果显示与 Pt/PANI 中空纳米棒阵列催化剂、$Pt/CeO_2$ 中空纳米棒阵列催化剂和商业 Pt/C 相比，$Pt/CeO_2$/PANITHNRAs 有更好的甲醇氧化催化活性和稳定性。$Pt/CeO_2$/PANITHNRAs 催化性能的提升归因于 Pt、$CeO_2$、PANI 之间的协同作用和独特的三层中空纳米棒阵列结构，缩短了电化学活性物质的扩散途径，提高了电催化剂的利用率。

### 4.3.3.11 复合物载体

由于优异催化剂载体需求的多样性，单一的载体材料已经不能满足其需求，因此衍生出了复合催化剂载体。其中，最常见的复合载体是把碳材料和非碳材料通过物理方法或化学方法结合，将两者的缺点互补，以此达到提高催化剂性能的目的。Zang 等人[101]通过真空退火的方法在碳化硅纳米颗粒上制备了石墨化碳壳，表面石墨化导致碳化硅碳层外延生长，形成核-壳结构的 SiC@C 复合材料，采用微波辅助还原法制备了 Pt/SiC@C 催化剂。电化学测试证明，Pt/SiC@C 对甲醇电氧化的催化活性和稳定性远远高于 Pt/SiC 和商业 Pt/C，这是由于 Pt 纳米颗粒在 SiC@C 复合材料上分散得更均匀，且 C 层的壳和 SiC 的核之间的协同作用既提高了复合载体的导电性，又增强了载体的稳定性。Shanmugam 等人[102]通过使用单组分前驱体合成了 C 包覆 $TiO_2$（CCT）复合材料，采用微波辅助还原法制备了高度分散的 Pt/CCT 催化剂，Pt 纳米颗粒的高分散性以及与氧化物界面的相互作用改变了其电子结构，从而使催化剂具有较高的甲醇氧化催化活性。此外，由于 $TiO_2$ 的加入使 Pt/CCT 具有良好的 CO 耐受性和稳定性。

## 4.3.4  质子交换膜

电解质层是任何燃料电池的核心部件，理论上，在燃料电池操作中它能有效地阻隔阳极或阴极的燃料气体或液体，保证特殊离子能高效地传导到电极上发生电化学反应。质子交换膜燃料电池在 20 世纪 60 年初期美国的双子星座太空计划中使用的电池上应用过，当时使用的是固态高分子电解质膜，价格高贵，且由于是磺化苯乙烯和二乙烯基苯共聚的高分子膜，其耐氧化性差，故使用寿命短。此类电池被认为在实际应用中费用高、寿命短。20 世纪 60 年代杜邦公司的商业化质子交换膜 Nation 有力地证实了 PEMFC 在实际应用中潜在的价值。几乎所有的质子交换膜都是依赖吸附的水分子与膜上酸性基团的相互作用来进行质子传导的。由于膜中含有大量的水分子时，对其机械性能和水运输都是关键问题，故而设计无水或含少量水的传导质子膜可能会解决上述问题，但对新的膜材料的制备却是一个极大的挑战。用于质子交换膜燃料电池的质子交换膜必须满足下列要求。

① 较高的质子传导率（燃料电池工作条件下）。
② 气体或燃料的渗透性低，从而阻隔燃料和氧化剂。
③ 水的电渗系数小。
④ 较好的电化学和化学稳定性。
⑤ 良好的机械强度。
⑥ 较低的成本。

### 4.3.4.1  Nation 及其他全氟磺酸质子交换膜

目前最常用的质子交换膜是杜邦公司制造的 Nation 膜，它是由碳氟主链和带有磺酸基团的醚支链构成的，具有优异的抗氧化性和化学稳定性。由于全氟磺酸树脂分子的主链具有聚四氟乙烯结构，分子中的氟原子可以将碳-碳链紧密覆盖，而碳-氟键键长短、键能高、可极化度小，使分子具有优良的热稳定性、化学稳定性和较高的力学强度，从而确保了聚合物膜的长使用寿命；分子支链上的亲水性磺酸基团能够吸附水分子，因此具有优良的离子传导特性。Nation 膜的化学结构式如图 4-16 所示。

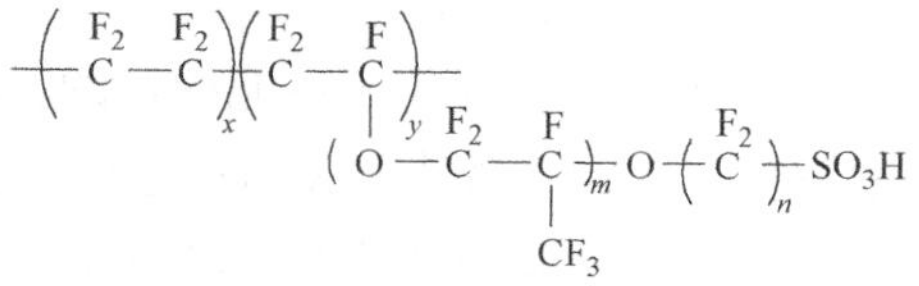

图 4-16  Nation 膜的化学结构式

由于 Nation 膜有优异的化学与热稳定性及良好的质子传导性，其他类似结构的全氟磺酸阳离子交换膜也逐渐被开发出来。目前，世界多家公司可以提供商业化的聚全氟磺酸阳离子交换膜，如日本旭硝子公司（Asahi Glass）的全氟碳酸（Flemion）、朝日化学工业公司（Asahi Chemica）的 Aciplex、陶氏化学公司（Dow Chemical）的陶氏膜（Dow membrane）和苏威苏莱克斯公司（Solvay-Solexis）的 Hyflon。全氟磺酸膜的优点：机械强度高、化学稳定性好、在湿度大的条件下导电率高；低温时电流密度大，质子传导电阻小。但是全氟磺酸质子交换膜也存在一些缺点，如温度升高会引起质子传导性变差，高温时膜易发生化学降解，单体合成困难，成本高，价格昂贵，用于甲醇燃料电池时易发生甲醇渗透等。

#### 4.3.4.2 含乙烯基苯及其衍生物的质子交换膜

以四氟乙烯为骨架的材料通过使用乙烯基苯和部分含氟的乙烯基苯衍生物替代而形成质子交换膜。由于便于修饰，且聚合物通过传统的自由基聚合或其他聚合技术就可较易得到，因此苯乙烯单体被广泛使用。目前。两种商业化（或半商业化的）的以乙烯基苯或类乙烯基苯为单体的质子交换膜有加拿大巴利亚德公司（Ballade）的 BAM 膜和美国 DaisAnalytic 公司的 SEBS（sulfonated styrene-ethylene-butylene-styrene）膜。Ballade 公司的 BAM 膜是基于对 $\alpha$, $\beta$, $\beta$-三氟苯乙烯和取代的 $\alpha$, $\beta$, $\beta$-三氟苯乙烯共聚单体进行磺化后共聚而形成的全新磺化苯乙烯膜，其式如图 4-17 所示。其结构中的氟化主链毫无疑问被认为是抗氧化性大大优于非氟脂肪烃及类似物主链的。部分氟化膜一般体现为主链全氟，这样有利于在燃料电池苛刻的氧化环境下保证质子交换膜具有相应的使用寿命。质子交换基团一般是磺酸基团，按引入的方式不同，部分氟化磺酸型质子交换膜分别包括：全氟主链聚合，带有磺酸基的单体接枝到主链上；全氟主链聚合后，单体侧链接枝，最后磺化；磺化单体直接聚合。采用部分氟化结构会明显降低薄膜成本，但是此类膜电化学性能都不如 Nafion 膜。

#### 4.3.4.3 含亚芳基醚的质子交换膜

芳香族聚合物由于具有可用性、可加工性、多种化学组成，以及在燃料电池环境下具有的稳定性，已被认为是最有可能制备出高效质子交换膜的一类材料。特别是聚亚芳醚类材料，如磺化聚醚醚酮（SPEEK）、磺化聚芳醚砜［sulfonated poly（arylene ether sulfone），SPAES］及其衍生物是现在研究的焦点，相关材料的合成也有大量报道。而此类材料作为质子交换膜有较大吸引力是因为它们有较好的抗氧化性和苛刻条件下的水解稳定性，而它们化学结构上的多样性，如部分氟化也为其提供了适宜条件，图 4-18 展示了其可能的化学结构。可以通过高分子结构的后功能化和磺化单体的直接聚合得到含质子交换部位的聚亚芳醚类高聚物。

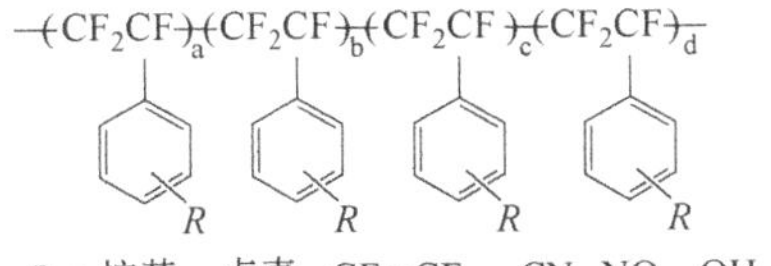

图 4-17　BAM 膜的化学结构式

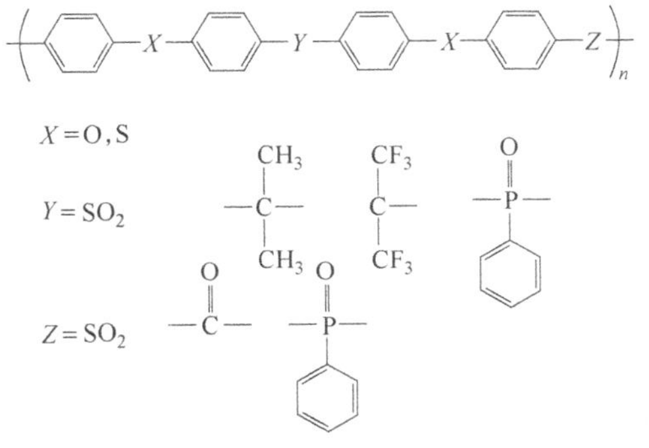

图 4-18　聚亚芳醚类聚合物可能的化学结构式

## （1）聚亚芳醚后磺化制备质子交换膜

最普遍的制备芳香类高分子质子交换膜的方法是通过亲电试剂进行后磺化反应。常用的磺化试剂包括浓硫酸，氯磺酸和三氧化硫。后功能化反应受到限制的原因是其反应缺乏磺化度和磺化位置的精确控制，还有就是副反应的出现及高分子主链有被降解的可能。聚醚醚酮是一类芳香族半晶体高聚物，由于分子结构中含有刚性的苯环，因此它有极好的热稳定性、化学稳定性和电化学及机械性能，而分子结构中的醚键又使其具有柔性，成型加工容易。由于高分子的结晶性使它不易溶于一般的有机溶剂，通过将磺酸基团添加到主链上可以降低其结晶度从而增加其溶解性。聚醚醚酮的磺化反应是二级反应，由于苯环高电荷密度，其磺化位点通常是在与苯环相连的醚键的两端。此类磺化反应可以通过控制反应时间和磺化试剂的浓度达到30%~100%的磺化度，且无降解和交联的副反应。通常未磺化和磺化的聚醚醚酮的化学结构通式如图4-19所示。

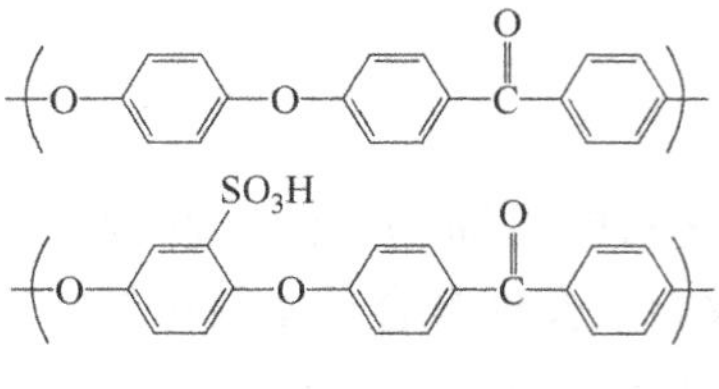

图 4-19 未磺化与磺化聚醚醚酮的化学结构式

## （2）磺化聚芳醚砜质子交换膜

聚芳醚砜［poly（aromatic ether sulfone），PAES］是一种综合性能良好的特种热塑性高分子材料，常见结构如图4-20所示。由于具有化学稳定性，且机械性能和加工性能优良，在高温（200℃）下可以使用几万小时，温度急剧变化条件下仍然保持稳定等优点被广泛应用。磺化聚砜主链中一般都包含二苯砜和苯醚结构，二苯砜结构使材料耐热性和耐氧化性良好，苯醚结构使主链具有柔韧性。磺化聚合物可以用含有磺酸基团的单体合成，也可以通过取代反应在聚合物单元上接磺酸基得到。

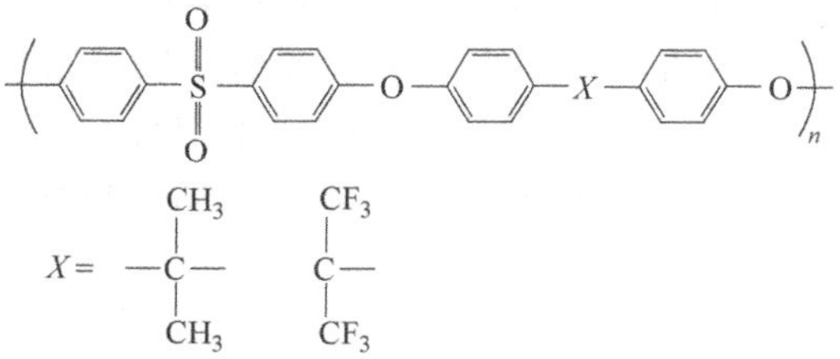

图 4-20 常见聚芳醚砜结构

### 4.3.4.4 聚酰亚胺基质子交换膜

磺化聚酰亚胺（sulfonated polyimides，SPI）是一类新型的质子传导材料，具有良好的成膜性能、优异的热稳定性、化学稳定性和机械性能，在工业领域显示出了广阔的应用前景。聚酰亚胺在合成上具有多种途径，可以根据不同应用目的选择恰当的二元酐或二元胺，从而引入柔顺性结构、扭曲和非共平面结构、大的侧基或亲溶剂基团、杂环、氟硅等特性原子等，通过均聚或者共聚可合成出品种繁多、形式多样的聚酰亚胺。磺化聚酰亚胺作为一类新型的质子传导材料，以其优越的性能在质子交换膜燃料电池应用中显示出巨大的应用潜力。

聚酰亚胺通常由二级胺及二酐单体通过缩聚而制得。五元环聚酰亚胺基高聚物作为一种高性能的材料被人们长期研究着，然而，当采用五元环二酐单体与二级胺单体聚合得到的磺化五元环聚酰亚胺作为质子交换膜应用于燃料电池时，虽然其萘环的结构被认为是在燃料电池的环境中比较稳定的，但其性能却迅速下降。究其原因，主要在于五元环的酰亚胺键不稳定，其水解作用导致其主链断裂，从而引起膜本体变脆。因此，在燃料电池酸性工作条件下很快降解，不能作为质子交换膜使用。自从发现六元环聚酰亚胺有较好的水解稳定性之后，此种聚酰亚胺结构在质子交换膜燃料电池中的应用便有所好转，但其水解稳定性依然存在疑问。Faure 等人首先采用 1,4,5,8-萘四甲酸二酐（NTDA）作为二酐单体，制备出了一系列六元环型的 SPI，若聚合物的磺化度控制在一定的范围之内，其耐水性较好，只是膜的质子传导率较低，机械性能差。近几年，对于具有较强水解稳定性六元环型的磺化聚酰亚胺的研究也逐渐增多。

# 4.4　燃料电池的应用

由于燃料电池是通过电化学反应将燃料的化学能转换为电能，不受卡诺循环效应的限制，因此效率高；另外，燃料电池是使用燃料和氧气作为原料，同时没有机械传动部件，故没有噪声污染，排放出的有害气体极少。由此可见，从节约能源和绿色环保的角度来看，燃料电池是最有发展前景的发电技术。

鉴于发展可持续和绿色环保能源已成为人类社会赖以生存的焦点问题，近 20 年来，燃

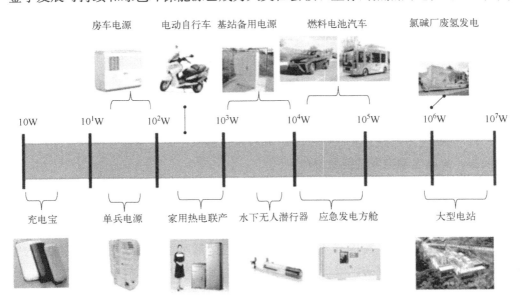

图 4-21　燃料电池的应用

料电池这种高效、清洁的能量转化装置得到了各国政府、开发商、研究机构的普遍重视。燃料电池在交通运输、便携式电源、分散电站、航空航天、水下潜器等民用与军用领域展现了广阔的应用前景，如图 4-21 所示。燃料电池主要有三大类应用场景：固定电源、交通动力和便携式电源。

## 4.4.1　固定电源

固定电源应用是目前最大的市场。燃料电池用作固定式电源主要有以下几种表现形式，一是作为主电源，为未连接到电网的房屋供电或者提供补充电力。二是作为备用电源和（或）不间断电源，为通信站、工厂、医院、研究站等对维护业务、设备不间断运营要求高的场所提供备用电源和（或）不间断电源。目前，思科、谷歌、可口可乐等公司均安装有燃料电池，用以纾缓其能源需求。三是用作热电联产系统（CHP），包括微型热电联产（MicroCHP）系统的使用，为家庭、办公楼和工厂同时产生电能和热能。热电联产燃料电池系统可生成恒定电力，并在同一时间从余热中产生热空气和热水，这种燃料电池在日本和德国使用较为广泛。

## 4.4.2　交通动力

交通动力应用是目前关注度最高的燃料电池应用领域。交通运输市场包括为乘用车、巴士/客车、叉车及其他以燃料电池作为动力的车辆提供的燃料电池，例如特种车辆、物料搬运设备和越野车辆的辅助供电装置等。车用燃料电池所具有的效率高、启动快、环保性好、响应速度快等优点，使其当仁不让地成为 21 世纪汽车动力源的最佳选择，是取代汽车内燃机的理想解决方案。从燃料电池的发展势头看，汽车内燃机的生产将会在 21 世纪中叶终止。燃料电池汽车的最大优点是清洁、无污染，所排出的唯一废物是水。其中，质子交换膜燃料电池（PEMFC）是目前最接近商业化的燃料电池，也是未来最有希望为新能源汽车提供动力的电池。

PEMFC 的工作温度低、发展规模大，在小型电源领域，有 96% 是 PEMFC。PEMFC 在交通领域被"寄予厚望"，全球几乎所有的汽车制造商都在致力于燃料电池汽车的研发。目前，PEMFC 的研究重点是开发低铂（Pt）、高稳定性的氧还原反应催化剂以及国产自主化的质子交换膜，提高电池电堆性能及寿命。

除了最常见的汽车领域，燃料电池还可应用于海洋和航天领域。原则上讲，所有燃料电池都适用于水面舰船的发电和（或）推进系统。这些燃料电池所用的燃料有氢气（$H_2$）、富氢气体（如甲烷）或液态碳氢化合物（如甲醇、柴油），后者必须经过适当的重整才能用于燃料电池系统。目前美国、英国、荷兰、中国等国已经展示了几艘以燃料电池供电的船舶。1989 年，佩里科技公司成功试验了第一个以燃料电池供电的商业潜艇——双人观光潜水器PC1401，其中采用了巴拉德公司的燃料电池。西门子公司为德国、加拿大、意大利、希腊海军的大型潜艇提供了燃料电池发动机。

在航天领域，20 世纪 60 年代，燃料电池成功地应用于阿波罗登月飞船。此后，氢-氧燃料电池广泛应用于宇航领域。2008年，波音公司宣布在航空史上首次试飞了以氢燃料电池为动力的载人飞机。同时，燃料电池一直应用于美国的太空计划中，为空间飞行器提供动力。

## 4.4.3　便携式电源

便携式电源包括笔记本电脑、手机、收音机及其他需要电源的移动设备等。便携式燃料电池系统划分为两个功率范围：a.100W以下，作为电池替代品；b.高达1kW，作为便携式发电机。使用便携式燃料电池的最大好处是，它们是一种紧凑、轻型高效、持久的便携式电源，可以延长设备工作的时间而无需再充电。

大多数用做二次电源（可再充电的）的普通电池都带有充电器系统，它们由交流充电器组成，为了充电，必须插入电源插座中，或者由直流充电器组成，它们将依靠其他普通电池进行再充电。这些解决方案对许多军事和未来便携式电子设备而言是不可行的，原因是它们太重、不实用，无法满足当前电源需求，而燃料电池很好地解决了这些问题。燃料电池的能量密度通常是可充电电池的5~10倍，已有直接甲醇燃料电池DMFC和PEMFC被应用为军用单兵电源和移动充电装置上。

对所有的燃料电池类型而言，最关键的问题之一是燃料及其储存。对便携式燃料电池而言，储氢罐容量的限制有时是个问题。其他燃料类型，如金属氢化物、甲醇、甲酸和乙醇，提供了合理的选择方案，原因是容器中只需储存一小部分燃料就可供燃料电池使用。甲醇和乙醇可直接提供给燃料电池作为燃料，或者也可以将一个燃料重整器配备于燃料电池系统上。

氢燃料电池在最初的商业化应用上，便携式燃料电池主要运用于军工领域。氢能便携式燃料电池发电系统200W在野外环境用电需求的情况下，有效地降低了发电设备的重量，并可根据需求选型不同规格的气瓶。该产品操作简单、体积小、质量小，同时兼具低噪声、绿色环保等。但是成本、稳定性和寿命等将是燃料电池应用于便巧式移动电源所需要解决的技术问题。

# 习题

1. 燃料电池由哪些部分组成，各起什么作用？
2. 燃料电池的分类有哪几种方式？请举例说明。
3. 简述几种燃料电池的工作原理及优缺点。
4. 质子交换膜燃料电池中的隔膜需要哪些特性，为什么？
5. 请简述酸性和碱性条件下甲醇燃料电池的工作原理。
6. 酸性和碱性条件下甲醇燃料电池的优缺点分别有哪些？
7. 提高一元Pt单晶催化剂催化活性的策略有哪些？请至少列举出3种方法，并简述其原理。

8. 对于质子交换膜燃料电池而言，优异的催化剂载体需要具备哪些特性？

9. 常用的质子交换膜有哪几类？并简述其优缺点。

10. 哪些参数可以评价质子交换膜燃料电池的性能？

11. 尝试设计一种质子交换膜燃料电池，包括阴极催化剂、阳极催化剂、工作环境和使用的膜电极，并描述这种设计的优势。

# 参考文献

[1] Wu Y P, Tian J W, Liu S, et al. Bi-Microporous Metal-Organic Frameworks with Cubane [M₄(OH)₄](M=Ni, Co) Clusters and Pore-Space Partition for Electrocatalytic Methanol Oxidation Reaction [J]. Angew Chem Int Ed Engl, 2019, 58 (35): 12313-12317.

[2] Zhao X, Yin M, Ma L, et al. Recent advances in catalysts for direct methanol fuel cells [J]. Energy & Environmental Science, 2011, 4 (8): 2736.

[3] Chang J, Feng L, Liu C, et al. An effective Pd-Ni₂P/C anode catalyst for direct formic acid fuel cells [J]. Angew Chem Int Ed Engl, 2014, 53 (1): 122-126.

[4] 刘洁, 王菊香, 邢志娜, 等. 燃料电池研究进展及发展探析 [J]. 节能技术, 2010, 28 (4): 364-368.

[5] 吴宇平, 朱玉松, (南非) 特尼斯·范·雷. Introduction to New Energy Materials and Devices [D]. 北京: 化学工业出版社, 2020.

[6] Larminie J, Dicks A. Fuel Cell Systems Explained (Second Edtion) [M]. John Wiley& Sons Ltd., 2003.

[7] Bernaya C, Marchanda M, Cassir M. Prospects of different fuel cell technologies for vehicle applications [J]. Journal of Power Sources, 2002, 108: 139-152.

[8] 黄倬, 屠海令, 张冀强. 质子交换膜燃料电池的研究开发与应用 [M]. 北京: 冶金工业出版社, 2000.

[9] 林维明, 马紫峰. 燃料电池系统 [M]. 北京: 化学工业出版社, 1996.

[10] 陈延禧. 聚合物电解质燃料电池的研究进展 [J]. 电源技术. 1996, 20: 21-27.

[11] Hampson N A, Willars M J, Mcnicol B D. The Methanol-Air Fuel Cell: A Selective Review of Methanol Oxidation Mechanisms at Platinum Electrodes in Acid Electrolytes [J]. J Power Sources, 1979, 4 (3): 191-201.

[12] Hamnett A. Mechanism and Electrocatalysis in the Direct Methanol Fuel Cell [J]. Catal Today, 1997, 38 (4): 445-457.

[13] Parsons R, Vandernoot T. The Oxidation of Small Organic Molecules [J]. J Electroanal Chem Interfacial Electrochem, 1988, 257 (1): 9-45.

[14] 蔡光旭. 直接甲醇燃料电池阳极反应机理及催化剂改性研究 [D]. 青岛: 中国海洋大学, 2014.

[15] Dohle H, Mergel J, Stolten D. Heat and power management of a direct-methanol-fuel-cell (DMFC) system [J]. Journal of Power Sources, 2002, 2 (111): 268-282.

[16] Kamarudin S K, Achmad F, Daud W R W. Overview on the application of direct methanol fuel cell (DMFC) for portable electronic devices [J]. International Journal of Hydrogen Energy, 2009, 16 (34): 6902-6916.

[17] Yu E H, Krewer U, Scott K. Principles and Materials Aspects of Direct Alkaline Alcohol Fuel Cells [J]. Energies, 2010, 8 (3): 1499-1528.

[18] Jung G B, Tu C H, Chi P H, et al. Investigations of Flow Field Designs in Direct Methanol Fuel Cell [J]. J Solid State Electrochem, 2009, 13 (9): 1455-1465.

[19] Okamoto Y, Sugino O, Mochizuki Y, et al. Comparative study of dehydrogenation of methanol at Pt (111) /water and Pt (111) /vacuum interfaces [J]. Chemical Physics Letters, 2003, 1-2 (377): 236-242.

[20] Tiwari J N, Tiwari R N, Singh G, et al. Recent progress in the development of anode and cathode catalysts for direct methanol fuel cells [J]. Nano Energy, 2013, 5 (2): 553-578.

[21] Wasmus S, Küver A. Methanol oxidation and direct methanol fuel cells: a selective reviewain [J]. Journal of Electroanalytical Chemistry, 1999 (461): 14-31.

[22] Waszczuk P, Solla-gull N J, Kim H S, et al. Methanol Electrooxidation on Platinum/Ruthenium Nanoparticle Catalysts [J]. Journal of Catalysis, 2001, 203 (1): 1-6.

[23] Zhou Z Y, Tian N, Chen Y J, et al. In situ rapid-scan time-resolved microscope FTIR spectroelectrochemistry: study of the dynamic processes of methanol oxidation on a nanostructured Pt electrode [J]. Journal of Electroanalytical Chemistry, 2004, 573 (1): 111-119.

[24] Tong Y, Yan X, Liang J, et al. Metal-Based Electrocatalysts for Methanol Electro-Oxidation: Progress, Opportunities, and Challenges [J]. Small, 2019, 1904126.

[25] Spendelow J S, Lu G Q, Kenis P J A, et al. Electrooxidation of adsorbed CO on Pt (111) and Pt (111) /Ru in alkaline media and comparison with results from acidic media [J]. Journal of Electroanalytical Chemistry, 2004, 1-2 (568): 215-224.

[26] Bianchini C, Shen P K. Palladium-Based Electrocatalysts for Alcohol Oxidation in Half Cells and in Direct Alcohol Fuel Cells [J]. Chem. Rev, 2009, 9 (109): 4183-4206.

[27] Tripkovic A V, Popovic K D, Grgur B N, et al. Methanol electrooxidation on supported Pt and PtRu catalysts in acid and alkaline solutions [J]. Electrochimica Acta, 2002, 22-23 (47): 3707-3714.

[28] Tripkovic A V, Popovic K D, Momcilovic J D, et al. Kinetic and mechanistic study of methanol oxidation on a Pt (110) surface in alkaline media [J]. Electrochimica Acta, 1998, 6-7 (44): 1135-1145.

[29] Bagotzk V S, Vassilye Y B. Mechanism of electro-oxidation of methanol on the platinum electrode [J]. Electrochimica Acta, 1967 (12): 1323-1343.

[30] Mclean G F, Niet T, Prince-Richard S, et al. An assessment of alkaline fuel cell technology [J]. International Journal of Hydrogen Energy, 2002, 5 (27): 507-526.

[31] Glzow E, Schulze M. Long-term operation of AFC electrodes with $CO_2$ containing gases [J]. Journal of Power Sources, 2004, 127 (1-2): 243-251.

[32] Wroblowa H S, Pan Y C, Razumney G. Electroreduction of oxygen a new mechanistic criterion [J]. J. Electroanal. Chem., 1976 (69): 195-201.

[33] Markovic N M, Schmidt T J, Grgur B N, et al. Effect of Temperature on Surface Processes at the Pt (111) -Liquid Interface: Hydrogen Adsorption, Oxide Formation, and CO Oxidation [J]. J. Phys. Chem. B, 1999, 40 (103): 8568-8577.

[34] Markovic N M, Schmidt T J, Stamenkovic V, et al. Oxygen Reduction Reaction on Pt and Pt Bimetallic Surfaces: A Selective Review [J]. Fuel Cells, 2001, 2 (1): 105-116.

[35] Markovic N M, Ross Jr P N. Surface science studies of model fuel cell electrocatalysts [J]. Surface Science Reports, 2002, 4-6 (45): 117-229.

[36] Wang J X, Zhang J, Radoslav R A. Double-Trap Kinetic Equation for the Oxygen Reduction Reaction on Pt (111) in Acidic Media [J]. J. Phys. Chem. A, 2007, 49 (111): 12702-12710.

[37] Gasteiger H A, Kocha S S, Sompalli B, et al. Activity benchmarks and requirements for Pt, Ptalloy, and non-Pt oxygen reduction catalysts for PEMFCs [J]. Applied Catalysis B: Environmental, 2005, 56 (1-2): 9-35.

[38] Parsons R, Vandernoot T. The osidation of small organic-molecules -a survey of recent fuel-cell related research [J]. Journal of Electroanalytical Chemistry, 1988, 257 (1-2): 9-45.

[39] Kita H. Effect of hydrogen sulfate ion on the hydrogen ionization and methanoloxidation reactions on platinum tingle-crystal electrodes [J]. Journal of Electroanalytical Chemistry, 1994, 373 (1-2): 177-183.

[40] Sun S G, Clavilier J. Electrochemical study on the poisoning intermediate formed from methanol dissociation at low index and

stepped platinum surfaces [ J ] . Journal of Electroanalytical Chemistry, 1987, 236 ( 1-2 ): 95-112.

[ 41 ] Papoutsis A, Leger J M, Lamy C. Study of the kinetics of adsorption and electrooxidation of meoh on Pt ( 100 ) in an acid-medium by programmed potential vol tammetry [ J ] . Journal of Electroanalytical Chemistry, 1993, 359 ( 1-2 ): 141-160.

[ 42 ] Choi S M, Kim J H, Jung J Y, et al. Pt nanowires prepared via a polymer template method: Its promise toward high Pt-loaded electrocatalysts for methanol oxidation [ J ] . Electrochimica Acta, 2008, 53 ( 19 ): 5804-5811.

[ 43 ] Wang S, Jiang S P, Wang X, et al. Enhanced electrochemical activity of Pt nanowire network electrocatalysts for methanol oxidation reaction of fuel cells [ J ] . Electrochimica Acta, 2011, 56 ( 3 ): 1563-1569.

[ 44 ] Xia B Y, Wu H B, Yan Y, et al. Ultrathin and Ultralong Single-Crystal Platinum Nanowire Assemblies with Highly Stable Electrocatalytic Activity [ J ] . Journal of the American Chemical Society, 2013, 135 ( 25 ): 9480-9485.

[ 45 ] Marković N M, Adžić R R, Cahan B D, et al. Structural effects in electrocatalysis: oxygen reduction on platinum low index single-crystal surfaces in perchloric acid solutions [ J ] . Journal of Electroanalytical Chemistry, 1994, 377 ( 1-2 ): 249-259.

[ 46 ] Zelenay P, Gamboa-Aldeco M, Horanyi G, et al. Adsorption of anions on ultrathin metal deposits on single-crystal electrodes: Part 3. Voltammetric and radiochemical study of bisulfate adsorption on Pt( 111 )and Pt( poly )electrodes containing silver adatoms [ J ] . Journal of Electroanalytical Chemistry, 1993, 357 ( 1-2 ): 307-326.

[ 47 ] Varga K, Zelenay P, Wieckowski A. Adsorption of anions on ultra-thin metal deposits on single-crystal electrodes: Ⅱ: Voltammetric and radiochemical study of bisulfate adsorption on Pt ( 111 ) and Pt ( poly ) electrodes containing copper adatoms [ J ] . Journal of Electroanalytical Chemistry, 1992, 330 ( 1-2 ): 453-467.

[ 48 ] Gamboa-Aldeco M E, Herrero E, Zelenay P S, et al. Adsorption of bisulfate anion on a Pt ( 100 ) electrode: a comparison with Pt ( 111 ) and Pt ( poly ) [ J ] . Journal of Electroanalytical Chemistry, 1993, 348 ( 1-2 ): 451-457.

[ 49 ] Wang C, Daimon H, Lee Y, et al. Synthesis of monodisperse Pt nanocubes and their enhanced catalysis for oxygen reduction [ J ] . Journal of the American Chemical Society, 2007, 129 ( 22 ): 6974-6975.

[ 50 ] Yang W, Wang X, Yang F, et al. Carbon nanotubes decorated with Pt nanocubes by a noncovalent functionalization method and their role in oxygen reduction [ J ] . Advanced Materials, 2008, 20 ( 13 ): 2579-2587.

[ 51 ] Koenigsmann C, Wong S S. One-dimensional noble metal electrocatalysts: a promising structural paradigm for direct methanol fuel cells [ J ] . Energy & Environmental Science, 2011, 4 ( 4 ): 1161-1176.

[ 52 ] Ge Q, Song C, Wang L. A density functional theory study of CO adsorption on Pt–Au nanoparticles [ J ] . Computational Materials Science, 2006 ( 35 ): 247-253.

[ 53 ] Xia B Y, Wu H B, Wang X, et al. One-pot synthesis of cubic PtCu₃ nanocages with enhanced electrocatalytic activity for the methanol oxidation reaction [ J ] . J Am Chem Soc, 2012, 134 ( 34 ): 13934-13937.

[ 54 ] Zhang Z, Luo Z, Chen B, et al. One-Pot Synthesis of Highly Anisotropic Five-Fold-Twinned PtCu Nanoframes Used as a Bifunctional Electrocatalyst for Oxygen Reduction and Methanol Oxidation [ J ] . Adv Mater, 2016, 28 ( 39 ): 8712-8717.

[ 55 ] Koh S, Strasser P. Electrocatalysis on bimetallic surfaces: modifying catalytic reactivity for oxygen reduction by voltammetric surface dealloying [ J ] . Journal of the American Chemical Society, 2007, 129 ( 42 ): 12624-12625.

[ 56 ] Stamenkovic V R, Mun B S, Arenz M, et al. Trends in electrocatalysis on extended and nanoscale Pt-bimetallic alloy surfaces [ J ] . Nature materials, 2007, 6 ( 3 ): 241-247.

[ 57 ] Cai Z, Lu Z, Bi Y, et al. Superior anti-CO poisoning capability: Au-decorated PtFe nanocatalysts for high-performance methanol oxidation [ J ] . Chemical Communications, 2016, 52 ( 20 ): 3903-3906.

[ 58 ] Welsch F G, Stöwe K, Maier W F. Fluorescence-Based High Throughput Screening for Noble Metal-Free and Platinum-Poor Anode Catalysts for the Direct Methanol Fuel Cell [ J ] . ACS Combinatorial Science, 2011, 13 ( 5 ): 518-529.

[ 59 ] Reddington E, Sapienza A, Gurau B, et al. Combinatorial Electrochemistry: A Highly Parallel, Optical Screening Method for Discovery of Better Electrocatalysts [ J ] . Science, 1998, 280 ( 5370 ): 1735-1737.

[ 60 ] Aricò A S, Poltarzewski Z, Kim H, et al. Investigation of a carbon-supported quaternary PtRuSnW catalyst for direct methanol fuel cells [ J ] . Journal of Power Sources, 1995, 55 ( 2 ): 159-166.

[ 61 ] Choi W C, Kim J D, Woo S I. Quaternary Pt-based electrocatalyst for methanol oxidation by combinatorial electrochemistry [ J ] .

Catalysis Today, 2002, 74（3-4）: 235-240.

［62］ Park K W, Choi J H, Lee S A, et al. PtRuRhNi nanoparticle electrocatalyst for methanol electrooxidation in direct methanol fuel cell［J］. Journal of Catalysis, 2004, 224（2）: 236-242.

［63］ Wu G, More K L, Johnston C M, et al. High-performance electrocatalysts for oxygen reduction derived from polyaniline, iron, and cobalt［J］. Science, 2011, 332（6028）: 443-447.

［64］ Ding W, Wei Z, Chen S, et al. Space-Confinement-Induced Synthesis of Pyridinic-and Pyrrolic-Nitrogen-Doped Graphene for the Catalysis of Oxygen Reduction［J］. Angewandte Chemie, 2013, 125（45）: 11971-11975.

［65］ Choi C H, Park S H, Woo S I. Binary and ternary doping of nitrogen, boron, and phosphorus into carbon for enhancing electrochemical oxygen reduction activit［J］. ACS nano, 2012, 6（8）: 7084-7091.

［66］ Liang Y, Wang H, Diao P, et al. Oxygen reduction electrocatalyst based on strongly coupled cobalt oxide nanocrystals and carbon nanotubes［J］. Journal of the American Chemical Society, 2012, 134（38）: 15849-15857.

［67］ Wang H, Liang Y, Li Y, et al. Co$_{1-x}$S-Graphene Hybrid: A High-Performance Metal Chalcogenide Electrocatalyst for Oxygen Reduction［J］. Angewandte Chemie International Edition, 2011, 50（46）: 10969-10972.

［68］ Ham D J, Lee J S. Transition metal carbides and nitrides as electrode materials for low temperature fuel cells［J］. Energies, 2009, 2（4）: 873-899.

［69］ Verde Y, Alonso-Nu EZ G, Miki-Yoshida M, et al. Active area and particle size of Pt particles synthesized from（NH$_4$）$_2$PtCl$_6$ on a carbon support［J］. Catalysis Today, 2005（107-108）: 826-830.

［70］ Calder N J C, Garc A G, Calvillo L, et al. Electrochemical oxidation of CO and methanol on Pt-Ru catalysts supported on carbon nanofibers: the influence of synthesis method［J］. Applied Catalysis B: Environmental, 2015（165）: 676-686.

［71］ Guo J, Sun G, Wang Q, et al. Carbon nanofibers supported Pt-Ru electrocatalysts for direct methanol fuel cells［J］. Carbon, 2006, 44（1）: 152-157.

［72］ Shen Y, Zhang Z, Long R, et al. Synthesis of ultrafine Pt nanoparticles stabilized by pristine graphene nanosheets for electro-oxidation of methanol［J］. ACS Appl Mater Interfaces, 2014, 6（17）: 15162-15170.

［73］ Song S, Liang Y, Li Z, et al. Effect of pore morphology of mesoporous carbons on the electrocatalytic activity of Pt nanoparticles for fuel cell reactions［J］. Applied Catalysis B: Environmental, 2010, 98（3-4）: 132-137.

［74］ Long X, Yin P, Lei T, et al. Methanol electro-oxidation on Cu@Pt/C core-shell catalyst derived from Cu-MOF［J］. Applied Catalysis B: Environmental, 2020（260）: 118187.

［75］ Ahmadi R, Amini M K. Synthesis and characterization of Pt nanoparticles on sulfur-modified carbon nanotubes for methanol oxidation［J］. International Journal of Hydrogen Energy, 2011, 36（12）: 7275-7283.

［76］ Yuan W, Cheng Y, Shen P K, et al. Significance of wall number on the carbon nanotube supportpromoted electrocatalytic activity of Pt NPs towards methanol/formic acid oxidation reactions in direct alcohol fuel cells［J］. Journal of Materials Chemistry A, 2015, 3（5）: 1961-1971.

［77］ Hsieh C T, Lin J Y. Fabrication of bimetallic Pt-M（M=Fe, Co, and Ni）nanoparticle/carbon nanotube electrocatalysts for direct methanol fuel cells［J］. Journal of Power Sources, 2009, 188（2）: 347-352.

［78］ Cao J, Yin X, Wang L, et al. Enhanced electrocatalytic activity of platinum nanoparticles supported on nitrogen-modified mesoporous carbons for methanol electrooxidation［J］. International Journal of Hydrogen Energy, 2015, 40（7）: 2971-2978.

［79］ Fampiou I, Ramasubramaniam A. Binding of Pt Nanoclusters to Point Defects in Graphene: Adsorption, Morphology, and Electronic Structure［J］. The Journal of Physical Chemistry C, 2012, 116（11）: 6543-6555.

［80］ Kim G, Jhi S. H. Carbon Monoxide-Tolerant Platinum Nanoparticle Catalysts on DefectEngineered Graphene［J］. ACS Nano, 2011, 5（2）: 805-810.

［81］ Huang H, Ma L, Tiwary C S, et al. Worm-Shape Pt Nanocrystals Grown on Nitrogen-Doped Low-Defect Graphene Sheets: Highly Efficient Electrocatalysts for Methanol Oxidation Reaction［J］. Small, 2017, 13（10）: 1603013.

［82］ Tian M, Wu G, Chen A. Unique Electrochemical Catalytic Behavior of Pt Nanoparticles Deposited on TiO$_2$ Nanotubes［J］. ACS Catalysis, 2012, 2（3）: 425-432.

［83］ Liu X, Wu X, Scott K. Study of niobium and tantalum doped titania-supported Pt electrocatalysts for methanol oxidation and oxygen reduction reactions ［J］. Catal Sci Technol, 2014, 4（11）: 3891-3898.

［84］ Huang M, Wu W, Wu C, et al. Pt$_2$SnCu nanoalloy with surface enrichment of Pt defects and SnO$_2$ for highly efficient electrooxidation of ethanol ［J］. Journal of Materials Chemistry A, 2015, 3（9）: 4777-4781.

［85］ Huang M, Zhang J, Wu C, et al. Pt Nanoparticles Densely Coated on SnO$_2$-Covered Multiwalled Carbon Nanotubes with Excellent Electrocatalytic Activity and Stability for Methanol Oxidation ［J］. ACS Appl Mater Interfaces, 2017, 9（32）: 26921-26927.

［86］ Zhang H, Hu C, Zhang C, et al. Construction of 3D Pt Catalysts Supported on Co-Doped SnO$_2$ Nanourchins for Methanol and Ethanol Electrooxidation ［J］. Journal of The Electrochemical Society, 2015, 1（162）: 92-97.

［87］ Chen H, Duan J, Zhang X, et al. One step synthesis of Pt/CeO$_2$-graphene catalyst by microwaveassisted ethylene glycol process for direct methanol fuel cell ［J］. Materials Letters, 2014（126）: 9-12.

［88］ Tao L, Shi Y, Huang Y-C, et al. Interface engineering of Pt and CeO$_2$ nanorods with unique interaction for methanol oxidation ［J］. Nano Energy, 2018（53）: 604-612.

［89］ Cui X, Shi J, Chen H, et al. Platinum/Mesoporous WO$_3$ as a Carbon-Free Electrocatalyst with Enhanced Electrochemical Activity for Methanol Oxidation ［J］. J. Phys. Chem. B, 2008, 38（112）: 12024-12031.

［90］ Zhang J, Tu J P, Du G H, et al. Pt supported self-assembled nest-like-porous WO$_3$ hierarchical microspheres as electrocatalyst for methanol oxidation ［J］. Electrochimica Acta, 2013（88）: 107-111.

［91］ Tang B, Lin Y, Xing Z, et al. Porous coral reefs-like MoS$_2$/nitrogen-doped bio-carbon as an excellent Pt support/co-catalyst with promising catalytic activity and CO-tolerance for methanol oxidation reaction ［J］. Electrochimica Acta, 2017（246）: 517-527.

［92］ Zhai C, Sun M, Zhu M, et al. Insights into photo-activated electrode for boosting electrocatalytic methanol oxidation based on ultrathin MoS$_2$ nanosheets enwrapped CdS nanowires ［J］. International Journal of Hydrogen Energy, 2017, 42（8）: 5006-5015.

［93］ Chang J, Feng L, Liu C, et al. Ni$_2$P enhances the activity and durability of the Pt anode catalyst in direct methanol fuel cells ［J］. Energy & Environmental Science, 2014, 7（5）: 1628.

［94］ Li X, Luo L, Peng F, et al. Enhanced activity of Pt/CNTs anode catalyst for direct methanol fuel cells using Ni$_2$P as co-catalyst ［J］. Applied Surface Science, 2018（434）: 534-539.

［95］ Feng L, Li K, Chang J, et al. Nanostructured PtRu/C catalyst promoted by CoP as an efficient and robust anode catalyst in direct methanol fuel cells ［J］. Nano Energy, 2015（15）: 462-469.

［96］ Xiao Y, Zhan G, Fu Z, et al. Robust non-carbon titanium nitride nanotubes supported Pt catalyst with enhanced catalytic activity and durability for methanol oxidation reaction ［J］. Electrochimica Acta, 2014（141）: 279-285.

［97］ Xiao Y, Fu Z, Zhan G, et al. Increasing Pt methanol oxidation reaction activity and durability with a titanium molybdenum nitride catalyst support ［J］. Journal of Power Sources, 2015（273）: 33-40.

［98］ Yan Z, He G, Shen P K, et al. MoC-graphite composite as a Pt electrocatalyst support for highly active methanol oxidation and oxygen reduction reaction ［J］. Journal of Materials Chemistry A, 2014, 2（11）: 4014.

［99］ Chen S, Wei Z, Qi X, et al. Nanostructured polyaniline-decorated Pt/C@PANI core-shell catalyst with enhanced durability and activity ［J］. J Am Chem Soc, 2012, 134（32）: 13252-13255.

［100］ Xu H, Wang A L, Tong Y X, et al. Enhanced Catalytic Activity and Stability of Pt/CeO$_2$/PANI Hybrid Hollow Nanorod Arrays for Methanol Electro-oxidation ［J］. ACS Catalysis, 2016, 6（8）: 5198-5206.

［101］ Zang J, Dong L, Jia Y, et al. Core-shell structured SiC@C supported platinum electrocatalysts for direct methanol fuel cells ［J］. Applied Catalysis B: Environmental, 2014（144）: 166-173.

［102］ Shanmugam S, Gedanken A. Carbon-coated anatase TiO$_2$ nanocomposite as a high-performance electrocatalyst support ［J］. Small, 2007, 3（7）: 1189-1193.

# 第5章 生物质能材料与技术

## 5.1 概述

生物质是地球上唯一的含碳可再生资源，其高值化综合利用是全球关注的重大热门课题。以生物质作为媒介，通过光合作用可将太阳能转化为固态、液态和气态等多样化产品燃料。生物质能自带化学储能属性，是未来唯一的可以作为燃料的零碳可再生能源，具有储存运输方便、生产周期短、低污染等特点。在传统化石能源日渐枯竭的背景下，生物质能的开发与利用可为解决当前全球变暖、化石能源枯竭和环境污染等重大问题提供有效途径。

目前生物质能在世界能源总消费量中已占 14%，是继煤炭、石油、天然气之后的"第四大"能源[1]。根据国际能源署（International Energy Agency，IEA）的研究，2030 年全球 36%的能源消费来自可再生能源，其中生物质能将占到 60%[2]。我国是一个"富煤贫油少气"的国家，在一次性能源消费中，煤炭占 70%以上，而油气资源的储量相对较低，难以扮演能源转型升级的主角。通过生物质能的开发利用，可替代化石能源，缓解能源危机，使能源供应多元化；通过利用清洁可再生生物质能，可减少温室气体的排放，降低化石能源造成的环境污染。因此，发展生物质能对改善我国能源结构、解决能源供需矛盾、实现"双碳"目标，以及促进经济社会可持续发展具有重要意义。

### 5.1.1 生物质

生物质是指利用大气、水、土地等通过光合作用而产生的各种有机体，包括所有来源于动植物和微生物以及它们衍生得到的材料。生物质通常为有机高分子物质，主要由碳、氢和氧三种元素组成，容易被自然界微生物降解为水、二氧化碳和其他小分子，它们能够重新进入自然界循环，因此生物质具有可再生和可生物降解的特征。

地球上生物质资源丰富、种类繁多且分布广泛。按照生物质来源的不同，能够将其转化为能源利用的生物质分为林业资源、农业资源、生活污水和工业有机废水、城市固体废弃物和畜禽粪便等五大类。

① 林业资源　林业生物质资源是指森林生长和林业生产过程中提供的生物质能源，包括薪炭林，在森林抚育和间伐作业中的零散木材，残留的树枝、树叶和木屑等；木材采运和加工过程中的枝丫、锯末、木屑、梢头、板皮和截头等；林业副产品的废弃物，如果壳和果核等。

② 农业资源　农业生物质资源是指农业作物（包括能源作物）；农业生产过程中的废弃物，如农作物收获时残留在农田内的农作物秸秆（玉米秸、高粱秸、麦秸、稻草、豆秸和棉秆等）；农业加工业的废弃物，如农业生产过程中剩余的稻壳等。能源植物泛指各种用于提供能源的植物，通常包括草本能源作物、油料作物、制取烃类植物和水生植物等。

③ 生活污水和工业有机废水　生活污水主要由城镇居民生活、商业和服务业的各种排水组成，如冷却水、日常清洁排水、厨房排水、粪便污水等。工业有机废水主要是酿酒、制糖、食品、制药、造纸及屠宰等行业在生产过程中排出的废水等。

④ 城市固体废弃物　城市固体废弃物主要是由城镇居民生活垃圾，商业、服务业垃圾和少量建筑业垃圾等固体废物构成。

⑤ 畜禽粪便　畜禽粪便是粮食、农作物秸秆和牧草等生物质的转化形式。我国是农业生产大国，农业生物质资源非常丰富，主要包括农作物秸秆（主要为水稻、玉米和小麦秸秆）和农产品加工废弃物（稻壳、玉米芯、花生壳、甘蔗渣等）。我国现有的森林和造林面积也可以提供丰富的林业生物质资源，薪炭林、林业废弃物及平茬灌木等可用于生产生物质能源，在我国农村能源中占有重要地位。因此大力发展我国农业、林业等生物质资源的应用潜力具有重要意义。

## 5.1.2　生物质能

生物质能是人类历史上最早使用的能源，是人类赖以生存的重要能源。生物质能是以生物质作为媒介储存太阳能，可转化为常规的固态、液态和气态燃料，是一种取之不尽、用之不竭的可再生能源，同时也是唯一一种可再生碳源[3]。生物质能的原始能量来源于太阳，是一种以生物质为载体，将太阳能以化学能形式储存在生物质中的一种能量形式，它直接或间接地来源于植物的光合作用：

$$x\text{CO}_2 + y\text{H}_2\text{O} \longrightarrow \text{C}_x(\text{H}_2\text{O})_y + x\text{O}_2 \qquad (5\text{-}1)$$

相比于传统化石能源，生物质能具有以下特点。

① 可再生性　生物质能是从太阳能转化而来，通过植物的光合作用将太阳能转化为化学能储存在生物质内部的能量，与风能、太阳能等同属可再生能源，可实现能源的永续利用。

② 清洁、低碳　生物质能属于清洁能源，有害物质含量很低。同时生物质能的转化过

程是通过绿色植物的光合作用将二氧化碳和水合成生物质，生物质能的使用过程又生成二氧化碳和水，形成二氧化碳的循环排放过程，能够有效地减少人类二氧化碳的净排放量，降低温室效应。

③ 替代优势　利用现代技术可以将生物质能转化成可替代化石能源的生物质成型燃料、生物质可燃气、生物质液体燃料等。在热转化方面，生物质能可以直接燃烧或经过转换，形成便于储存和运输的固体、气体和液体燃料，可运用于大部分使用石油、煤炭及天然气的工业锅炉和窑炉中。

④ 原料丰富　生物质能资源丰富，分布广泛。根据世界自然基金会预计，全球生物质能潜在可利用量可达 350 EJ/年（约合 82.12 亿 t 标准油，相当于 2009 年全球能源消耗量的 73%）[4]。根据我国《可再生能源中长期发展规划》统计，我国生物质资源可转换为能源的潜力约 5 亿 t 标准煤，随着造林面积的扩大和经济社会的发展，我国生物质资源转换为能源的潜力可达 10 亿 t 标准煤[4]。

## 5.1.3　生物质能利用技术

实现规模化开发利用的生物质能利用方式主要包括生物质发电、液体生物燃料、沼气和生物质制氢等。生物质能转化技术主要包括燃烧、热化学法、生物化学法和物理化学法等，将生物质能转化为二次能源，即热量或电力、固体燃料（木炭或成型燃料）、液体燃料（生物柴油、生物原油、甲醇、乙醇和植物油等）和气体燃料（氢气、生物质燃气和沼气等）。

### 5.1.3.1　生物质燃烧技术

生物质因具有低污染性特点，特别适合燃烧转化利用，是一种优质燃料。生物质燃烧所产生的能量可被用来产生电能或供热，应用于室内取暖、工业过程、区域供热和发电以及热电联产等领域。其中，工业过程和区域供热主要采用机械燃烧方式，适用于大规模生物质利用，效率较高，配以汽轮机、蒸汽机、燃气轮机或斯特林发动机等设备，可用于发电及热电联产。目前生物质直接燃烧发电的技术瓶颈主要是锅炉的设计制造、生物质原料的收集与运输、原料预处理设备的研制。

### 5.1.3.2　生物质固化技术

生物质固化技术主要是指致密成型技术，是将松散、细碎、无定形的生物质原料在一定机械加压作用下（加热或不加热）压缩成密度较大的棒状、粒状、块状等成型燃料。制成的成型燃料体积小、能量密度相对高，便于运输、销售及燃用。

生物质粉碎是致密成型前对原料的基本处理，粉碎质量好坏直接影响成型后的性能。干燥和压缩是致密成型的重要工艺过程。原料中的水分影响致密成型较为明显，当水分超标，温度升高时，易产生爆炸；水分过低，范德华力降低，致密成型较难。致密成型过程中通常会加入黏结剂，其目的是增加压块的热值和增加黏结力。其黏结力主要是靠挤压过程所产生的热量，使得生物质中木质素产生塑化与黏性，成型物再进一步炭化制成木炭。

固化技术解决了生物质形状各异、堆积密度小且较松散、运输和储存使用不方便等问题，提高了生物质的使用效率。但目前固化技术仍存在以下主要问题：a.设备要求较高。成型燃料的密度是决定成型炭质量的重要指标，它与成型机的性能特别是螺杆的性能有极大关系；b.成型炭燃烧过程中产生大量的可燃性气体，其中含有部分焦油成分，对人体和环境造成污染；c.得率较低。

### 5.1.3.3　生物质液化技术

生物质能是唯一能转化为液体燃料的可再生能源。生物质液化技术是把固态的生物质经过一系列化学加工过程，使其转化成液体燃料（主要是指汽油、柴油、液化石油气等液体烃类产品以及甲醇和乙醇等醇类燃料）的清洁利用技术。

生物质液化是在一个高温高压条件下进行的热化学过程，其目的在于将生物质转化成高热值的液体产物。生物质液化的实质即是将固态大分子有机聚合物转化为液态小分子有机物。其过程主要由三个阶段构成：首先是破坏生物质的宏观结构，使其分解为大分子化合物；其次是将大分子链状有机物解聚，使之能被反应介质溶解；最后在高温、高压作用下经水解或溶解以获得液态小分子有机物。根据化学加工过程的不同技术路线，液化又可以分成直接液化和间接液化，直接液化通常是把固体生物质在高压和一定温度下与氢气发生加成反应（加氢）；间接液化是指将生物质气化得到的合成气（一氧化碳与氢气），经催化合成液体燃料（甲醇或二甲醚等）。

生物质液化技术的发展进程与规模涉及资源获得、技术进步和成本下降等一系列重大问题。某些生物质转化为液体燃料时需要消耗等量甚至更多的化石能源，急需改进工艺减少能耗，实现低能耗转化。

### 5.1.3.4　生物质气化技术

生物质气化技术是一种热化学处理技术。气化是在一定的热力学条件下，以氧气（空气、富氧或纯氧）、水蒸气或氢气等作为气化剂，通过气化炉将生物质中可燃部分转化为小分子可燃气（一氧化碳、氢气、甲烷等）的热化学反应。生物质气化过程中所用的气化剂不同，得到的气体燃料也不同。典型的气化工艺有干馏工艺、快速热解工艺和气化工艺。其中，前两种工艺适用于木材或木屑的热解，后一种工艺适用于农作物（如玉米、棉花等）秸秆的气化。气化可将生物质转换为高品质的气态燃料直接应用于锅炉燃料或发电，或作为合成气进行间接液化以生产甲醇、二甲醚等液体燃料、化工产品或提炼得到氢气。

整个气化过程主要包括干燥、热解、氧化和还原反应等四个区域，每个区域之间没有严格的界限。干燥是指对生物质的除湿，生物质原料进入气化炉后，大部分水分在温度低于105℃条件下除去，此过程较缓慢。生物质热解是指固体燃料在初始加热阶段的脱挥发分或热分解，在 300~400℃温度段内热解反应最为剧烈，热解析出焦油、炭和二氧化碳、一氧化碳、氢气、甲烷等大量的气体。氧化反应温度可达 1000~1200℃，主要是气化介质中的氧和生物质中的碳发生反应，放出大量的热。还原反应没有氧气的存在，在氧化反应中生成的二氧化碳与碳和水蒸气发生还原反应，吸收一部分热量，该反应温度为 700~900℃。

生物质气化时其能量利用率是直接燃烧的 3~5 倍，与煤相比，生物质作为气化原料具有更好的反应性，产物中挥发成分含量高。气化设备是气化技术的关键。生物质气化的主要设备包括固定床气化炉和流化床气化炉，后者比前者具有更大的经济性。

# 5.2 生物质发电

顾名思义，生物质发电是利用生物质原料进行发电的技术。用于发电的生物质通常为农业和林业的废物，如秸秆、稻草、木屑、甘蔗渣、棕榈壳等。生物质发电技术可以分为生物质直接燃烧发电、生物质气化发电以及沼气发电技术。生物质直接燃烧发电技术在大规模下效率较高，但要求原料集中，适用于现代化大农场或大型加工厂的废物处理等；而生物质气化发电具有在中小规模下效率较高、使用灵活的特点，适用于对比较分散不便收集运输的农业废弃物的处理利用。沼气发电主要以农业、工业和城镇生活的废弃有机物为原料，通过对这些有机废弃物进行厌氧发酵处理产生沼气，然后利用沼气发电机组进行发电。

## 5.2.1 生物质直接燃烧发电

生物质直接燃烧发电的主要原理是通过将生物质原料直接送入锅炉燃烧，将化学能转换成热能产生高温高压蒸汽，然后进入汽轮发电机进行发电。该过程包括振动炉排、流化床燃烧和汽化后的二次燃烧，其系统构成主要包括生物质原料收集系统、预处理系统、储存系统、给料系统、燃烧系统、汽水系统、电气系统和烟气处理系统。用于生物质直接燃烧发电的生物质燃料主要包括秸秆、稻壳、甘蔗渣、废木材、造纸厂废料等。

生物质直接燃烧发电具有以下特点：a.采用生物质燃烧技术可以快速实现生物质资源的大规模减量化、无害化、资源化利用，具有良好的经济性和开发潜力；b.生物质燃烧产物用途广泛，可以综合利用；c.生物质燃烧过程中二氧化碳的释放量大体相当于其生长时通过光合作用所吸收二氧化碳的量，因此可以认为是二氧化碳的零排放，有助于缓解温室效应。目前生物质直接燃烧发电的主要技术成熟，适用于原料容易收集的地区，或集中大规模生物质发电（>25MW）[5]。

## 5.2.2 生物质气化发电

生物质气化发电的主要原理是通过生物质气化炉将生物质转化成可燃气，再利用可燃气推动燃气发电设备进行发电。该发电过程主要涉及生物质气化、气体净化、燃气发电等三个方面。气化炉产生的燃气需首先通过燃气净化系统将其中的焦油等杂质除去，然后才能进入燃气轮机、燃气内燃机或燃气锅炉进行燃烧。生物质气化发电技术主要解决了生物质原料难以燃用又分散的特点，可以充分发挥燃气发电设备紧凑的优点，同时还能够减少污染。

生物质气化发电技术一般分为内燃机发电系统+余热锅炉、燃气轮机发电系统、燃气锅炉+蒸汽轮机发电系统及联合循环发电系统（燃气-蒸汽联合循环发电系统）。前三种系统较简单，技术投资相对较低，适合中小型的发电工程，而联合循环发电系统技术较为复杂，效率较高，但投资相对较大，适合于大型发电工程。

生物质气化发电具有以下特点：a.技术较灵活，分散利用比较合理。适用于资源较分散、远途运输困难的生物质材料利用。b.环境友好。能够有效地减少二氧化碳、二氧化硫的排放，气化过程温度较低，能够有效控制氮氧化物的排放。c.能够避免生物质原料在燃烧过程中易发生的结渣、团聚等问题。d.发电成本低。生物质气化发电的技术灵活性，使其在小规模下也能产生较好的经济性，而且发电过程简单、设备紧凑、投资较小，综合发电成本低。

### 5.2.3　沼气发电

沼气由 50%~80%的甲烷、20%~40%的二氧化碳、0%~5%的氮气、小于 1%的氢气、小于 0.4%的氧气和 0.1%~3%的硫化氢等气体组成，主要成分是甲烷。用于产生沼气的生物质原料包括农作物秸秆、人畜的粪便、生活污水和工业废水等。沼气发电的主要原理是将有机生物质原料在厌氧环境下进行微生物发酵、分解、代谢产生沼气；沼气燃料在气缸内压缩，用火花塞使其燃烧，通过活塞的往复运动得到动力，然后连接发电机发电。沼气发电的工艺流程包括原料收集和预处理、厌氧消化、出料后处理、发电等。

沼气是一种具有较高热值的可燃气体，与其他燃气相比，其抗爆性能较好，是一种很好的清洁燃料。沼气发电具有以下特点：a.有助于减少温室气体的排放。通过沼气发电工程可以减少甲烷的排放，每减少 1t 甲烷的排放，相当于减少 25t 二氧化碳的排放，有利于缓和温室效应。b.有利于变废为宝，提高沼气工程的综合效益。c.可减少对周围环境的污染。由于综合利用手段单一，目前很多沼气工程产生的沼气大量排入大气中，不仅严重污染环境，也对人类的安全和健康产生了极大的威胁，沼气发电则为沼气找到了一条合理利用的途径。d.为农村地区能源利用开辟新途径。我国农村偏远地区还有许多地方严重缺电，如牧区、海岛、偏僻山区等高压输电较为困难，而这些地区却有着丰富的生物质原料。因地制宜地发展沼气发电，可取长补短就地供电。

## 5.3　生物燃料乙醇

乙醇是一种优质的液体燃料，每千克乙醇完全燃烧时能释放出约 30000kJ 的热量。当前世界上 90%以上的乙醇是通过利用生物质原料（玉米、小麦、薯类等淀粉类，甘蔗、甜菜、糖蜜等糖类，秸秆、林木等纤维素类，以及橡子仁、葛根等野生植物）经发酵蒸馏来生产的，故称为生物燃料乙醇[6]。生物燃料乙醇属于可再生能源，是近年来备受关注的石油替代燃料。在化石燃料尤其是液体燃料日趋紧张的当今社会，生物燃料乙醇的开发应用具有重要的现实意义。

乙醇不仅是一种优质液体燃料，也是一种优良的燃油品质改善剂。利用燃料乙醇具有以下优点：

① 可以替代或部分代替汽油作为发动机燃料，减少汽油用量，缓解化石燃料的紧张，从而减轻对石油进口的依赖，提高国家能源安全性；

② 乙醇作为汽油的高辛烷值组分，可提高点燃式内燃机的抗爆震性，使发动机运行更平稳；

③ 乙醇是有氧燃料，掺混到汽油中，可替代对水资源有污染的汽油增氧剂甲基叔丁基醚（methyl tert-butyl ether，MTBE），使颗粒物、一氧化碳、挥发性有机化合物等大气污染物排放量平均降低 1/3 以上；

④ 可以有效消除火花塞、气化、活塞顶部及排气管、消声器部位积炭的形成，延长主要部件的使用寿命。

1973 年第一次世界石油危机爆发后，巴西开始大规模利用生物质生产燃料乙醇替代燃料汽油。随后其他许多国家相继开展了相关技术研究，并作为替代液体燃料被推广应用。美国从 20 世纪 80 年代开始，利用过剩的玉米为原料生产燃料乙醇，并以 10%的比例作为含氧添加剂掺入汽油中，代替有致癌作用的 MTBE，1999 年产量达到 $6.0 \times 10^9$L。瑞典和法国等采用小麦和胡萝卜为原料生产燃料乙醇，作为含氧添加剂加入汽油和柴油中应用。中国、印度、泰国、津巴布韦和南非等国也于 20 世纪 90 年代开始实施乙醇汽油计划。到本世纪初，全世界生产的燃料乙醇约 $3.5 \times 10^{10}$L，其中 58%供作汽车燃料[7]。

乙醇汽油是燃料乙醇的终端产品，是指在不添加含氧化合物的液体烃类中加入一定量变性燃料乙醇后用作点燃式内燃机的燃料。根据乙醇加入的体积进行标识，如 $E10$（90），$E$ 为体积量（汽油牌号），即添加乙醇体积为 10.0%（体积百分比）的 90 号汽油。按乙醇在燃料中所占体积的百分比，乙醇汽油可分为：低比例乙醇汽油（设乙醇含量为 $c$，$c \leqslant 10\%$）；中比例乙醇汽油（$10\% < c \leqslant 50\%$）；高比例乙醇汽油（$50\% < c \leqslant 80\%$）；纯乙醇燃料（$c > 80\%$）。为改善冷启动性能，一般乙醇汽油都加有一定量的汽油或轻烃组分，目前大量应用的是 10%的产品[7]。

## 5.3.1 生物燃料乙醇的制备原理

乙醇的制备方法可概括为两大类，即化学合成法和微生物发酵法。目前世界上 90%以上的生物燃料乙醇通过微生物发酵法制备，即利用微生物（主要是酵母菌），在无氧条件下将糖类、淀粉类或纤维素类原料转化为乙醇。乙醇发酵的生化反应可概括为三个阶段：a.大分子物质（包括淀粉、纤维素和半纤维素）水解为葡萄糖和木糖等单糖分子；b.单糖分子经糖醇解形成二分子丙酮酸；c.在无氧条件下丙酮酸被还原为二分子乙醇，并释放二氧化碳。糖类原料无需经过第一阶段，大多数乙醇发酵菌都有直接分解蔗糖等双糖为单糖的能力，而直接进入糖酵解和乙醇还原过程[8]。

### （1）水解反应

大多数乙醇发酵菌都没有水解多糖的能力，或能力低下；没有合成水解酶系的能力，或酶活性很低，不能满足工业生产需求。在乙醇生产工艺中，常采用人工水解的方式将淀粉或纤维素降解为单糖分子。淀粉一般采用霉菌生产的淀粉酶为催化剂，而纤维素则可采用酸、碱或纤维素酶为催化剂。

### （2）糖酵解

乙醇发酵过程是酵母等乙醇发酵微生物在无氧条件下利用其特定酶催化的一系列有机质分解代谢的生物化学反应过程。反应底物为糖类、有机酸或氨基酸，其中最重要的是糖类，包括五碳糖和六碳糖。由葡萄糖降解为丙酮酸的过程称为糖酵解，有四个途径：糖酵解途径、己糖单磷酸途径、恩特纳-杜德洛夫（Entner-Doudoroff，ED）代谢途径和磷酸解酮酶途径，其中糖酵解途径最重要，一般乙醇生产所用的酵母菌都是以此途径发酵葡萄糖所得。

## 5.3.2 生物燃料乙醇的制备工艺

凡是含有可发酵糖或可转变为可发酵糖的材料都可以作为制备乙醇的生物质原料。常用的生物质原料有以下几种。

① 淀粉类原料 主要包括谷物和薯类两种。谷物有玉米、小麦、高粱和大米等，薯类有甘薯、木薯和马铃薯等。

② 糖类原料 主要是甘蔗、甜菜和糖蜜等。糖蜜是制糖工业的副产品，甘蔗糖蜜的产量约为加工甘蔗量的 3%，甜菜糖蜜的产量是加工甜菜量的 3.5%~5%。

③ 纤维素类原料 纤维素类原料是地球上可再生的生物质资源。我国的纤维素类原料种类繁多，主要有农作物秸秆、稻草、林业副产品、工业废物和城市垃圾等。

④ 其他原料 主要是指造纸厂的亚硫酸纸浆废液、淀粉厂的甘薯淀粉渣和马铃薯淀粉渣、奶酪工业的副产物（一些野生植物和乳清等）。

在不同制备方法的各工艺流程中，如糖化、发酵、水解、脱水、洗涤、消毒和消泡等，还需要多种相应的辅助原料，如耐高温的 α-淀粉酶、高活性的糖化酶、酸性蛋白酶和活性干酵母等微生物以及尿素、纯碱、漂白粉和硫酸等化学品。

糖类原料能够通过微生物代谢直接生成乙醇，淀粉类和纤维素类原料都要先通过水解得到可发酵糖后制得乙醇。微生物发酵法制备乙醇大致分为三步：a.可发酵糖的生成；b.糖发酵成乙醇；c.乙醇的分离提纯（通常用蒸馏法）。其中主要步骤为水解生成可发酵糖和发酵。制备工艺过程如图 5-1 所示[7]。

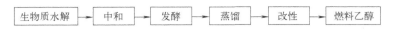

图 5-1　微生物发酵法制备燃料乙醇的工艺流程

## 5.3.3　糖类原料制备生物燃料乙醇

糖类原料（如甘蔗、甜菜等）所含的糖分主要是蔗糖，是一种由葡萄糖和果糖通过糖苷键结合的双糖，在酸性条件下可分解为葡萄糖和果糖。酵母菌可水解蔗糖为葡萄糖和果糖，并在无氧条件下发酵葡萄糖和果糖生产乙醇。

使用糖类原料生产乙醇无需蒸煮、液化和糖化等工序，其工艺过程和设备均比较简单，生产周期比较短。但是原料的干物质含量高，糖分产酸细菌灰分和胶体物质很多，因此对糖类原料发酵前必须进行预处理。糖类原料的预处理程序主要包括糖汁的制取、稀释、酸化（pH=4.0~5.4）、灭菌、澄清和添加营养盐。糖类原料制备燃料乙醇的工艺流程如图 5-2 所示[8]。

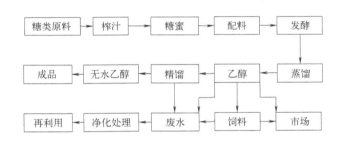

图 5-2　糖类原料制备燃料乙醇的工艺流程

## 5.3.4　淀粉类原料制备生物燃料乙醇

淀粉类原料制备燃料乙醇是以含淀粉的农副产品为原料，利用 $\alpha$-淀粉酶和糖化酶将淀粉转化为葡萄糖，再利用酵母菌产生的酒化酶等将糖转化为乙醇和二氧化碳的生物化学过程。其基本工艺流程包括原料粉碎、蒸煮糊化、糖化、乙醇发酵和乙醇蒸馏等，此外还有培养糖化酶和培养酒母等环节为糖化工艺以及发酵工艺做准备，工艺流程如图 5-3 所示[9]。

为了使原料中的淀粉充分释放出来转化为糖，有必要对原料进行预处理。原料预处理过程包括原料除杂、原料粉碎、原料的水热处理和醪液的糖化。淀粉类原料通过水热处理，成为溶解状态的淀粉、糊精和低聚糖等转化为能被酵母菌利用的可发酵糖，然后酵母再利用可发酵糖发酵制备乙醇。

## 5.3.5　纤维素类原料制备生物燃料乙醇

纤维素是地球上丰富的可再生资源，每年仅陆生植物就可以产生纤维素约 500 亿 t，占

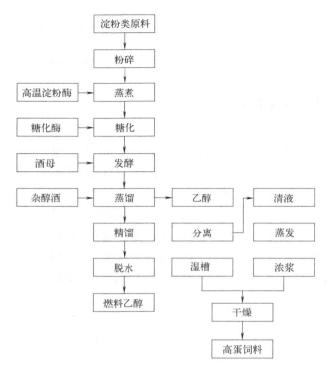

图 5-3  淀粉类原料制备燃料乙醇的工艺流程

地球生物总量的 60%~80%。我国的纤维素原材料非常丰富，仅农作物秸秆、皮壳、茎，每年产量就高达 7 亿 t，其中玉米秸秆（35%）、小麦秸秆（21%）和稻草（19%）是我国三大木质纤维素原料。另外，林业副产品、城市垃圾和工业废物数量也很可观。目前，我国大部分地区依靠秸秆和林副产品作燃料，或将秸秆在田间直接焚烧，不仅破坏了生态、污染了环境，而且由于秸秆燃烧的能量利用率低，造成资源严重浪费。

纤维素原料制备燃料乙醇的工艺包括原料预处理、水解糖化、乙醇发酵、分离提取等，工艺流程如图 5-4 所示[9]。

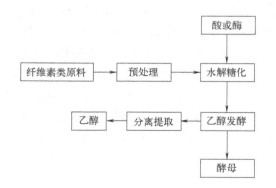

图 5-4  纤维素类原料制备燃料乙醇的工艺流程

原料预处理的目的是破坏木质纤维原料的网状结构，脱除木质素，释放纤维素和半纤维素，以有利于后续的水解糖化过程。

纤维素的水解糖化包括酸法糖化和酶法糖化，其中酸法糖化包括浓酸水解法和稀酸水解法。浓酸水解法糖化率高，但采用了大量硫酸，需要回收重复利用，且浓酸对水解反应器的腐蚀是一个重要问题。稀酸水解溶液中的氢离子能够与纤维素的氧原子结合，使纤维素变得不稳定，容易与水发生反应放出氢离子，纤维素长链断裂解聚，直到分解成为葡萄糖。稀酸水解法工艺较简单，原料处理时间短，但糖化率较低，而且在水解过程中会生成对发酵有害的物质。纤维素的酶法糖化是利用纤维素酶水解糖化纤维素，纤维素酶是一个由多功能酶组成的酶系，有很多种酶可以催化水解纤维素生成葡萄糖，主要包括内切葡聚糖酶、纤维二糖水解酶和 $\beta$-葡萄糖苷酶，这三种酶协同作用催化水解纤维素使其糖化。纤维素分子是具有异体结构的聚合物，酶解速度较淀粉类物质慢，并且对纤维素酶有很强的吸附作用，致使酶解糖化工艺中酶的消耗量大。

纤维素水解糖化后的乙醇发酵方法包括直接发酵法、间接发酵法（混合菌种发酵法、连续糖化发酵法）、固定化细胞发酵法等。直接发酵法的特点是基于纤维分解细菌直接发酵纤维素生产乙醇，不需要经过酸解或酶解前处理。该工艺设备简单、成本低廉，但乙醇产量不高，会产生有机酸等副产品。间接发酵法是先用纤维素酶水解纤维素，酶解后的糖液作为发酵碳源，此法中乙醇产物的形成受末端产物、低浓度细胞以及基质的抑制，需要改良生产工艺来减少抑制作用。固定化细胞发酵法能使发酵器内细胞浓度提高，细胞可连续使用，使最终发酵液的乙醇浓度得以提高。固定化细胞发酵法的发展方向是混合固定细胞发酵，如酵母与纤维二糖一起固定化，将纤维二塘基质转化为乙醇，此法是纤维素生产乙醇的重要手段。

# 5.4  生物柴油

生物柴油是一种以动、植物油脂和餐饮废油等为原料，通过与甲醇或乙醇经酯交换反应得到的脂肪酸甲酯或乙酯，最初由美国科学家 Graham Quick 在 1983 年将亚麻籽油经甲酯化用于柴油发动机而得名。生物柴油分子中的碳原子数与化石柴油接近，两者具有类似的理化性质，能够以任意比例互溶。作为一种替代燃料，纯生物柴油或与化石柴油按一定比例调配后可以直接用于柴油发动机。此外，生物柴油还可用于取暖、船用、农用、发电等非车用柴油替代品，以及机械加工润滑剂和脱模剂等。以可再生原材料制备的生物柴油是典型的绿色清洁能源，燃烧生物柴油时发动机排放出的尾气中所含有害物比燃烧普通柴油大幅度减少，因此生物柴油是重要的可再生清洁液体燃料之一，具有强大的发展潜力。生物柴油的合理开发利用对于促进国民经济可持续发展、保护环境都将产生深远意义。

与传统的化石柴油相比，生物柴油具有以下特点。

① 燃烧性能好  燃烧性能是对柴油质量要求的重要指标，用十六烷值表示，值越高燃烧性能越好。生物柴油的十六烷值和氧含量高，有利于压燃机的正常燃烧，在燃烧过程中所需的氧气量少，燃烧、点火性能均优于化石柴油。

② 环保性能优良　生物柴油基本不含有硫和芳香烃类成分，黑烟、微粒子、二氧化硫、二氧化碳等有害气体排放量少，可减少酸雨的发生。同时，生物柴油的生化降解性能好，且具有可再生性，对环境友好。

③ 发动机启动性能好　生物柴油无添加剂时冷凝点可达零下 20 ℃，具有较好的发动机低温启动性能。

④ 安全性能高　生物柴油闪点高，有利于安全运输、储存。

⑤ 原材料来源广泛且可再生　含有甘油三酸酯的植物油和动物脂肪都可作为制备生物柴油的原料。

## 5.4.1　生物柴油的制备原理

植物油和动物脂肪中含有较多的各种碳链长度的甘油脂肪酸三酯，它们的化学性质基本相同。通过一系列的化学反应将单分子甘油脂肪酸三酯转化为三分子脂肪酸单酯，降低了分子量，改变了材料结构及其物理化学性能，从而提高了作为液体燃料的使用性能。生物柴油制备过程中涉及的化学反应主要包括油脂水解反应、脂肪酸酯化反应和酯交换反应。

### （1）油脂水解反应

油脂水解是指油脂在酸或碱催化条件下水解生成酸和醇，是中和或酯化反应的逆反应。在酸性条件下，酸性溶液提供氢离子与油酯中的羰基结合，强化羰基碳的正电性，促进亲核加成反应，使油脂水解为甘油（丙三醇）和高级脂肪酸，反应式如式（5-2）所示。在碱性条件下，碱能与水解生成的脂肪酸反应生成高级脂肪酸盐（肥皂），促进油脂水解，反应式如式（5-3）所示。油脂在碱性条件下的水解反应也称为皂化反应，工业上就是利用油脂的皂化反应来制取肥皂。

$$
\begin{array}{l}
R_1COOCH_2 \\
R_2COOCH \\
R_3COOCH_2
\end{array}
+ 3H_2O
\xrightarrow[\triangle]{HCl \text{ 或 } H_2SO_4}
\begin{array}{l}
CH_2OH \\
CHOH \\
CH_2OH
\end{array}
+ (R_1,R_2,R_3)COOH
\qquad (5\text{-}2)
$$

$$
\begin{array}{l}
R_1COOCH_2 \\
R_2COOCH \\
R_3COOCH_2
\end{array}
+ 3NaOH
\xrightarrow{\triangle}
\begin{array}{l}
CH_2OH \\
CHOH \\
CH_2OH
\end{array}
+ (R_1,R_2,R_3)COONa
\qquad (5\text{-}3)
$$

### （2）脂肪酸酯化反应

油脂水解后生成脂肪酸，然后加入甲醇，在酸性催化剂作用下进行酯化反应，得到脂肪酸甲酯和水，反应如式（5-4）所示。酯化反应生成的水会阻碍酯化反应的进行，为了使反应进行完全，通常要加过量的脂肪酸或醇，或不断移除反应过程中产生的水，以提高脂肪酸甲酯的收率。

$$
RCOOH + CH_3OH \xrightarrow{\text{酸性催化剂}} RCOOCH_3 + H_2O
\qquad (5\text{-}4)
$$

### （3）酯交换反应

酯交换反应是酯与醇在酸或碱的催化下生成新酯和新醇的反应，即酯的醇解反应。酯化反应为可逆反应，在酯溶液中存在少量的游离醇和酸，酯交换反应正是基于酯化反应的可逆性而进行的。生物柴油生产工艺利用了酯交换的醇解反应，即油脂（甘油三酯）与甲醇在催化剂的作用下，直接生成脂肪酸单酯（生物柴油）和另一种醇（甘油），而不必将油脂水解后再酯化，反应式如式（5-5）所示。酸性和碱性催化剂作用下醇解反应的结果虽然相同，但反应历程和机制完全不同，反应速度和条件也不一样。通常在酸性条件下，要求更高的反应温度，反应时间也比较长。

$$
\begin{array}{l}
R_1COOCH_2 \\
R_2COOCH \\
R_3COOCH_2
\end{array}
+ 3CH_3OH \underset{}{\overset{酸或碱}{\rightleftharpoons}}
\begin{array}{l}
CH_2OH \\
CHOH \\
CH_2OH
\end{array}
+ (R_1,R_2,R_3)COOCH_3
\qquad （5\text{-}5）
$$

## 5.4.2　生物柴油的制备工艺

生物柴油的制备方法分为物理法和化学法。物理法包括直接混合法和微乳化法，化学法包括高温热裂解法和酯交换法。物理法（直接混合法和微乳化法）生产生物柴油能够降低动植物油的黏度，但积炭及润滑油污染等问题难以解决；高温热裂解法的产品中生物柴油含量不高，大部分是生物汽油。因此，酯交换法是目前应用最为广泛的主要制备方法。酯交换法通过使用植物油和动物脂肪作为原材料，与甲醇或乙醇在酸、碱或生物酶等催化剂作用下进行酯交换反应，生成相应的脂肪酸甲酯或乙酯燃料油。生物柴油的制备工艺流程如图 5-5 所示[8]。

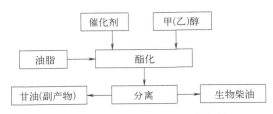

图 5-5　生物柴油的制备工艺流程

### （1）酸催化法

采用硫酸、盐酸等作为催化剂，游离脂肪酸在酸催化条件下发生酯交换反应制备生物柴油。此方法特别适用于油料中酸量较大的情况，尤其是餐饮业废油等。通常酸催化法的酯化反应周期长，工业上一般不采用此方法来制备生物柴油。

### （2）碱催化法

采用氢氧化钠、氢氧化钾等作为催化剂，游离脂肪酸在碱催化条件下发生酯交换反应制备生物柴油。碱催化法虽然可在低温下获得较高产率，但它对原料中游离脂肪酸和水的含量却有较高要求。在反应过程中，游离脂肪酸会与碱发生皂化反应产生乳化现象，而所含水分则能引起酯化水解，进而发生皂化反应，同时减弱碱催化剂活性。乳化现象使甘油相和甲醇相变得难以分离，从而使反应后的处理过程变得繁琐，工业上一般要对原料进行脱水、脱酸处理，或预酯化处理。

### （3）生物酶催化法

生物酶催化法是油脂和低碳醇在生物酶催化作用下进行酯化反应制备生物柴油的方法。与传统的化学法相比，脂肪酶催化酯化与甲醇的作用更有效，不仅可以减少甲醇用量（理论甲醇用量是化学催化的 1/6~1/4），而且可以简化工序（省去蒸发回收过量甲醇和水洗、干燥）。此外，生物酶催化法的反应条件温和，能源消耗少且易于回收甘油，生物柴油的产率较高。用于生物酶催化法制备生物柴油的脂肪酸主要包括酵母脂肪酸、根霉脂肪酸、毛霉脂肪酸、猪胰脂肪酸等。但由于脂肪酸的价格昂贵，生物酶催化法制备生物柴油在工业规模范围的应用受到限制。降低脂肪酸成本的方法包括：采用脂肪酶固化技术，以提高脂肪酶的稳定性并使其能重复利用；开发新的工艺路线以提高脂肪酶的重复利用率等。

# 5.5 生物质制氢

氢气无毒、质轻、燃烧性良好，在传统燃料中热值最高，是公认的清洁能源，其开发利用有助于解决能源危机与环境污染问题。目前主要通过电解水制氢、化石能源制氢等方法来获取氢气。电解水制氢对环境污染小，但电能消耗大；化石能源制氢通常是指水煤气制氢、天然气制氢，虽然成本较低，但在获得氢气的同时会造成大量的碳排放，造成环境污染。生物质制氢是以可再生生物质为原料，利用微生物在常温常压下进行酶代谢来制取氢气的一项技术，具有清洁、节能和不消耗矿物资源等突出优点。自从 1949 年美国生物学家 Gest 等首先发现了深红红螺菌的光合产氢现象，以生物质为基础的制氢技术开始受到研究者们广泛关注。近年来，生物质制氢技术逐步发展，同时为生物质废弃物的转化利用提供了新途径。

## 5.5.1 生物质制氢原理

生物质制氢方法主要包括生物质微生物转化法和生物质热化学转化法两大类。生物质微生物转化法有光合微生物发酵和厌氧微生物发酵两种途径。生物质热化学转化法主要利用生物质热裂解和生物质气化等过程产氢，具有成本低、效率高等特点，是大规模生物质制氢的可行方法。

光合微生物发酵制氢是指微生物（光合细菌或微藻）通过光合作用将底物分解产生氢气的方法。光合细菌属于原核生物，只含有光系统 I，电子供体或氢供体是有机物或还原态硫化物，主要依靠分解有机物产氢。参与氢代谢的酶有三种：固氮酶、氢酶和可逆氢酶。微藻中绿藻、红藻和褐藻属于真核生物，而蓝藻是原核生物，它们都含有光系统 Ⅰ 和光系统 Ⅱ，不含固氮酶。氢代谢全部由氢酶调节，放氢主要通过以下两个途径：葡萄糖等有机供体经分解代谢产生电子供体和生物光水解产氢。在微藻光照制氢过程中，首先是微藻通过光合作用分解水，产生质子和电子并释放氧气，然后微藻通过特有氢酶的电子还原质子释放氢气。厌氧微生物发酵制氢是在厌氧条件下，通过厌氧微生物（细菌）利用多种底物在氮化酶的作用下将其分解制取氢气的过程。产氢菌种主要包括埃希式肠杆菌属、芽孢杆菌、产气肠杆菌属、梭菌属等。底物包括甲酸、丙酮酸、一氧化碳和各种短链脂肪酸等有机物、硫化物、淀粉纤维素等糖类，它们广泛存在于工业有机废物和富含有机物的废水中。为了提高厌氧微生物发酵的制氢产率，除了选育优良的耐氧菌种外，还必须开发先进的培育技术才能够使厌氧微生物发酵制氢实现大规模推广。

生物质热化学转化制氢是指在一定的热力学条件下，将组成生物质的碳氢化合物转化为富氢可燃气体，同时产生的焦油再经过催化裂解进一步转化为小分子气体、富氢气体的过程。生物质热化学转化的制氢工艺是将生物质原料（薪柴、锯末、麦秸、稻草等）压制成型，在气化炉（或裂解炉）中进行气化或裂解反应制得富氢燃气。选择制氢工艺需要综合考虑富氢气体的组分和氢气浓度、制氢过程运行的稳定性、不同生物质原料的适应性及制氢成本等各种因素，以获得满意的产氢率和良好的经济性。根据反应装置和具体操作步骤的差异，生物质热化学转化制氢又细分为生物质热裂解制氢、生物质气化制氢、生物质超临界转化、生物质热解油重整等。

## 5.5.2 生物质制氢工艺

### 5.5.2.1 光合微生物发酵制氢工艺

光合微生物发酵制氢是在一定光照条件下，通过光合微生物发酵分解底物产生氢气。主要研究集中于光合细菌和微藻。光合细菌属于光合异养型微生物，包括深红红螺菌、球形红假单胞菌、深红红假单胞菌、夹膜红假单胞菌、球类红微菌和液泡外硫红螺菌等。微藻属于光合自养型生物，包括蓝澡、绿藻、红藻和褐藻等，目前研究较多的主要是绿藻。

**（1）光合细菌制氢工艺**

光合细菌制氢包括光合细菌批次产氢和光合细菌连续产氢两种形式。光合细菌批次产氢是在经预处理后的底物中加入产氢培养基，然后接种高效产氢光合菌群，密封置于光照生化培养箱内，提供恒温光照环境，用排水法对气体进行收集。光合细菌连续产氢的工艺过程主要由部分循环折流型光合微生物反应器本体、太阳能聚光传输装置、光热转换及换热器、光伏转换和照明装置以及氢气收集储存装置等五部分组成。采用太阳能聚集、传输与光合生物制氢等技术，使光合细菌在密闭光照条件下利用生物质有机物做供氢兼碳源，连续完成高效率的规模化代谢放氢过程，实现可再生的氢能源生产和工农业有机废弃物的清洁化利用。

**（2）微藻制氢工艺**

微藻太阳光水解制氢有直接光解产氢和间接光解产氢两种途径。直接光解产氢中，光合器捕获光子，产生激活能分解水产生低氧化还原电位还原剂，该还原剂进一步在氢酶的作用下还原质子形成氢气，如图 5-6 所示[8]。直接光解产氢反应能够利用地球上充足的水资源获得氢气和氧气，而且不会产生任何污染。间接光解产氢过程中，需要克服氧气对产氢酶的抑制效应，通过氢气和氧气在不同阶段或不同空间进行光分解生物质（蓝藻、绿藻）而连续产氢，具体产氢途径如图 5-7 所示[8]。微藻太阳光水解制氢通过微藻光合作用系统及其特有的产氢酶把水分解为氢气和氧气。该方法以太阳能为能源，以水为原料，能量消耗小，生产过程清洁，已受到世界各国生物制氢研究者的广泛关注。

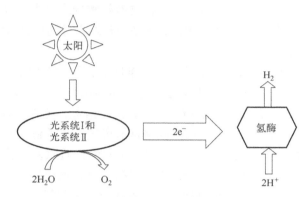

图 5-6　直接光解制氢工艺流程

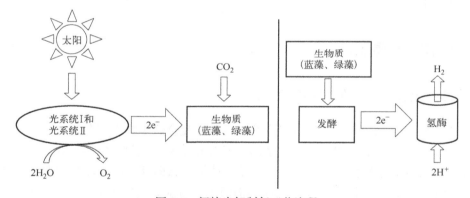

图 5-7　间接光解制氢工艺流程

### 5.5.2.2　厌氧微生物发酵制氢工艺

厌氧微生物发酵制氢利用有机废水或废物等生物质经厌氧发酵制得氢气，通过降解有机废物制取能源，具有极大的环境效益。有机生物质的厌氧降解过程分为水解、产酸发酵、产氢产乙酸和产甲烷等四个阶段。水解阶段是大分子的有机物质在微生物代谢的胞外酶的作用下分解为小分子物质的过程。产酸发酵阶段是指纤维二糖、麦芽糖等小分子物质被微生物细胞吸收并进一步利用的过程，形成的产物称为溶解性微生物代谢产物（soluble microbial product，SMP），主要包括乙酸、乙醇、丁酸和丙酸等。产氢产乙酸阶段是指 SMP 被微生物进一步利用并转化为乙酸、氢气和二氧化碳的过程。产甲烷阶段即在产甲烷菌的作用下，利用产氢产乙酸阶段产生的乙酸和氢气等产物，有机物被进一步分解为甲烷、二氧化碳等。这一阶段是有机物厌氧发酵过程的最后一个阶段，也是重要的限速阶段。

厌氧发酵处理的有机生物大分子物质包括蛋白质、脂类、碳水化合物（淀粉、纤维素、半纤维素和木质素等）和其他含氮化合物。在中温厌氧发酵中主要包括双歧杆菌属、真细菌属、丁酸弧菌属、拟杆菌属、梭状芽孢杆菌属和螺旋体等属的细菌。而高温厌氧发酵中存在链球菌和肠道菌等的兼性厌氧细菌、无芽孢的革兰氏阴性杆菌和有梭菌属。

目前厌氧微生物发酵制氢的产氢量较低，仍不具有大规模推广应用的价值。未来在优化产氢过程工艺参数（有机负荷、反应器类型等）的基础上，研究产氢菌种的优势种群以及选择合适的生物质原料作为产氢底物的有机化合物来源，是提高发酵细菌产氢量的有效途径。

### 5.5.2.3 生物质热裂解制氢工艺

生物质热裂解制氢是在隔绝空气的条件下通过热裂解，将占生物质原料质量 70%~75% 的挥发物质析出转变为气态；将残炭移出系统，然后对热解产物进行二次高温催化裂解，在催化剂和水蒸气的作用下将分子量较大的重烃（焦油）裂解为氢、甲烷和其他轻烃，增加气体中氢的含量；接着对二次裂解后的气体进行催化重整，将其中的一氧化碳和甲烷转换为氢，产生富氢气体；最后采用变压吸附或膜分离技术进行气体分离，得到纯氢。热解反应不加入空气，得到中热值燃气的体积较小，有利于气体分离。生物质热裂解制氢的工艺流程如图 5-8 所示[10]。

生物质热裂解制氢工艺流程的优点：a.无需加入空气，提高了气体的能流密度，并降低了气体分离的难度；b.生物质热裂解在常压下进行，工艺条件宽松；利用生物质原料自身能量平衡，无需提供额外的工艺热量；c.原料适应性广泛。

### 5.5.2.4 生物质气化制氢工艺

生物质气化所使用的气化剂通常为空气（氧气）和水蒸气的混合气，气化得到的产品气体组成有氢、一氧化碳以及少量二氧化碳和甲烷，同时还会产生焦油、炭等。为了获得富氢气体，生物质气化制氢工艺多以水蒸气为气化剂，经过碳与水蒸气反应、水煤气转化反应以及烃类的水蒸气重整反应等过程，产品气中氢气含量可达到 30%~60%。此外，一般在汽化后仍需采用催化裂解方法来降低焦油含量并提高燃气中氢的含量。生物质气化制氢的工艺流程如图 5-9 所示[10]。

生物质气化制氢工艺流程的优点：a.可充分利用产气高热值使生物质裂解并分解一定量的水蒸气，能源转换效率较高；b.原料适应性广泛；c.工艺流程和设备比较简单，适合大规模连续生产。

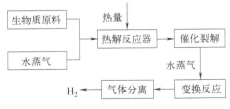

图 5-8 生物质热裂解制氢工艺流程

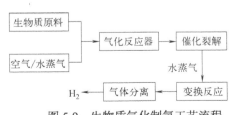

图 5-9 生物质气化制氢工艺流程

# 习题

1. 名词解释：生物质能、生物柴油、燃料乙醇、生物质发电。
2. 列举三种以上生物质能转化技术，并分别加以说明。
3. 简述生物质气化发电的原理及特点。
4. 燃料乙醇具有哪些优点？
5. 乙醇发酵的生化反应需经过哪三个阶段？
6. 与传统的化石柴油相比，生物柴油具有哪些特点？
7. 写出在酸性和碱性条件下的油脂水解反应式，并描述它们的异同点。
8. 简述生物质制氢的两大类方法以及它们的实施途径。

# 参考文献

[1] Ladanai S，Vinterback J. Global Potential of Sustainable Biomass for Energy [J]．2009：013.

[2] 王晶，尹凡，李湘昀，等. 生物质能产业发展面临的挑战及对策 [J]．中国财政，2022（2）：2-3.

[3] Wu Y P，Zhu Y S，Ree T V. Introduction to new energy materials and devices [M]．Bei Jing：Chemical Industry Press，2020.

[4] 夏虎. 生物质能源发展现状及应用前景简述 [J]．华东科技（综合），2018，4：340-342.

[5] 吕游，蒋大龙，赵文杰，等. 生物质直燃发电技术与燃烧分析研究 [J]．电站系统工程，2011，4：4-7.

[6] 王梦，田晓俊，陈必强，等. 生物燃料乙醇产业未来发展的新模式 [J]．中国工程科学，2020，22（02）：47-54.

[7] 黄进，夏涛. 生物质化工与材料 [M]．北京：化学工业出版社，2018.

[8] 任学勇，张扬，贺亮. 生物质材料与能源加工技术 [M]．北京：中国水利水电出版社，2016.

[9] 蔡振兴，李一龙，王玲维，等. 新能源技术概论 [M]．北京：北京邮电大学出版社，2017.

[10] 闫桂焕，孙立，许敏，等. 生物质热化学转化制氢技术 [J]．Renewable Energy，2004，4：33-36.

# 第6章

# 新型二次电池材料与器件

## 6.1 概述

自发明至今，二次电池已成为人类社会不可或缺的储能和供能设备。经过 30 余年的发展，锂离子电池已趋近其理论能量密度的上限。针对日益多样化的能源需求，人们正努力在锂离子电池的基础上发展"下一代"二次电池以满足人类社会对二次电池在能量密度、倍率性能、循环寿命、安全性和成本等方面的要求。因具有突出的能量密度，以金属锂为负极的锂二次电池又重回人们的视野。锂硫电池和锂空气电池作为极具前景的体系在过去二十年间受到了人们的广泛关注。由于锂资源储量有限，从成本和可持续发展的角度考虑，针对其他金属离子电池（如钠、钾、钙等）的研究日益增多，其中钠离子电池的研究进展最为迅速。针对传统锂离子电池有机电解液易燃性的问题，水系电池由于其本身的安全性同样成为人们的重点关注的课题。总的来说，在锂离子电池主导能源市场的同时，基于社会的不同需求，发展"新型"电池体系已成为当下二次电池的研究热点。

## 6.2 锂离子电池

锂离子电池是一类利用内部锂离子在电场作用下的定向运动完成电荷转移，同时外部电子在正负电极之间移动，将化学能转化为电能的二次可充电电池。其主要组成部件是正极、负极、隔膜、电解液和外壳等。锂离子电池的工作原理：当电池充电时，锂离子从正极的含锂化合物脱出，经电解液运动到负极；当电池放电时，嵌入负极的锂离子脱出，重新运动回到正极，进而实现化学能和电能的相互转换，并将电化学能储存在电池中。在锂离子电池充放电循环过程中，锂离子在负极和正极之间的运动状态类似一把摇椅，若把摇椅的两端比作电池的两极，锂离子就在摇椅两端来回运动。因此，人们把锂离子电池的这种电化学储能体系形象地称为"摇椅式电池"（rocking-chair cell）。

金属锂具有极低的电极电位（−3.04V 相对于标准氢电极）和所有金属中最低的比重（$M$=6.94g/mol，$\rho$=0.53g/cm$^3$），因此锂离子电池系统理论上应该能够达到最高的能量密度。锂离子电池在 20 世纪 70 年代初正式进入商品化时代，随后经过近 20 年的不断探索和研究，人们相继开发出了以金属锂作为负极的一系列金属锂一次电池。然而，由于在使用过程中金属锂表面容易形成锂枝晶，锂一次电池不能提供可靠的循环性和安全性，因此，各种锂合金和锂离子化合物逐渐取代金属锂成为新的锂电池电极。锂枝晶形成原理如图 6-1 所示。1980年，"摇椅式电池"的概念被提出，但第一个锂钴氧化物电池却花了 10 年时间才被索尼公司成功商业化。此后，各种类型的锂离子电池（如锰酸锂和磷酸铁锂等）迅速投入实际应用，锂离子电池已被广泛用于移动设备的电源。进入 21 世纪，电动汽车兴起，其对大容量、高功率密度三元和富锂电池的需求，成为锂离子电池发展又一个巨大的机遇和挑战[1-3]。

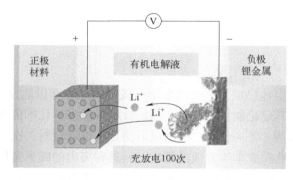

图 6-1　循环 100 次形成锂枝晶原理

## 6.2.1　锂离子电池正电极材料

1980 年，阿曼德（Armand）等人提出了"摇椅式电池"的概念，在充电和放电过程中，锂离子（Li$^+$）在正极和负极之间来回穿梭。含锂的负极材料在空气中普遍不稳定，安全性能较差，所以含锂化合物现在被用作正极材料充当锂离子的来源。为了生产出能量密度和功率密度更高、循环性能和安全性能更好的锂离子电池，正极材料的选择应遵循以下原则[3]。

① 提供锂离子，不仅用于可逆的充放电过程，而且提供负极表面在第一个充放电周期形成固相电解质界面层（solid electrolyte interface，SEI）薄膜时所消耗的 Li$^+$。

② 提供高电极电位，从而提供高输出电压。

③ 电极反应过程中形成稳定的电压平台，以保证电极输出电位稳定。

④ 为了获得高能量密度的正极材料，正极活性材料的电化学当量应尽可能低，可逆脱嵌 Li$^+$容量尽可能大。

⑤ 锂离子扩散系数高。

⑥ 结构稳定。

⑦ 高的电子和离子电导。

⑧ 化学稳定性好、无毒、资源丰富和低制备成本。

⑨ 功率密度高。

在目前的锂离子电池系统中，比容量受到正极材料容量的限制。在电池制造过程中，正极材料成本占材料总成本的 30%以上，因此，合成低成本、高能量密度的正极材料是当前锂离子电池研发的重要目标。

目前最常用的正极材料按其晶体结构可分为三种：

① 钴酸锂正极材料（$LiCoO_2$），具有六角形层状晶体结构。

② 锰酸锂正极材料（$LiMn_2O_4$），具有立方尖晶石晶体结构。

③ 磷酸铁锂正极材料（$LiFePO_4$），具有正交橄榄石晶体结构。

### 6.2.1.1　$LiCoO_2$ 基正极材料

$LiCoO_2$（LCO）是第一代商用锂离子电池正极材料，至今仍是商用锂离子电池中应用最广泛、最成功的正极材料之一。其电压范围为 2.5~4.25V（相对于 $Li/Li^+$）。倘若 1mol $Li^+$ 在充电过程中完全嵌入，相应的理论容量为 274mA·h/g；然而，在放电过程中由于只能嵌入 0.5mol $Li^+$，因此对应的实际容量为 138mA·h/g。$LiCoO_2$ 的合成相有两种，分别为高温相（O3）和低温相（O2）。O3-$LiCoO_2$ 是一种热力学稳定结构，其中氧原子沿（001）方向以 ABCABC……方式排列；此外，在亚稳态 LCO 中，氧沿（001）方向的排列分别为 ABACABAC……和 ABAB……。在不同的层状结构中，随着锂离子含量的不断变化（锂离子与空位的相互作用），钴和氧阵列发生重排，导致新相的出现[2]。目前的研究工作和工业应用主要集中在 O3-$LiCoO_2$。

$LiCoO_2$ 分层的三维晶体结构为锂离子的脱嵌提供了非常合适的二维通道[4]。$LiCoO_2$稳定化合物的研究可追溯到 1980 年，它在结构上类似于铁酸钠（$\alpha$-NaFeO_2），一种基于紧密填充的氧负离子的立方密堆骨架，$Li^+$和钴离子（$Co^{3+}$）交替位于立方岩盐相（111）面（见图 6-2）[5]。

$LiCoO_2$ 一般采用高温固相法制备，该方法操作简单，易于操作，适合工业化生产。同时也有相应的缺点：反应物难于混合均匀；需要较高的反应温度和较长的反应时间；产品颗粒较大；形态不规则且一致性很差。为了克服固相反应的缺点，人们采用溶胶-凝胶法、水热法、共沉淀法和模板法等方法制备 $LiCoO_2$，这些方法的优点是反应过程中能够让 $Li^+$和 $Co^{3+}$充分接触，基本实现原子级混合，而且可以轻松控制产品的粒径和成分。然而，这些制备方法繁琐，工艺流程复杂，导致成本较高，因此不适合工业化生产。

虽然 $LiCoO_2$ 的循环性能优于其他正极材料，但由于其在充放电过程中存在应变效应的加剧、缺陷密度的增加和颗

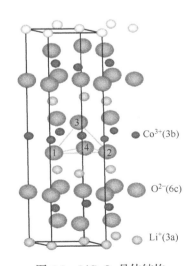

图 6-2　$LiCoO_2$ 晶体结构

粒破碎的随机性等问题，导致其容量仍然容易发生衰减。电极应变效应导致两种类型的阳离子无序化，从而导致缺陷层八面体和八面体结构转化为尖晶石四面体结构。经过长时间的充放电循环，层状结构的 $LiCoO_2$ 会转变为立方尖晶石结构，特别是 $LiCoO_2$ 电极表面。

为了进一步提高 $LiCoO_2$ 的电化学性能，需要对 $LiCoO_2$ 材料进行改进，主要方法包括掺杂和涂层两种。采用硼掺杂的作用是降低极化，减少非水电解质的分解，从而提高循环性能。例如，硼掺杂 $LiCoO_2$ 正极材料的可逆容量可以超过 $130mA \cdot h/g$，当硼元素（B）掺杂的原子百分比为 10%时，正极材料经过 100 次循环后，其可逆容量仍然可以超过 $125mA \cdot h/g$[6]。研究者发现镁掺杂 $LiCoO_2$ 具有优异的循环性能，但对可逆容量的影响并不明显，究其原因是镁掺杂形成的是固溶体结构而非多相结构[7, 8]。此外，陈（Chen）等人研究发现在高截止电压（2.75~4.4V）范围内，通过涂覆氧化锆（$ZrO_2$）等金属氧化物膜层能够提高 $LiCoO_2$ 的循环稳定性和可逆容量（$170mA \cdot h/g$）[9]。他们认为在充放电循环过程中，$ZrO_2$ 涂层与 $LiCoO_2$ 基底之间发生相互作用，在 $LiCoO_2$ 表面反应形成 $LiCo_{1-x}M_xO_2$（M 代表元素锆、铝、钛和硼）的固溶体涂层，从而抑制了 $Li_xCoO_2$ 的形成（0.5<x<1），提高了 $LiCoO_2$ 正极材料的电化学性能。Li 等人通过原位 X 射线衍射的方法研究了在 3.0~5.2V 电位范围（相对于 $Li/Li^+$）内，氧化铝（$Al_2O_3$）涂覆前后 $LiCoO_2$ 正极材料的晶体结构。研究结果表明，在充放电过程中，表面 $Al_2O_3$ 涂层会促使正极材料 $LiCoO_2$ 结构发生可逆相变[10]。

### 6.2.1.2　$LiNiO_2$ 基正极材料

$LiNiO_2$，具有类似于 $LiCoO_2$ 的立方岩盐相结构，但其价格成本低于 $LiCoO_2$ 正极材料。$LiNiO_2$ 的理论容量为 $276mA \cdot h/g$，实际比容量为 $140~180mA \cdot h/g$，工作电压范围为 2.5~4.2V，而且不受充放电截止电压限制[11]。该材料因高温稳定性好、自放电率低和无污染等优点而成为继 $LiCoO_2$ 之后被广泛研究的层状化合物正极材料。然而，$LiNiO_2$ 作为锂离子电池用正极材料仍存在着许多问题需要研究和解决。$LiNiO_2$ 材料的制备比较困难，必须在富氧环境下合成，工艺控制条件也比较苛刻。

目前，人们主要采用固相反应合成制备 $LiNiO_2$ 正极材料，一般是将锂源（氧化锂、氢氧化锂、硝酸锂）和镍源（氧化镍、硝酸镍、氢氧化镍）按照一定的化学计量比混合，在 800℃左右的温度下进行固相反应烧结而成。$LiNiO_2$ 正极材料的制备同样也可采用类似于 $LiCoO_2$ 正极材料的溶胶-凝胶工艺[1, 12]。例如，将氢氧化锂和氢氧化铵溶液加入硝酸镍等镍盐的水溶液中制备获得凝胶，随后在 100℃以下的温度条件下去除溶剂，并用水洗涤清除未反应的锂盐，最后对所得混合物进行 400℃或更高温度的热处理制备获得 $LiNiO_2$ 晶体。当然，除了以上两种常用方法以外，离子交换法、氧化还原法、燃烧法、等离子溅射法和激光沉积法也可应用于 $LiNiO_2$ 正极材料的制备。其中等离子溅射法和激光沉积法常用于微型电池正极材料的制备。层状结构的 $LiNiO_2$ 正极材料的制备温度必须适中，如果温度过高，材料会受热分解产生不纯相；如果温度太低，又不能满足结晶度的需求。

合成制备 $LiNiO_2$ 正极材料的关键技术是如何有效地将低价态镍完全转化为高价态镍。当然，我们可以借助高温条件实现 $LiNiO_2$ 的高效合成，但是在温度超过 600℃的条件下，反应过程中会有三氧化二镍（$Ni_2O_3$）副产物生成，而 $Ni_2O_3$ 高温下容易再次分解产生一氧化镍

（NiO），不利于高价态 $LiNiO_2$ 的稳定形成。因此，合成制备 $LiNiO_2$ 正极材料必须采用严格的低温合成方法。此外，在非水系电解液环境中，三方晶系的 $LiNiO_2$ 制备相对困难，主要是由于伴随有更容易生成的立方晶系的 $LiNiO_2$ 的生成，从而使电极在使用过程中发生比较严重的电化学性能衰减。另外，在充放电循环过程中，$LiNiO_2$ 正极材料极易从三方晶系转变为单斜晶系，导致容量衰减；同时，相变过程中释放的氧气也可能与电解质发生反应。因此，$LiNiO_2$ 正极材料生产工艺的控制非常关键。

$LiNiO_2$ 的热稳定性较差，这主要是由于后期放电过程中会产生不稳定四价镍离子（$Ni^{4+}$）[1, 13]。$Ni^{4+}$ 的氧化能力很强，能够氧化电解质和腐蚀集流器，同时反应过程中伴随有热能和气体的释放。随着充电电压的升高、热分解温度的降低和放热量的增加，热量和气体的累积量达到一定程度时，电池系统就会发生爆炸，最终导致电池系统的破坏。

### 6.2.1.3 $LiMn_2O_4$ 基正极材料

人们在探寻锂离子电池正极材料的过程中，萨克雷（Thackeray）等人在 1983 年提出了一种重要的商业化正极材料：尖晶石结构 $LiMn_2O_4$ 正极材料[14]。$LiMn_2O_4$ 具有三维 $Li^+$ 传输特性，因其价格低廉和性能稳定被广泛关注。与 $LiCoO_2$ 相比，$LiMn_2O_4$ 分解温度高、抗氧化能力强，即使发生短路或过充现象，其燃烧或爆炸的危险性也大大降低。

层状结构的 $LiMnO_2$ 和尖晶石结构的 $LiMn_2O_4$ 是目前人们最感兴趣的两类正极材料[15]。$LiMnO_2$ 属于正交晶系，其氧原子分布形成立方最密堆积结构。其空间点群为 Pmnm，理论比容为 286mA·h/g，具备友好的充放电电压范围（2.5~4.3V）。在充放电循环过程中，层状结构的 $LiMnO_2$ 正极材料很容易发生晶型转变，转变为尖晶石结构的 $LiMn_2O_4$，导致正极材料的可逆比容量衰减。目前，针对 $LiMnO_2$ 正极材料的这一缺点，提高其电化学性能的手段主要有元素掺杂改性和复合材料改性。

$LiMn_2O_4$ 是面心立方结构，Fd3m 空间群，其中氧原子呈面心立方堆积，锰原子交替位于氧原子密堆积的八面体间隙位置，锂原子占据八分之一四面体空隙[4]。$Li^+$ 通过相邻四面体和八面体间隙在锰和氧形成的三维网络结构中嵌入和脱出，产生各向同性的膨胀和收缩，造成轻微的晶体结构体积变化。尖晶石结构的 $LiMn_2O_4$ 作为正极材料具有较高的电压平台 4.0V，理论容量达到 148mA·h/g，与 $LiCoO_2$ 相近。但 $LiMn_2O_4$ 正极材料在实际使用过程中容量会缓慢衰退，目前主要通过改变掺杂离子的种类和数量来调节其电压、容量和循环性能。

$LiMn_2O_4$ 作为锂离子电池正极材料应用的关键问题是其电化学性能的衰减，尤其是在高温下的衰减更为严重。目前的研究认为其主要原因可以归结为以下三个方面[16]：a. 姜-泰勒（Jahn-Teller）效应和钝化层的形成；b. 电解液中微量水的存在使部分六氟磷锂（$LiPF_6$）水解形成氢氟酸（HF），造成锰离子（$Mn^{2+}$）溶解于电解液中，破坏 $LiMn_2O_4$ 的尖晶石结构；c. 在充放电过程中，电解液在高电位条件下的分解效应。

尖晶石结构的 $LiMn_2O_4$ 正极材料通常采用固相反应或溶胶-凝胶反应合成制备[1]。将锂的氢氧化物、碳酸盐或硝酸盐等与锰的氧化物、氢氧化物或碳酸盐按照一定的化学计量比混合，在 700~900℃范围的高温条件下煅烧，制得尖晶石结构的 $LiMn_2O_4$。然而，由于固相反应过程中锂盐与锰盐接触不均匀，造成反应得到的尖晶石结构 $LiMn_2O_4$ 局部均匀性较差，导致其用于锂离子电池正极材料的电化学性能不稳定。溶胶-凝胶法制备获得的尖晶石结构的 $LiMn_2O_4$ 含有的杂质较少，与传统的固相反应相比，该反应制备的材料具有比表面积大、颗粒粒度分布均匀和形貌可控等优点。这些优点使 $LiMn_2O_4$ 正极材料的可逆容量较高，循环性能更好。

改性后的 $LiMn_2O_4$ 正极材料的高温循环性能和电化学储存性能显著提高[17]。目前常用的 $LiMn_2O_4$ 正极材料的改性方法如下：a. 用其他金属离子（如锂、镁、铝、钛、铬、镍、钴等）部分取代锰；b. 减小材料尺寸以及颗粒表面与电解液的接触面积；c. 材料表面改性；d. 改善 $LiMn_2O_4$ 材料与电解质的相容性。孙等人在尖晶石 $LiMn_2O_4$ 表面涂覆氧化铝锂（$LiAlO_2$）薄膜，经热处理后发现 $LiMn_2O_4$ 材料表面产生 $LiMn_{2-x}Al_xO_4$ 的固溶体相。研究结果表明：尖晶石 $LiMn_2O_4$ 颗粒表面 $LiMn_{2-x}Al_xO_4$ 固溶体相的形成能够起到保护电极表面以及提高晶体结构稳定性的作用。经电化学性能表征，其高温循环性能和电化学存储性能以及充放电倍率性能均有提高。制备纳米晶颗粒也是提高 $LiMn_2O_4$ 正极材料性能的一种手段，因为纳米晶颗粒可以同时满足电极材料密度高和尺寸小的要求，达到在不降低电极密度的情况下提高其充放电倍率性能的效果。

### 6.2.1.4　$LiFePO_4$ 基正极材料

$LiFePO_4$ 具有规整的橄榄石结构，属于正交晶系，Pnma 空间群。$LiFePO_4$ 晶体结构中，氧原子以稍微扭曲的六方密堆方式紧密排列，铁原子和锂原子占据八面体空隙，磷原子占据四面体空隙[4]。从结构上看，$PO_4$ 四面体位于 $FeO_6$ 层之间，这在一定程度上阻碍了 $Li^+$ 的扩散运动。此外，共顶点的八面体具有相对较低的电子传导率。因此，$LiFePO_4$ 的结构内在地决定了其只适合于小电流密度下充放电。$LiFePO_4$ 的脱锂产物为磷酸铁（$FePO_4$），实际的充放电过程是处于 $FePO_4/LiFePO_4$ 两相共存状态的。$FePO_4$ 与 $LiFePO_4$ 的结构极为相似，体积也较接近（见图 6-3）。因此 $LiFePO_4$ 具有良好的循环性能。

$LiFePO_4$ 正极材料的理论容量为 170mA·h/g，因其原材料资源丰富、制备成本低、循环性能好和安全性能优异而被广泛应用于电动汽车[1]。$LiFePO_4$ 电极材料曾被用于比亚迪汽车公司生产的腾势电动汽车，但因较低的实际比容量限制了其后续发展。鉴于此缺陷的存在，自 2002 年以来，人们通过掺杂和涂层等技术对其进行改性，显著改善了 $LiFePO_4$ 的导电性和快速充放电的倍率性能[18]。此外，由于 $LiFePO_4$ 具有原材料丰富、成本较低和绿色环保等优点，近十年来该正极材料一直被广泛关注和研究，并在相关方面取得了重大突破。

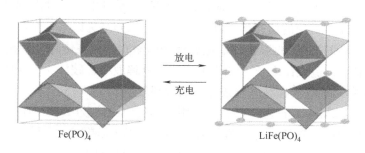

图 6-3　充放电过程 $FePO_4/LiFePO_4$ 两相结构

#### 6.2.1.5　$LiNi_{1-x-y}Co_xMn_yO_2$（NCM）三元正极材料

锂离子电池三元正极材料 $LiNi_{1-x-y}Co_xMn_yO_2$（NCM）因其比容量高、成本低和安全性好等优点而日益受到青睐，被认为是最有前途的锂离子电池正极材料[19]。目前市场上已经有各种类型的 Ni-Co-Mn 三元材料，例如 262、333、442、523 和 811。NCM 三元正极材料的结构类似于 $LiCoO_2$，为 $\alpha$-$NaFeO_2$ 型层状岩盐相结构，属于六方晶系。在三元正极材料体系中，增加 Ni 含量可以提高材料的容量，但会降低材料的循环性和稳定性；增加钴含量可以抑制相变，提高倍率性能；增加 Mn 含量可以提高材料结构的稳定性，但会降低循环容量。因此，三种过渡金属的含量决定了三元正极材料的电化学性能[19, 20]，而初始放电容量、容量保持率、比容量和热稳定性不能兼得，因此必须找到最佳的折中方案。

常用的 NCM 正极材料的制备方法包括高温固相法、共沉淀法、溶胶-凝胶法、喷雾干燥法和燃烧法。

## 6.2.2　锂离子电池负极材料

除正极材料外，负极材料在锂离子电池的发展中也起着重要作用。近年来，为了使锂离子电池具有更高的能量密度和功率密度，同时兼具优异的循环性能和可靠的安全性能，负极材料作为锂离子电池的关键部件受到了广泛的关注。锂离子电池负极材料的选择应满足以下条件：

① 较低的氧化还原电位，使电池获得较高的输出电压。

② 在脱嵌锂的过程中，电极电位变化小，以获得稳定的工作电压。

③ 需要大的可逆容量，匹配高能量密度的锂离子电池。

④ 锂脱嵌过程结构稳定性好，电池循环寿命长。

⑤ 电势低于 1.2V（相对于 $Li^+/Li$）时，负电极表面能够形成致密稳定的 SEI 膜，从而防止电解质进一步不可逆地消耗正极电极表面上的锂。

⑥ 应具有相对较低的 $e^-$ 和 $Li^+$ 传输阻抗，从而获得较高的充放电速率和低温充放电性能。

⑦ 充放电后应具有良好的化学稳定性，从而提高电池的安全性和循环性，降低自放电率。

⑧ 应具有良好的环保制造工艺和电池处理工艺，避免严重污染和环境中毒。

⑨ 制备过程应简单，易于扩展，制造和使用成本不宜过高。

⑩ 应优先选择资源丰富的材料。

目前商用负极材料主要有石墨、硅基材料和氧化钛。

### 6.2.2.1　石墨负极材料

石墨可以细分为人工石墨、天然石墨和中间相碳微球。石墨有两种晶体结构：一种是六角石墨，其碳原子层排列是 ABAB……，另一种是金刚石石墨，其碳原子层排列为 ABCABC…。石墨中的碳原子呈 $sp^2$ 杂化，在范德瓦尔斯力的作用下，碳原子层聚在一起[20]。原子层中的碳原子通过共价键的作用互相结合。锂嵌入石墨的层间结构能够形成一系列插层化合物（$LiC_{24}$、$LiC_{18}$、$LiC_9$ 和 $LiC_6$ 等），它们通常被称为石墨夹层化合物（graphite intercalation compounds，GICS）[21, 22]。

天然石墨资源丰富，价格低廉，其片层结构具有优势，适合锂离子的脱嵌反应。然而，不加修饰的天然石墨循环性能较差，因此目前针对天然石墨的改性一般采用以下方法：

① 球化处理降低天然石墨的比表面积，减少材料在充放电循环过程中的副反应；

② 构建核壳结构，即在天然石墨表面涂上非石墨化碳材料；

③ 改性天然石墨的表面状态（例如官能团），主要采用酸、碱、超声和球磨等处理方法；

④ 引入非金属元素（例如硼、氟、氮和硫）进行掺杂改性。

利用天然石墨作为锂离子电池负极材料，促进了人工石墨的发展。人工石墨是将易石墨化的软碳加热至温度约 2800℃ 的高温条件，从而使次级粒子以随机的方式排列，以此形成有利于电解质渗透和锂离子扩散的多孔结构。因此，人工石墨可以提高锂离子电池的快速充放电性能。

中间相碳微球也是一种重要的人工石墨。1973 年，山田（Yamada）等用中间相沥青制备了微球大小的碳材料，并将其命名为中间相碳微球（mesocarbon microbeads，MCMB）[23]（见图 6-4）。MCMB 具有优越的电化学性能，主要是因为其外表面形成了均匀的颗粒化石墨结构，容易形成稳定的 SEI 膜，有利于锂离子的脱嵌反应[24]；但是，MCMB 的制造成本相对较高。

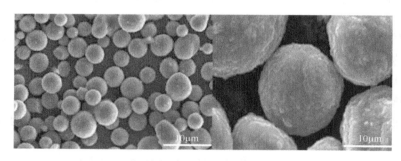

图 6-4　MCMB 微球形貌

研究人员通过改性天然石墨的方法降低负极材料成本。天然石墨颗粒用于锂离子电池负极材料主要存在表面反应不均匀、晶粒尺寸大、循环过程中表面晶体结构不稳定、表面 SEI 膜覆盖不均匀、初始库仑效率低和倍率性能差等诸多问题[24]。为了解决这一系列问题，人们采用了多种方法对天然石墨进行改性，其中包括颗粒球化、表面氧化、软碳和硬碳材料表面涂层等。这些方法极大地提高了天然石墨的电化学性能。

### 6.2.2.2　硅基负极材料

硅材料具有两种形态：结晶态和非晶态，其中非晶硅用作锂离子电池负极材料具有较好的电化学性能。非晶硅的嵌锂过程通常被认为是一个会形成稳定玻璃相的无序过程，该过程可以用化学反应方程式表示：

$$4.4Li + Si \Longleftrightarrow Li_{4.4}Si \qquad (6\text{-}1)$$

$Li_{4.4}Si$ 化合物是硅与锂反应能形成的 Li 含量最高的硅化物。在 0~1.0V（相对于 $Li^+/Li$）的电位范围内，该材料的可逆容量超过 $1000mA \cdot h/g$，但是随后的容量会发生明显衰减。而纳米颗粒的硅负极材料具有更高的实际比容量，经过 10 次循环后，其比容量仍然可以达到 $1700mA \cdot h/g$[25]。在可逆脱嵌锂的充放电循环过程中，非晶态的硅会转变为晶态硅；此外，硅纳米颗粒容易发生团聚。这主要是嵌锂过程中硅材料高达 440% 的体积膨胀效应造成的[26]。在脱锂过程中，由于部分嵌入锂不能脱出，造成纳米颗粒不能恢复原始形态，最终导致负极材料的容量衰减。即使采用化学气相沉积（chemical vapor deposition，CVD）方法制备的非晶态硅薄膜负极材料，其循环性能也不尽理想，这可能是循环过程中薄膜与集流体之间发生剥离现象造成的；虽然可以通过限制电位范围来控制容量衰减，但其可逆容量会略有降低。

将纳米硅和碳纳米材料（如碳纸、碳纳米管或石墨烯）整合到多孔电极中能够有效改善纳米硅负极材料的电化学性能[27]。在这种复合结构中，空隙结构缓冲了硅负极材料的体积膨胀效应，碳纳米材料又能弥补硅材料本身较低的本征电导率，提高其导电性；此外，有利于稳定的 SEI 膜的形成。

### 6.2.2.3　二氧化钛负极材料

二氧化钛（$TiO_2$）具有相对开放的晶体结构，$Ti^{4+}/Ti^{3+}$ 离子之间可以相互转化。因此，二氧化钛可以接受不同离子的电子，为阳离子（例如：$Li^+$、$H^+$、$Na^+$）的嵌入提供空位；同时为了维持电荷平衡，电子将与阳离子（如 $Li^+$）一起迁移到 $TiO_2$ 晶格中。在 $TiO_2$ 负极材料中，锂离子的脱嵌反应的可以用化学方程式表示，电池循环性能取的好坏决于该反应可逆程度[28]：

$$TiO_2 + xLi^+ + xe^- \Longleftrightarrow Li_xTiO_2 \qquad (6\text{-}2)$$

式中，$x$ 为锂嵌入量。

$x$ 的值取决于 $TiO_2$ 的微观形貌、微观结构和表面缺陷。在嵌锂过程中，$TiO_2$ 将由立方晶系转变为斜方晶系 $Li_xTiO_2$。

二氧化钛作为锂离子电池负极材料具有如下优点：

① 1.75V 左右的高锂嵌入电位，解决了锂枝晶的形成问题；
② 在有机电解液中的溶解度较低；
③ 锂脱嵌过程中结构变化较小，充放电过程中的体积效应和附带结构损伤小；
④ 良好的循环性能和较长的服务寿命。

尖晶石型钛酸锂（$Li_4Ti_5O_{12}$）也因其以下优点而成为一种备受关注的负极材料。

① 锂脱嵌过程中的零应变效应；
② 高锂嵌入电位（1.75V）避免锂枝晶的产生和高安全性能；
③ 合适的电压平台；
④ 高扩散系数和高库仑效率。

钛酸锂的诸多优点造就了其优良的循环性能和较高的安全性能，但其导电性好差，大电流充放电时容量衰减严重；通常采用表面改性或掺杂的方法来提高导电性能。例如，研究者通以硝酸镁［$Mg(NO_3)_2$］为镁源，采用固相法制备镁离子（$Mg^{2+}$）掺杂钛酸锂[29]。实验表明：$Mg^{2+}$掺杂不但不会破坏钛酸锂的尖晶石结构，而且使材料具有较好的分散性；电化学性能测试表明在 10C 放电倍率下的比容量接近 83.8mA·h/g，相较于掺杂前的原始材料提高了 2.2 倍；经过 100 次放电后容量也没有发生明显衰减，交流阻抗测试表明掺杂材料的电荷转移电阻显著降低。

以碳酸锂和柠檬酸锂作为锂盐，采用高温固相法分别制备纯相钛酸锂和碳包覆钛酸锂负极材料[30]。经电化学分析表明：碳包覆钛酸锂因其较小的颗粒尺寸和较好的分散性，具有更加优异的电化学性能。这主要是由于碳包覆提高了纯相钛酸锂颗粒表面的电导率，而更小的颗粒尺寸缩短了 $Li^+$ 的扩散路径。

## 6.2.3 锂离子电池电解质

电解质材料也是锂离子电池的关键材料之一，它被誉为锂离子电池的血液，在电池的正负极之间起着传输锂离子的作用。电解质是锂离子电池获得高电压和高容量的必要条件。

### 6.2.3.1 液态电解质

液态电解质是锂离子电池中最常用的一类电解质，通常由高纯有机溶剂、电解液锂盐（$LiPF_6$）、必要的添加剂和其他原材料在特定的条件下按比例制备而成。由于锂离子电池的负极电位与金属锂的电位接近，导致负极在水溶液中相对活跃。因此，采用无水有机溶剂作为锂离子载体。有机溶剂与锂盐的混合物构成无水液体电解质，又称有机液体电解质，是锂离子电池必不可少的组成部分，同时也是凝胶聚合物电解质的重要组成部分。一般来说，同种电极材料在不同的电解质系统中的性能也不尽相同。

在液体电解质中，有机溶剂是电解质的主要组成部分，与电解质的性能密切相关。常见的液体电解质通常是由高介电常数溶剂与低黏度溶剂混合而成。高氯酸锂、六氟磷酸锂和四氟硼酸锂是常用的电解液锂盐，其中的六氟磷酸锂因成本较低和安全性好等优势，成为目前商用锂离子电池中使用最多的液体电解质。而添加剂的应用虽然尚未商业化，但俨然已成为有机电解质领域的一个重要研究课题。自 1991 年锂离子电池电解质研制成功以来，锂离子电池迅速进入笔记本电脑和手机等电子产品市场，并越发占据主导地位。目前在日本、德国、韩国、美国和加拿大等国家，锂离子电池电解质生产技术还在不断地发展进步。

为了获得更好的性能，锂离子电池电解质应具备以下特性[3]：

① 稳定的 SEI 膜的形成；

② 高离子电导率，一般大于 $10^{-4}$S/cm；低电子电导率，一般小于 $10^{-10}$S/cm；

③ 高热稳定性，在较宽的温度范围内不发生分解（-40~60℃）；

④ 良好的化学稳定性，能够在宽电压范围内保持电化学性能稳定；

⑤ 与电池其他部分（例如电极材料、集流体和隔膜等）有良好的兼容性；

⑥ 环境友好，安全、无毒和无污染。

### （1）液态电解质溶剂

有机溶剂作为电解质的另一重要组成部分，同样制约着电解质的应用性能[3, 31, 32]。在锂离子电池中，需要有机溶剂在低电势下相对稳定，且不与金属锂发生反应；为了获得高离子电导率，通常选用极性非质子溶剂来溶解锂盐。选用的溶剂应具有低熔点、高沸点和较宽的工作温度范围等特性。理想的溶剂应在−30~60℃的温度范围保持液体状态，同时其溶剂的熔沸点应与电解液和电池的工作温度相适应。这主要取决于溶剂的物理化学性质，如分子结构及分子间作用力。碳酸乙烯酯（ethylene carbonate，EC）、碳酸二乙酯（diethyl carbonate，DEC）、碳酸二甲酯（dimethylcarbonate，DMC）和碳酸甲乙酯（ethyl methyl carbonate，EMC）是锂离子电池中常用的电解质溶剂，而碳酸丙烯（propylene carbonate，PC）和乙二醇二甲醚（dimethoxyethane，DME）主要用作锂一次电池的溶剂。PC 用于锂二次电池时，与石墨负极的兼容性较差。在充放电过程中，PC 在石墨负极表面分解，同时引起石墨层剥落，SEI 膜不稳定，最终导致循环性能下降；然而在 EC 或 EC+DMC 作溶剂的电解质中均能形成稳定的 SEI 膜。

直链碳酸盐具有低介电常数和低黏度[31]。一般认为，由 EC+DMC 或 EC+DEC 等直链碳酸盐和 EC 组成的混合溶剂是锂离子电池的优良电解质。目前使用的电解质体系包括 EC+DEC、EC+DMC、EC+DMC+DEC 和 EC+DMC+EMC。EC 具有较高的介电常数[33]。EC 熔点高（37℃），低温溶解性较差，必须与其他溶剂结合使用。例如，加入摩尔比为 1∶1 的乙烯醋酸乙烯酯或丙烯酸甲酯可提高其低温性能。

有机溶剂的应用纯度至少应达到 99.9%，因为溶剂纯度直接影响电池的稳定电压，所以电解质的制备过程中要严格控制有机溶剂中的水汽含量。有机溶剂的氧化电位约为 5V，对防止过充具有重要意义。优良的电解质应当能够减缓 $LiPF_6$ 和 SEI 膜的分解，同时防止气体对电极材料的破坏。

锂盐为电解质提供锂离子来源；理想情况下，电解质锂盐应该具有以下特征[31, 33]：

① 良好的热化学稳定性；

② 高离子导电性；

③ 不与溶剂或电极材料发生反应；

④ 电化学稳定性好，即还原电位低，电化学窗口宽；

⑤ 分子量低，在溶剂中溶解度好；

⑥ 嵌锂容量高，可逆性好；

⑦ 低成本。

目前研发的锂盐主要包括高氯酸锂（$LiClO_4$）、四氟硼锂（$LiBF_4$）、$LiPF_6$ 和六氟砷锂（$LiAsF_6$）。其中，$LiBF_4$ 在有机溶剂中电导率低，不宜于大规模应用于锂离子电池中；$LiAsF_6$ 毒性大且价格昂贵，其使用也受到限制。$LiClO_4$ 广泛应用于实验室基础研究，但由于其有强氧化性和冲击爆炸性，在工业应用中也受到安全方面的限制。目前，$LiPF_6$ 是最常用的电解质盐，未来也可能会引领电解质的发展。$LiPF_6$ 负极稳定性好、放电容量大、电导率高、内阻低且充放电速率快，但对水分和氢氟酸极其敏感，容易与其发生化学反应，因此 $LiPF_6$ 只能在干燥的环境中使用。另外，$LiPF_6$ 耐高温性能较差，所以在制备电解质时，应当避免

$LiPF_6$放热溶解引发的自分解反应和溶剂自身的热分解反应。

**（2）液态电解质添加剂**

① 成膜添加剂　良好的 SEI 膜应当允许锂离子自由地嵌入和脱出电极，同时保证溶剂分子不能通过，从而防止溶剂分子共同插入电极，提高锂离子电池的循环效率和可逆容量[33, 34]。成膜添加剂可分为无机成膜添加剂（例如小分子二氧化硫、二氧化碳、一氧化碳和卤化锂等）和有机成膜添加剂（例如氟、氯、和溴的碳酸盐）。

② 导电添加剂　导电添加剂对提高电解液的导电性起着重要作用。它主要致力于改善导电锂盐的溶解和电离，防止溶剂共同插入电极[35]。导电添加剂根据其活性可分为阳离子、阴离子和电解质离子类型。

③ 阻燃添加剂　随着锂离子电池的商业化应用，安全性一直是制约其应用发展的重要因素。锂离子电池存在充电电压高以及电解质大多是有机可燃物等安全隐患，如若使用不当容易引发危险甚至爆炸。因此，提高锂离子电池电解液的稳定性是提高锂离子电池安全性的重要手段。在电解液中加入一些高沸点、高闪点和不易燃的溶剂或阻燃剂，可以提高电池的安全性。

④ 控制水量和 HF 含量的添加剂　当有机电解质中存在微量水和 HF 时，EC、PC 与其他溶剂会在电极界面发生反应，对稳定 SEI 膜的形成有灾难性的影响。如果水和酸（氢氟酸）含量过高，不仅会造成 $LiPF_6$ 的分解，而且会破坏 SEI 膜形成[33]。当三氧化二铝、氧化镁或碳酸钙加入到电解质时，它们与电解质中存在的少量的氢氟酸反应，会减少氢氟酸的含量，这样既防止了电极的破坏作用和 $LiPF_6$ 分解的催化作用，又提高了电解质的稳定性，也进一步提高了电池性能。

### 6.2.3.2　固态电解质

固态锂离子电池采用固态电解质替代传统的有机液体电解质，有望从根本上解决锂离子电池的安全问题，是电动汽车和大规模储能的理想化学电源[36]。

固态电解质相比液体电解质有以下优点：

① 完全消除了电解液腐蚀、泄漏等安全隐患，同时具有较高的热稳定性；

② 无需封装液体电解质，支持串联堆积布置和双极结构，提高生产效率；

③ 由于固体电解质的固态特性，可以实现多电极封装；

④ 电化学窗口宽度稳定（可达 5V 或更高），可匹配高压电极材料；

⑤ 通常为单离子导体，副反应少，使用寿命较长。

固态锂离子电池的发展主要依赖于固态电解质材料的发展。目前固态锂离子电池用电解质可分为无机固态电解质和聚合物固态电解质，而无机固态电解质又分为氧化物玻璃固体电解质和硫化物玻璃固体电解质材料。

**（1）无机固态电解质**

① 氧化物玻璃固态电解质　氧化物玻璃固体电解质是由网络形成氧化物（例如二氧化硅、三氧化二硼和五氧化二磷）和网络改性氧化物（例如氧化锂）组成的。在该类电解

质中，氧离子固定在玻璃网络中并通过共价键连接，只有锂离子可以在网络间移动。氧化物玻璃电解质在室温下的离子电导率一般不高，而且对空气中的水分较为敏感，但氧化物玻璃电解质热稳定性好、原料成本低。近年来，一些结构复杂的氧化物锂离子导体材料层出不穷，主要有石榴石型结构、钙钛矿型结构和钠快离子导体结构[37-39]。其中石榴石型结构的材料相对于金属锂是稳定的；另外两种结构体系的材料虽然具有更高的电导率，但结构中含有可被金属锂还原的元素（例如钛和锗），性能不稳定。此外，石榴石型结构材料的稳定性好，原料成本低，烧结后机械强度高，有作为固态电解质广泛应用于全固态锂离子电池的巨大潜力。

② 硫化物玻璃固态电解质　氧化物玻璃基体中的氧离子被硫离子替代后形成硫化物玻璃，硫比氧电负性小，对 $Li^+$ 的束缚力弱，并且硫半径较大，可形成较大的离子传输通道，利于 $Li^+$ 迁移，因而硫化物玻璃态固体电解质显示出较高的 $Li^+$ 电导率[40]。然而，硫化物材料的电化学窗口较窄，并且能与锂自由进行化学反应；将由硫化物材料组装而成的锂电池放置一段时间，会产生界面变黑和阻抗增加的问题；另外，硫化物玻璃态固体电解质的热稳定性差且容易吸收水分。

### （2）聚合物电解质

聚合物电解质因密度低、黏弹性好和机械加工性能优异而受到广泛关注。根据聚合物的形态可将其分为凝胶聚合物电解质和固体聚合物电解质两大类。凝胶聚合物电解质与固体聚合物电解质的主要区别在于前者含有液体增塑剂，而后者没有。两类电解质主要品种介绍如下。

① 凝胶聚合物电解质　凝胶聚合物电解质同时具有聚合物加工性能好和有机电解质离子电导率高的优点，凝胶聚合物电解质的离子传导主要发生在液体增塑剂中[39]。非交联凝胶聚合物电解质机械稳定性差，不能应用于锂离子电池。交联凝胶聚合物电解质有两种类型：物理交联聚合物和化学交联聚合物。在物理交联聚合物中，交联是由分子间的相互作用形成的；当温度升高或储存时间过长时，这种相互作用减弱，产生聚合物基体膨胀，导致增塑剂沉淀。而化学交联聚合物则不受温度和时间的影响，热稳定性良好。

② 聚环氧乙烷（polyethylene oxide，PEO）基凝胶聚合物电解质　基于 PEO 的凝胶聚合物电解质的离子导电机理不同于固体聚合物电解质，因为凝胶聚合物电解质中存在大量的增塑剂，而增塑剂是离子导电的主要来源。不同的增塑剂及其浓度会以不同的方式影响 $Li^+$ 离子的迁移。

③ 聚丙烯腈（polyacrylonitrile，PAN）基凝胶聚合物电解质　PAN 基凝胶聚合物电解质是研究最早和研究最多的凝胶聚合物电解质之一，其在室温下的离子电导率较高。PAN 基体与 $Li^+$ 之间的相互作用和离子传导机制较为复杂，除了增塑剂中的离子运动外，聚合物基体中的离子也会发生运动；此外，在聚合物与有机溶剂的溶剂化过程中，存在离子迁移现象。在高增塑剂浓度下，离子在增塑剂中的运动是离子传导的主要机制。

④ 聚甲基丙烯酸甲酯（polymethyl methacrylate，PMMA）基凝胶聚合物电解质　与PAN 基凝胶聚合物电解质相比，PMMA 基凝胶电解质与金属锂电极之间的界面具有良好的稳定性和较低的阻抗；此外，该材料可广泛获取，易于制备，成本低廉。

## 6.2.4 锂离子电池隔膜

隔膜是锂电池结构中关键的组成部件之一。隔膜的主要功能是将电池的正负电极分离,防止两个电极相互接触而短路,同时能够允许电解质离子通过。隔膜是一类绝缘材料,其物理化学性质对电池的性能有很大的影响,隔膜的性能决定了电池的界面结构和内阻,它直接影响电池的容量、循环和安全性能。高性能的隔膜对提高电池的电化学性能起着至关重要的作用。对于锂离子电池而言,由于目前的电解液依然是以有机溶剂体系为主,因此需要隔膜材料能够耐有机溶剂,通常使用高强度的聚烯烃类薄膜。

### 6.2.4.1 隔膜的功能和特点

锂离子电池隔膜材料结构中含有大量的锯齿形微孔,以确保电解质离子在正负极上自由通过,形成充放电电路;而当电池过充或温度升高时,隔膜又能够将电池的正负极分开,防止直接接触短路,实现阻挡电流传导,防止发生电池过热甚至爆炸的危险[11]。

锂离子电池隔膜具有以下特性:

① 一种电气绝缘体,确保正负电极的机械分离。

② 具有一定的孔径和孔隙度,较低的电阻率和较高的离子电导率,同时对锂离子具有良好的渗透性。

③ 由于电解液溶剂是一种强极性有机化合物,隔膜必须耐电解液腐蚀,具有足够的化学和电化学稳定性。

④ 对电解液具有较强的渗透能力。

⑤ 具有适当的机械性能(例如刺穿强度、抗拉强度等),但厚度应尽可能薄。

⑥ 具有空间稳定性和良好的整体性。

⑦ 具有良好的热稳定性和自动关闭保护功能。

### 6.2.4.2 隔膜种类

锂离子电池隔膜材料可以根据不同的物理化学特性分为织造膜、非织造膜(无纺布)、微孔膜、复合膜、隔膜纸、碾压膜等类型[41]。聚烯烃材料因具有优异的机械性能、化学稳定性和低成本等优点,在锂离子电池研发初期,聚乙烯(polyethylene,PE)和聚丙烯(polypropylene,PP)就被选用于锂离子电池隔膜材料。后续也有利用其他材料制备锂离子电池隔膜的研究,但大多为采用聚偏氟乙烯[poly(vinylidene fluoride),PVDF]作为本体聚合物制备锂离子电池隔膜材料[42]。然而,商用锂离子电池隔膜仍然主要由 PE 和 PP 微孔膜及其混合物或共聚物组成。近年来,固体电解质和凝胶电解质作为一种特殊组分开始被研究应用于锂离子电池隔膜,在电解液和电池隔膜中发挥着重要作用。

### (1)第一代锂离子电池隔膜

第一代锂离子电池隔膜主要由 PE、PP 或聚酰亚胺(polyimide,PI)制成,采用干法或湿法工艺[41, 43]。

① 聚乙烯　PE 是一种由乙烯（—CH—CH—）$_n$ 重复单元的长烃链组成的热塑性聚合物，基于密度大小和支化程度不同可分为多种类型，其性能也不尽相同。其中，PE 的力学性能很大程度上取决于支化的范围和类型、晶体结构和分子量等变量。此外，PE 具有极好的耐化学性，这意味着它不会被强酸或强碱侵蚀；同时还具有一定的抗氧化性和抗还原性。聚乙烯燃烧缓慢，火焰呈蓝色，尖端呈黄色，散发石蜡的气味。

② 聚丙烯　PP 由丙烯［—CH（CH$_3$）CH$_2$—］$_n$ 重复单元组成，在高温和紫外线辐射下容易发生降解，但是 PP 具有很好的抗疲劳性能。

③ 聚酰亚胺　PI 是二酐和二胺（最常用的方法）或二酐和二异氰酸酯之间的缩聚反应形成的。根据主链之间相互作用的类型，PI 既可以是热塑性也可以是热固性。其中，热固性 PI 热稳定性、耐化学性以及机械性能更为优异，而且它们还具有非常低的蠕变和高的抗拉强度。

聚乙烯、聚丙烯微孔膜孔隙率高、耐腐蚀性低、撕裂强度高、耐酸碱性能优异且弹性好。目前市场上最流行的锂离子电池隔膜有单层 PE、单层 PP、三层 PP/PE/PP 复合膜。

### （2）第二代锂离子电池隔膜

德国德固赛（Degussa）公司首先提出陶瓷隔膜的概念，是一种利用有机物的柔韧性和无机材料的热稳定性来提高隔膜整体性能的技术，其特点是即使在有机膜层完全融化后，无机涂层仍能保持整体隔膜的完整性，从而防止正极和负极之间的接触短路。该类陶瓷隔膜采用硅烷偶联剂作为黏合剂，在聚对苯二甲酸乙二醇酯（polyethylene terephthalate，PET）无纺布上复合氧化铝（Al$_2$O$_3$）、二氧化硅（SiO$_2$）和沸石制成，它具有良好的润湿性、渗透性和机械强度，并具有热稳定性高的优点，熔点可达 210℃。然而，这项技术的限制在于有机硅偶联剂的使用温度范围受限于 180~200℃，所以这种方法只能用在耐热温度高于 200℃的膜基材料，而 PET 刚好满足这一耐温要求。

### （3）第三代锂离子电池隔膜

凝胶聚合物电解质是液体电解质的凝胶聚合物隔膜，它们是由聚合物、增塑剂和锂盐通过适当的聚合方法而形成的具有合适微孔结构的凝胶聚合物网络，并利用固定在微观结构中的液体电解质分子实现离子传导。液体电解质和固体电解质因具有高导电性、电极电位范围宽、良好的热稳定性以及与电极材料的良好兼容性等特点而越来越受到研究人员的关注。在凝胶聚合物电解质中，离子传导主要发生在液体增塑剂中，虽然聚合物基体与离子之间存在相互作用，但作用较弱，对离子传导的贡献也相对较小，主要是提供良好的力学性能。

#### 6.2.4.3　隔膜制备方法

锂离子电池隔膜制备根据所选用工艺的不同分为干法工艺和湿法工艺两种，二者微孔膜的成孔机理不同[43]。

### （1）干法工艺

在干法工艺中，聚烯烃树脂首先经熔融挤压和吹塑成型为聚合物晶态薄膜，随后经过结晶和退火处理后获得高度定向的多层结构，进一步通过高温拉伸作用增加薄膜的孔径。干法工艺根据拉伸方向的不同可分为干法单轴拉伸和干法双轴拉伸。

在干法单轴拉伸工艺过程中，首先制备获得低结晶度高取向 PE 或 PP 隔膜，然后经高温退火得到高结晶度取向的薄膜。薄膜初步在低温下拉伸便于缺陷的产生，缺陷经高温处理形成微孔。目前，美国 Celgard 公司通过该工艺生产单层微孔结构的 PE、PP 和三层 PP/PE/PP 复合隔膜。单轴拉伸隔膜的横向强度相对较差，但横向热收缩效应几乎为零。

干法双轴拉伸工艺是在 PP 中引入成核改性剂，利用 PP 相之间的密度差异，在拉伸过程中发生结晶转变，形成微孔。与单轴拉伸工艺相比，其横向强度有所提高，并可根据隔膜的强度要求适当改变横向和纵向拉伸比，从而获得孔隙孔径更均匀、透气性更好的隔膜性能。干式双轴拉伸技术可用于制备亚微米孔径的微孔聚丙烯膜[44]。该隔膜具有良好的力学性能和渗透率，平均孔隙率为 30%~40%，平均孔径为 0.05μm。双轴拉伸工艺制备的膜孔形状基本为圆形，具有良好的渗透性和力学性能，孔径均匀。干法工艺过程相对简单，无污染。它是制备锂离子电池隔膜的常用方法。干法工艺难以控制隔膜的孔径和孔隙率，拉伸量较小，仅为 1~3，且在低温拉伸时膜容易穿孔，导致产品无法拉伸很薄。

### （2）湿法工艺

湿法工艺，又称相分离法或热相分离法，是将液态烃或一些小分子物质与聚烯烃树脂混合，加热熔化成均匀的混合物，然后冷却分离后压缩成膜，再将薄膜加热到接近熔点的温度，向双轴方向拉伸固定一段时间以使分子链对齐，最后将残留溶剂用挥发性物质洗脱，最终得到微孔膜材料的一种制备工艺[43]。该方法适用于制备多种材料。湿法双轴拉伸工艺制备的薄膜孔径范围与相的微观界面尺寸一致，孔径尺寸相对较小且分布均匀。双轴拉伸比为 5~7，膜的性能是各向同性的，横向抗拉强度高，穿刺强度高，产品可以做得更薄，电池能量密度可以做得更高。

干法工艺和湿法工艺制备获得的隔膜的表面形貌、孔径尺寸及分布各不相同（见图 6-5）。湿法工艺可以产生复杂的三维纤维结构，孔洞的弯曲度相对较高，而干法工艺的隔膜孔隙狭窄、平坦，产生的弯曲度较低。

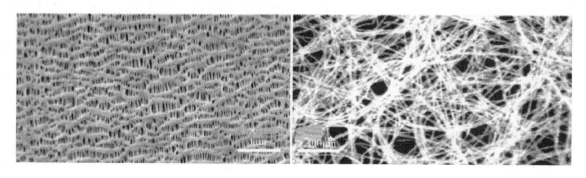

图 6-5　干法工艺（左）和湿法工艺（右）隔膜表面形貌

# 6.3 水基锂离子电池

水基锂离子电池因具有巨大的优势有望大规模替代传统有机电解液的锂离子电池[45]。水基锂离子电池的优势如下：

① 解决易燃有机电解液安全性问题；

② 生产工艺简单，价格低廉；

③ 水溶液的离子电导率比有机电解质高 2 倍；

④ 环保友好。

水基锂离子电池的大规模应用已受到广泛关注。首先，水基锂离子电池的工作原理与有机锂离子电池相同，但水系电解质的稳定电压窗口比目前应用的有机电解质的电压窗口要窄，在电压值超过大约 1.23V 的稳定工作电压窗口会发生析氢或析氧，而有机电解质的锂离子电池的工作电压一般运行在 3.0V 以上。其次，水基锂离子电池的能量密度通常比有机电解质体系的锂离子电池能量密度低。水系电解质适用于工作电位介于析氢和析氧的电极材料，此外，在选择电极材料时还应仔细考虑 pH 值的大小。最近十几年，研究人员探索了锂离子电池各种电极材料的工作电位[46]。目前，锂离子电池的工作电位参考 $Li^+/Li$ 氧化还原对的标准还原电位，且需要转换为更常用的标准氢电极电位（standard hydrogen electrode，SHE）（$Li^+/Li$ 氧化还原对的标准还原电位相对于 SHE 为$-3.04V$）。

## 6.3.1 第一代水基锂离子电池

### 6.3.1.1 正极材料

水基锂离子电池正极材料应能反复脱嵌锂离子（$Li^+$），同时在尽可能保证较高的能量密度和水系电解质的稳定性的前提下，该正极材料的脱嵌 $Li^+$ 电位应该低于析氧电位。综合以上因素，传统的有机电解质锂离子电池的正极材料中的 $LiMn_2O_4$、$MnO_2$、$LiCoO_2$、$LiNi_{1/3}Co_{1/3}Mn_{1/3}O_2$ 等以及聚阴离子化合物（例如 $LiFePO_4$、$FePO_4$ 和 $LiMnPO_4$）和普鲁士蓝 $\{Kfe^{III}[Fe^{II}(CN)_6]\}$ 类似物均被尝试应用于水系锂离子电池正极材料[46, 47]。

对于水系锂离子电池，最早采用尖晶石结构的 $LiMn_2O_4$ 作为正极材料，5M $LiNO_3$ 作为电解质。其电池具有显著的可逆性，平均电压为 1.5V，能量密度为 75W·h/kg，可与铅酸电池和镍镉电池媲美[48]。选择合适的 pH 值的水系电解液是实现锂离子电池高效充电的关键。当 pH 值较高时，$Li^+$ 从 $LiMn_2O_4$ 正极脱出时，会产生氧气，导致循环性能下降。在低 pH 值条件下，电压值达到 0.5V 左右，通过循环伏安曲线（cyclic voltammetry，CV）可以清晰地看到 $LiMn_2O_4$ 还原峰，而其氧化峰与水的氧化峰会有一定程度的重叠；在高 pH 值时，还原峰消失，水氧化峰明显增强，这可以归因于特定环境中氧化还原电位的逐渐降低。这些结果表明，适当 pH 值的电解质对于稳定的水基锂离子电池非常重要[49]。

层状 $LiCoO_2$ 作为水基锂离子电池的正极材料已被广泛研究[50]。在循环伏安曲线中，大约在 0.9V（vs.SHE）电压处观测到氧化还原反应的发生；同时，在恒流充放电实验中，在 0.55~1.4V（vs.SHE）电压范围内，可以从 $LiCoO_2$ 正极可逆脱出 $0.5Li^+$，接近 $LiCoO_2$ 正极的最大实际容量；但库仑效率随着截止电位的增加而显著降低，这主要是由于水的分解和基材的氧化。

$LiNi_{1/3}Co_{1/3}Mn_{1/3}O_2$（NCM）是一种很有前景的水基锂离子电池正极材料。在所有 pH 值范围内，第一次充电期间在 0.55V 电压附近可以观察到氧化峰，对应着 $Li^+$ 脱出[51]。然而，随后的循环显示氧化峰开始向更高的电位转移，尤其是在 pH 达到 7~9 范围时，表明有副反应发生，NCM 这种在较低 pH 的不稳定现象可能是 $H^+$ 插入 NCM 电极的结果所致。

橄榄石结构的 $LiFePO_4$ 也可作为水基锂离子电池的正极。研究者通过电化学分析和非原位分析研究了 $LiFePO_4$ 电极中 $Li^+$ 脱/嵌的反应机理[52]。结果表明，$FePO_4$ 的还原过程并不是完全可逆的，而是生成了 $LiFePO_4$ 和四氧化三铁（$Fe_3O_4$）的混合产物。同时，他们发现水电解质中的 $O_2$ 和 $OH^-$ 会严重破坏 $LiFePO_4$ 的循环稳定性。

### 6.3.1.2 负极材料

五氧化二钒（$V_2O_5$）、三氧化钼（$MoO_3$）及其与聚吡咯（polypyrrole，PPy）的复合材料作为水基锂离子电池的负极得到了广泛的应用[53, 54]。其中的 PPy@$MoO_3$ 电极，由于 $MoO_3$ 和 PPy 具有良好的电子导电性，可以实现快速的充放电过程。

锐钛矿型 $TiO_2$，作为锂离子电池负极材料，也可用于水基锂离子电池体系。在 5M LiOH 电解质体系中，$TiO_2$ 的 CV 曲线在约 400mV 和约 500mV 相对于饱和甘汞电极（saturated calomel electrode，SCE）处呈现出两个正极峰位，负极峰则出现在约 200mV，表明在充放电循环过程中可逆和不可逆反应共存[55]。同时，$TiO_2$ 在还原过程中存在相变，其中 $Li_xTiO_2$、$Ti_2O_3$、$Ti_2O$ 和 TiO 的相变最为明显。虽然 $Li_xTiO_2$（由锂嵌入 $TiO_2$ 的可逆过程形成）在充电过程后消失，但在整个循环过程中其他相保持不变，不同相的形成是由于锂离子和质子同时嵌入到二氧化钛中。

焦磷酸盐（$TiP_2O_7$）和钠超离子导体（$Na^+$ superionic conductor，NASICON）型 $LiTi_2(PO_4)_3$ 可作为水基锂离子电池的聚阴离子负极材料。循环伏安曲线和电化学实验表明：两种化合物分别在约 350mV 和约 450mV（vs.SCE）左右发生氧化还原反应[56]。$TiP_2O_7$ 的初始放电容量为 $100mA \cdot h/g$，第二次放电容量为 $90mA \cdot h/g$。$LiTi_2(PO_4)$ 在 5M $LiNO_3$ 电解质下的初始放电容量为 $115mA \cdot h/g$，第二次放电容量为 $100mA \cdot h/g$。

硫及其改性物 PPy@S 和由 S 和 PAN 制成的碳化复合材料也可作为高可逆容量的负极。第一代水基锂离子电池是在铅酸电池和锂离子电池的基础上开发出来的。在第一代水基锂离子电池中，电解液为 $Li_2SO_4$ 水溶液，正电极为 $LiMn_2O_4$，负电极为 $Pb/PbSO_4$ 的系统具有较好的应用前景。电极反应可以描述如下[57]：

$$负电极：PbSO_4 + 2e^- \Longrightarrow Pb + SO_4^{2-} \tag{6-3}$$

$$正电极：LiMn_2O_4 \Longrightarrow Li_{1-x}Mn_2O_4 + xLi^+ + xe^- \tag{6-4}$$

## 6.3.2　第二代水基锂离子电池

第二代水基锂离子电池和第一代水系锂离子电池的主要区别在于负极材料。它们使用金属锂或其合金作为负极。锂金属在中性水溶液中非常稳定[58, 59]，其放电电压高于3V，远高于水的电化学窗口稳定性，而前面提到的 $LiCoO_2$、$LiMn_2O_4$ 和 $LiFePO_4$ 等正电极材料的氧化还原电位均低于析氧电位。此外，循环过程中没有其他副反应，所以库仑效率非常高，为100%，与锂离子电池的效率类似。其能量密度远远高于第一代水基锂离子电池和相应的锂离子电池。

根据锂离子电池的制造技术，在两个电极的基础上，实际可获得约50%的能量密度。如果对于第二代水基锂离子电池也是如此，其实际能量密度将稳定在 200~300W·h/kg，具体数值取决于正极材料的差异，该能量密度意味着电动汽车充电一次可以行驶 200~400km，而目前使用能量密度约为 110W·h/kg 的 $C//LiFePO_4$ 电池的电动汽车充电一次仅可跑约120km。

## 6.3.3　第三代水基锂离子电池

目前市场上应用的可充电电池（如锂离子电池）能量密度过低，无法获得足够的驱动力。为了实现更高的能量密度，人们提出了基于锂和卤素的第三代水基锂离子电池，它具有高输出电压、高能量密度和良好的循环寿命。碘、溴等卤素由于相对分子量低，溶解性好，可发生可逆氧化还原反应（$X_2/X^-$），在可充电碱性离子电池中具有广阔的应用前景。已知三溴化物或者溴化物（$Br_2/Br^-$）具有稳定的氧化还原电位［1.05V（vs.SHE）］，能避免析氧，在水中具有一定的溶解度[60]。

电极反应描述如下：

$$负电极反应：Li \rightleftharpoons Li^+ + e^- \tag{6-5}$$

$$正电极反应：Br_3^- + 2e^- \rightleftharpoons 3Br^- \tag{6-6}$$

$$总电池反应：2Li + Br_3^- \rightleftharpoons 3Br^- + 2Li^+ \tag{6-7}$$

## 6.3.4　盐包水可充电锂电池

当电解质浓度较低时，在离子（尤其是阳离子）周围会形成含有大量水分子的水合层，当离子与电极相互作用时，水合层中的水分子将在析氧或析氢反应中起主导作用。然而，近年来，研究人员发现，当某些电解质（如双三氟甲磺酰亚胺锂 LiTFSI）的浓度接近饱和时，阴离子可以被"挤压"到水合层中。当水合层中水分子数量减少时，其浓度降低，从而增加了析氧或析氢反应的过电位。这种接近饱和的电解质被称为"盐中的水"，这意味着现在盐被认为是溶剂，水被认为是溶质[61]。但需要注意的是，水分子的数量仍然远远超过离子的数量，但离子表面水合层中的水分子的浓度或数量降低了。

盐包水电解质使水溶液锂离子电池的输出电压接近有机锂离子电池的输出电压。由于盐浓度高导致游离水分子缺乏，它是不活跃的，有利于正极和负极的稳定性。盐包水电解质和聚合物膜的结合可以成功地将电化学储能装置的最大输出电压提高到 4.0V。

# 6.4 锂硫电池

地壳中硫的含量相当丰富，有高达 1672mA·h/g 的理论容量，比大多数过渡金属氧化物电极的理论容量大约高 10 倍。这种高容量是每个硫原子可逆引入两个电子形成锂硫化物（Li$_2$S）的结果。然而，在嵌锂过程中存在大约 80% 的体积变化[62]。此外，硫和硫化锂都是绝缘体，需要在电极上添加导电添加剂（如碳）。同时，在嵌锂转化反应过程中，最初形成的多硫化锂会溶解在液态电解质中。虽然锂硫电池被认为是最有前途的下一代高能量密度可充电电池之一，但是这些问题对研究人员开发可逆、稳定和高效的硫正极提出了重大挑战，在实际应用之前，还需要提高其循环寿命和效率。

## 6.4.1 锂硫电池原理

在锂硫（Li-S）电池中，电能储存在硫电极中。标准的 Li-S 包括锂金属负极、有机电解质和复合硫正极。硫电极初始处于充电状态，因此电池循环以放电步骤开始[63,64]。放电时，金属锂负极被氧化释放锂离子和电子，所产生的锂离子通过电解质移动到正电极，而电子通过外部电路传输到正电极，从而产生电流。正极硫接收锂离子和电子被还原为硫化锂，在充电和放电过程中发生的反应方程式如下：

$$S_8 \text{（s）} = S_8 \text{（l）} \tag{6-8}$$
$$S_8 \text{（l）} + 2e^- = S_8^{2-} \tag{6-9}$$
$$1.5S_8^{2-} + e^- = 2S_6^{2-} \tag{6-10}$$
$$S_6^{2-} + e^- = 1.5S_4^{2-} \tag{6-11}$$
$$0.5S_4^{2-} + e^- = S_2^{2-} \tag{6-12}$$
$$S_2^{2-} = S_2 + e^- \tag{6-13}$$
$$S_2^{2-} + 2Li \text{（s）} = Li_2S_2 + 2e^- \tag{6-14}$$
$$S^{2-} + 2Li \text{（s）} = Li_2S \text{（s）} + 2e^- \tag{6-15}$$

锂的理论容量为 3.861A·h/g，硫的理论容量为 1.672A·h/g，由此得到锂硫电池的理论容量为 1.167A·h/g。放电反应的平均电池电压为 2.15V，因此，Li-S 电池的理论质量能密度为 2.51W·h/g。硫原子具有形成长而均匀的链状或环状结构的典型倾向，在室温下，正交结构的 $\alpha$-S$_8$ 是最稳定的同素异形体；在最初的放电过程中，S$_8$ 环状结构被完全还原成开链的锂多硫化长链化合物 Li$_2$S$_x$（6<x<8）；而在后续的连续放电条件下，短链的锂多硫化物 Li$_2$S$_x$（2<x<6）形成，从而嵌入更多的金属锂。循环伏安曲线中发现使用醚基液体电解质的锂硫

电池在 2.3V 和 2.1V 电压处存在两个放电平台，分别代表 $S_8$ 转换为 $Li_2S_4$ 和 $Li_2S$，直至放电循环结束时，最终形成 $Li_2S$。

## 6.4.2 硫正电极

第一个锂硫电池大约在 30 年前被研究发现，但阻碍锂硫电池进一步发展的主要技术挑战仍然是绝缘活性材料和多硫化物的穿梭效应[63, 64]。目前最好的解决方法是在活性材料中加入分散均匀的合适导电材料（通常是导电碳或聚合物添加剂），例如将导电碳和导电聚合物加入硫中，形成了 S-C 复合和硫导电聚合物复合正极。活性炭的高比表面积及其丰富的微孔能够吸附活性物质，有效地限制了多硫化物的溶解，因此，活性炭被广泛应用于 Li-S 电池中。例如聚丙烯腈等聚合物复合材料的初始放电容量可达 850mA·h/g。近年来，各种导电或多孔碳材料和导电聚合物在锂电池中得到了广泛的应用，这些材料的多孔结构和高导电性引起了国际上的关注。现阶段提高正极硫电导率的途径有两种：a. 构筑导电碳网，如碳纳米颗粒团簇；b. 实现导电结构与绝缘硫的紧密连接。此外，多孔、介孔以及大孔碳网络结构除了促进硫的保留外，还能够促进电荷和电解质在复合结构中的迁移。碳材料的结构设计能够优化复合材料，在 Li-S 电池的循环性能上有了显著的提高。常用的碳材料包括：a. 碳纳米管和碳纳米纤维，它们能形成相互联通的导电网络；b. 微孔碳，其具有的较强吸附能力，可将电化学活性材料和反应限制在较窄的范围内；c. 石墨烯，一种高导电性的二维碳单层材料，可从石墨中获得。石墨烯的柔韧特性使其适合作为 Li-S 电池中的硫载体，并能够抑制循环过程中多硫化物溶解造成的硫损失。

## 6.4.3 锂硫电池电解液

### （1）液态电解质

液态电解质因其高的离子导电性而被广泛应用于电池中，主要充当负极和正极之间的离子传输路径。电解质是 Li-S 电池的重要组成部分，充放电过程中的多硫化物溶解在液态电解质中，并在正极和负极之间穿梭。多硫化物在液体电解质中的溶解度会影响锂硫电池的性能；此外，电极上电解液还原或氧化引发的钝化现象也是重要因素之一。目前应用于锂硫电池的液态电解液体系主要由二氧醚和其他溶剂（如二甲醚）以及锂盐（如 $LiCF_3SO_3$）组成或LiTFSI。同时，离子液体和 PEO 基的短链聚合物作为锂硫电池电解液的溶剂也被广泛研究，例如，在 Li-S 电池中研究了三乙二醇二甲醚和二氧醚作为混合电解质。三乙二醇二甲醚是锂盐三氟甲磺酸锂（$LiCF_3SO_3$）和二氧醚的优良溶剂，加入二氧醚可以降低电解质的黏度。当放电电压较高时，二氧醚基电解质更容易形成较短的多硫化物链，而较低的电压平台则取决于三乙二醇二甲醚和二氧醚的比值。$LiPF_6$ 溶解于 EC 和 DEC，是一种广泛应用于锂离子电池的电解质。然而由于多硫化物与碳酸盐溶剂发生反应，导致活性物质的不可逆损失，目前尚未成功研制出锂-硫电池的碳酸盐基电解质。

### （2）聚合物/固态电解质

聚合物和固体电解质比液态电解质在降低多硫化物溶解度和阻止多硫化物在锂电池中的穿梭效应方面更有优势。它们还可以保护金属锂负极，减少枝晶的形成，并有助于提高锂硫电池的安全性和循环，但由于聚合物的高黏度和锂离子迁移的高能垒，聚合物和固体电解质的离子电导率较低，但其中的低聚物（三乙二醇二甲醚）和聚乙二醇二甲醚具有良好的锂离子传输特性，广泛应用于锂硫电池。

# 6.5  锂空气电池

可充电锂氧电池是最有前途的下一代电池技术之一。锂空气电池基于过氧化锂（$Li_2O_2$）的形成和分解，其理论能量密度高达 $3600W \cdot h/kg$[65]。目前被广泛研究的锂空气电池普遍采用金属锂作为负极，多孔空气电极作为正极，液态或者固态电解质，在充放电过程中通常会负载催化剂以降低过电位[66]。由于正极反应物是空气中的氧气，它可以直接从大气中获得，而不需要储存在电池中。这不仅有效地降低了成本，而且大大降低了电池的总重量，从而提高了电池的能量密度。在过去的几十年里，这项技术引起了全世界的关注，并取得了长足的进步。锂氧电池系统是基于金属锂作为负极和 $O_2$ 作为正极的电化学反应实现充放电过程的。

负电极反应：$4Li \rightleftharpoons 4Li^+ + 4e^-$         （6-16）

正电极反应：$O_2 + 2H_2O \rightleftharpoons 4OH^-$         （6-17）

总反应：$4Li + O_2 + 2H_2O \rightleftharpoons 4LiOH$         （6-18）

早在 1996 年，亚伯拉罕（Abraham）就首次报道了一种由锂负极、有机聚合物电解质和多孔碳-空气正极组成的非水锂电池[67]。然而，由于锂空气（Li-$O_2$）系统的循环寿命较低，在过去的十年中没有引起足够的关注。2006 年，Bruce 等使用 $Li_2O_2$ 掺杂碳和 $MnO_2$ 作为 Li-$O_2$ 电池的正极，表明 $Li_2O_2$ 可逆分解[68]。从那时起，许多研究都集中在 Li-$O_2$ 电池的可充电性能。锂氧电池可分为以下三种类型：a. 非质子传输型；b. 水溶液/质子混合传输型；c. 全固态型。

金属空气电池由于其主要活性物质氧气来自大气，不需要专门的容器进行储存，从而降低了电池的总重量，使电池具有较高的能量密度[69]。理论上，电池的容量只取决于金属负极材料的容量。然而，在大多数金属负极中，金属锂的质量最低（MW=6.94g/mol，$\rho$=0.535g/cm$^3$），电负性为-3.045V（与标准氢电极 SHE 电位相比）。金属锂的理论比容量为 $3860mA \cdot h/g$，是传统锂二次电池的 5~10 倍[70]。

锂空气电池有纯金属锂片负极、催化空气正极和不同类型的电解质。因此，其工作原理也略有不同。总体而言，可分为有机体系、水体系、离子液体体系、有机-水双电解质系统、全固态系统和锂空气超级电容电池六大体系。

### （1）水基锂空气电池

水基电解质锂空气电池的电解质由不同 pH 值的水溶液组成，因此电池在酸性电解质和碱性电解质中的化学反应也不同。由于金属锂可以与水发生剧烈的氧化还原反应，因此有必要在金属锂的表面涂上一层稳定的防水锂离子导电膜，即 $Li_3M_2(PO)_4$ 等 NASICON 型超级锂离子导电膜。但是，在锂的存在下，这是不稳定的，并且反应产物会增加两者的界面电阻。水基锂空气电池的概念并不能解决有机系统中空气电极反应产物阻碍空气电极的问题。锂负极保护问题尚未得到很好的解决，包括锂离子导电膜在水溶液中的稳定性，目前仍在研究中。水基电解质中金属锂腐蚀严重，自放电率特别高，导致电池循环和库仑效率低。

### （2）有机系锂空气电池

该系统采用锂金属片作为负极，氧作为正极，聚丙烯腈基聚合物作为电解质（溶剂 PC 和 EC），开路电压约为 3V，比能量为 250~350W·h/kg[71]。然而，这远远低于金属锂的理论极限。使用有机溶剂作为电解液解决了金属锂的腐蚀问题，电池表现出良好的充放电性能。空气电极由碳、黏结剂、非碳催化剂和溶剂组成，均匀地涂在金属网上。制备的空气电极应具有良好的电导率（>1S/cm）、离子电导率（$>10^{-2}$S/cm）和氧扩散系数。影响电池性能最显著的因素是空气电极的电极材料、氧还原机理以及相应的动力学参数。

### （3）水-有机双液体系锂空气电池

水-有机双液体系锂空气电池的基本形式是由有机电解质中的负极金属、氢氧化钾（KOH）水溶液作为正极电解液的空气电极和锂超离子导电玻璃膜的隔膜组成。这种新型锂空气电池的新颖之处在于无需担心空气电极在有机系统中的反应产物会堵塞电极的微孔，水相中的氧在空气电极上被还原为水溶性氢氧化锂（LiOH）[65, 69]。

### （4）固态锂空气电池

在全固态锂空气电池中，电解液由三部分组成：中间层是防水玻璃陶瓷，而锂负极和氧正极附近则是两层不同的高分子材料。全固态锂空气电池无泄漏问题，安全性更好。但是，固体电解质与锂负极、空气电极以及固体电解质内部的接触不如液体电解质那么紧密，导致电池的内阻增大[72]。

### （5）离子液体体系锂空气电池

离子液体是由有机阳离子和阴离子组成的盐溶液，因其具有低可燃性、疏水性、低蒸汽压、宽电化学窗口和高热稳定性而被引入到锂空气电池中。其目的是利用电解质中的阳离子在锂负极和氧正极之间转移电荷，但其高黏度和高价格在一定程度上限制了离子液体的进一步应用。

## 6.6 钠离子电池

在过去十年中，储能领域已经逐渐进入后锂电时代，其标志便是钠离子电池的复兴。早在 2010 年前后，锂离子电池正深刻改变社会生活之际，科研界就已经注意到锂资源的匮乏以及全球分布严重不均的问题。因此，钠离子电池技术又逐渐回到了科研界的视野，并且凭借着在研究锂离子电池技术上积累的经验得到了快速的发展。仅仅五年以后，即 2015 年，第一代钠离子电池就已经迈入了商业化的进程。钠离子电池的工作原理及结构与锂离子电池十分相似。因此，发展钠离子电池技术的关键同样在于找到合适的正、负极材料以及电解液。

## 6.6.1　钠离子电池正极材料

由于钠和过渡金属离子之间存在较大的半径差异，有许多功能性的结构都可以实现钠离子的可逆脱嵌。主要的正极材料包括层状过渡金属氧化物、聚阴离子化合物、普鲁士蓝类似物、基于转化反应的材料以及有机材料。在上述材料类型中，层状过渡金属氧化物（$Na_xTMO_2$）、聚阴离子化合物、普鲁士蓝类似物（$Na_2M[Fe(CN)_6]$，其中 $M$=Fe、Co、Mn、Ni 和 Cu 等）是目前最具发展前景的三类材料。

### （1）层状过渡金属氧化物

层状过渡金属氧化物材料可以实现极佳的电化学性能（较高的比容量、工作电压以及大于 1000 圈的循环寿命），其过渡金属元素往往包含地壳中含量丰富的元素，而且合成过程简单，可以满足规模化生产的要求。

### （2）聚阴离子材料

工作电压高（对钠电压可高达 4V），并且结构稳定，缺点是离子电导和电子电导率较低，而且较大的分子质量也拉低了比容量。其中两种快离子导体材料 $Na_3V_2(PO_4)_3$ 和 $Na_3V_2O_{2x}(PO_4)_2F_{3-2x}$ 因具有相当好的倍率性能和循环寿命在众多聚阴离子材料中脱颖而出。但是这些材料中的变价元素 V 具有一定毒性。

### （3）普鲁士蓝类似物

普鲁士蓝类似物具有开放式的骨架结构和很强的结构稳定性，骨架内具有大量的氧化还原位点。目前这类材料可以实现很高的能量密度（500~600W·h/kg），而且可以通过较低的温度合成。但是这种材料由于导电性不好需要加入大量碳，这降低了体积比容量。由于这种物质一般都是在水介质中合成的，其结构中总会包含一些配位水或者间隙水，这不利于其在非水系体系的应用，但却有利于实现在水系体系中杰出的循环稳定性。另外，由于氰酸根的存在，这种材料还有潜在的毒性。

### （4）基于转化反应的正极材料

基于转化反应的正极材料具有很高的理论容量，但是这种材料也具有基于转化反应和合金化反应的通病——过大的体积变化。另外这类材料还具有较大的过电势以及较慢的 $Na^+$ 传导速度。对于这类材料的开发仍处于起始阶段。

### （5）有机正极材料

有机正极材料不含过渡金属元素，成本更低并且具有更小的分子量，另外还具有结构多样性、安全性和机械柔性等。羰基化合物（PTCDA 和硫氰酸二钠）是近年来被研究最广泛的一类有机正极材料，其主要的缺点是会溶于有机电解液导致容量迅速衰减，其较低的电导率也导致倍率性能不佳。目前此类材料的发展也处于起始阶段。

总的来说，层状氧化物在三种最有前景的材料中展现了最高的理论容量。聚阴离子具有较低的理论比容量，但是它们的实验比容量非常接近理论容量。不同种类普鲁士蓝类似物的理论比容量相差较大，并且由于存在意料之外的储钠位点，有时展现出比理论容量更高的容量。三种类型的材料的实验比容量均约为 100~200mA·h/g，这对于制造商业化的电池来说足够了。

## 6.6.2 钠离子电池负极材料

目前科研界开发出了金属氧化物［例如 Na（Fe、Ti）$O_4$、$TiO_2$、$Na_2Ti_3O_7$ 等］负极材料、有机负极材料、基于转化及合金化反应的负极材料、碳基负极材料等四大类。

### （1）金属氧化物负极材料

金属氧化物具有稳固的无机骨架结构，往往展现出超长的循环寿命，但因其具有相对较高的分子质量，所以比容量一般都偏低，难以满足商业化的需要。

### （2）有机负极材料

有机负极材料最大的特点就是成本低且结构多样，但是仍然存在很多问题，包括较低的首圈库伦效率、循环过程中的极化问题、低电子电导、有机分子在电解质中的溶解问题等等。总的来说，有机钠离子电池的发展具有很大潜力，但目前对这类材料的研究仍然处在起步阶段。

### （3）基于转化及合金化反应的负极材料

基于转化及合金化反应的负极材料存在的最大问题即脱嵌钠过程中巨大的体积变化导致活性物质的粉化，致使容量迅速衰减。

### （4）碳基负极材料

碳基负极材料主要是指无定形碳（包括硬碳和软碳），目前主要的工作集中于抑制循环过程中的容量衰减以及提升首圈库伦效率。软碳以及还原石墨烯氧化物的比容量可以做到很高，但是相应的工作电压也高。因此对这些材料的研究重点除了提升首圈库伦效率，还需要进一步降低工作电压。硬碳通常工作电位较低且具有比较高的容量，因此，目前商业化的钠离子电池产品所使用的负极几乎都是硬碳。

## 6.6.3 钠离子电池电解质

目前开发出的钠离子电池的电解质与锂离子电池同样丰富，包括水系、有机系、固态三大类。

## （1）水系电解质

水系电解质成本低、安全性高、环境友好，但是受水的分解电压限制，其工作窗口太窄，同时还得考虑与电极的适配问题。

## （2）非水系液态电解质

非水系液态电解质是目前发展最成熟的体系。目前最常见的溶剂是 EC：PC、EC：DEC 也有部分电解液使用 PC 作单一溶剂。高氯酸钠（$NaClO_4$）则是目前使用最多的钠盐，它具有良好的电化学行为，成本低，缺点是有爆炸的危险。FEC 是最常用的添加剂，有利于在负极形成薄且稳定的 SEI。

## （3）离子液体电解液

离子液态电解液通常在 60~80℃下展现最佳的性能。在室温下，其离子电导率太低，黏度又太高。离子液体中研究最多的有机分子是咪唑和吡咯烷。对于这种电解液，钠盐的浓度是一个关键性因素，较高的钠盐浓度具有更好的稳定性，并且能经受住更大的电流，但相应成本也会上升。离子液体电解质可以被视为下一代钠离子电解质，但是其成本还需进一步下降，工作温度也需要进一步优化。

## （4）固态聚合物电解质

固态聚合物电解质含有钠盐和弹性聚合物基体，具有良好的通用性、灵活性和热力学稳定性，但在室温下离子电导率很差。通过调节电解质盐（$NaPF_6$ 等）和聚合物基体，可以提高这些体系的离子电导率。PEO 是最常见的能溶解多种钠盐的聚合物。

## （5）复合固态聚合物电解质

复合固态聚合物电解质由无机填料（$SiO_2$、$Al_2O_3$ 和 $TiO_2$ 等）和固态聚合物电解质组成，由于结晶度和玻璃化转变温度的降低以及无机填料表面基团与聚合物链和盐的相互作用，提高了离子导电性。

## （6）无机固态电解质

无机固态电解质包括陶瓷体系，因此比较硬，比如氧化物、磷酸盐、亚硫酸盐或氢化物等。其中 $\beta$-$Al_2O_3$ 和快离子导体 $Na_3Zr_2Si_2PO_{12}$ 是至今为止使用的最多的固态陶瓷电解质。无机固态电解质一般只适合在高温或中高温状态下使用，例如钠硫电池。其最大的问题在于高硬度带来的界面接触问题。对此，科研界提出了用 NASICON 电解质加少量离子液体组合的方式来缓解界面问题。玻璃材料的使用是另一种前进方向，由于它们易于成型或形成薄膜，故其可以提供与电极的良好接触。在这方面，硫化物化学是最有前途的化学之一。在锂离子电池玻璃状硫化物方面积累的经验激发了人们对 $Na_{10}GeP_2S_{12}$、$Na_{10}SnP_2S_{12}$ 或 $Na_3PS_4$ 等硫化物的兴趣。

### （7）准固态电解质

准固态电解质即指使用液体成分作为增塑聚合物电解质以及凝胶聚合物电解质，其中液体增塑剂的含量为 50% 左右。

总之，水系和非水系液态电解质的离子电导率值最高，尽管前者的电化学稳定性窗口较低，后者存在与 SEI 稳定性和可燃性相关的问题，但这些缺点可以通过设计功能性固体电解质来克服。

# 习题

1. 已知锂离子电池硅负极材料在充放电的过程中会形成嵌锂化合物 $Li_{12}Si_7$，试计算硅负极材料的理论比容量（单位：$mA \cdot h/g$）（分子量 Li：7，Si：28）。

2. 锂离子电池在充放电循环过程中有可能会因"析锂"现象产生"枝晶"，最终导致电池的安全事故，针对这一安全隐患并结合锂离子电池整体的安全性能，如果从隔膜的角度出发，隔膜应该具备哪些性能要求？

3. 常见的锂离子电池负极材料有哪些？并结合目前国内外的研究进展，谈一谈目前负极材料在商业化进程中所面临的主要问题。

4. 锂硫电池在商业化进程中面临的主要问题以及解决方案是什么？

5. 简述锂空气电池的工作原理。

6. 阐述钠离子电池与锂离子电池的区别。

# 参考文献

［1］ Wu Y. 2015. Lithium-ion batteries：Fundamentals and Applications［M］. CRC Press：Boca Raton.

［2］ 陈港欣. 高功率锂离子电池研究进展［J］. 工程科学学报，2022，44（4）：612.

［3］ Goodenough J B，Kim Y. Challenges for Rechargeable Li Batteries. Chem Mater［J］. 2010，22：587-603.

［4］ Ma C，Lv Y C，Li H. Fundamental scientific aspects of lithium batteries（Ⅵ）-Positive electrode materials. Energy Storage Science and Technology［J］. 2014，3：53-65.

［5］ Mizushima K，Jones P C，Wiseman P J，et al. $Li_xCoO_2$，（0<x<-1）：A new cathode material for batteries of high energy density［J］. Mat. Res. Bull，1980，15：783-789.

［6］ Alcantara R，Lavela P，Zhecheva E，et al. Structure and Electrochemical Properties of Boron-Doped $LiCoO_2$［J］. J Solid State Chem，1997，134：265-273.

［7］ Nobili F，Croce F，Tossici R，et al. Sol-gel synthesis and electrochemical characterization of Mg-/Zr-doped $LiCoO_2$，cathodes for Li-ion batteries［J］. Journal of Power Sources，2012，197：276-284.

［8］ Reddy M V, Jie T W, Jafta F I, et al. Studies on Bare and Mg-doped $LiCoO_2$, as a cathode material for Lithium ion Batteries ［J］. Electrochimica Acta, 2014, 128: 192-197.

［9］ Chen Z, Dahn J R. Effect of a $ZrO_2$, Coating on the Structure and Electrochemistry of $Li_xCoO_2$, When Cycled to 4.5 V ［J］. Electrochem Solid-State Lett, 2002, 5: A213.

［10］ Li H, Wang Z, Chen L, et al. Research on Advanced Materials for Li-ion Batteries ［J］. Advanced Materials, 2009, 21: 4593-4607.

［11］ Wang G W, Zhong S, Liu H K, et al. Synthesis and characterization of $LiNiO_2$, compounds as cathodes for rechargeable lithium batteries ［J］. Journal of Power Sources, 1998, 76: 141-146.

［12］ Bianchi V, Caurant D, Wilmann P, et al. Synthesis, structural characterization and magnetic properties of quasistoichiometric $LiNiO_2$ ［J］. Solid State Ionics, 2001, 140: 1-17.

［13］ Kalyani P, Kalaiselvi N. Various aspects of $LiNiO_2$, chemistry: A review ［J］. Science and Technology of Advanced Materials, 2005, 6: 689-703.

［14］ Thackeray M M, Goodenough J B, et al. Lithium insertion into manganese spinels ［J］. Mater Res Bull, 1983, 18: 461-472.

［15］ Thackeray M M. Manganese oxides for lithium batteries ［J］. Prog Solids Chem, 1997, 25: 1-71.

［16］ Yi T F, Zhou A N, et al. A review of recent developments in the surface modification of $LiMn_2O_4$, as cathode material of power lithium-ion battery ［J］. Ionics, 2009, 15: 779-784.

［17］ Xu G, Liu Z, Zhang C, et al. Strategies for improving the cyclability and thermo-stability of $LiMn_2O_4$-based batteries at elevated temperatures ［J］. J Mater Chem A, 2105, 3: 4092-4123.

［18］ 冯晓晗. 磷酸铁锂正极材料改性研究进展 ［J］. 储能科学与技术, 2022, 11（2）: 467.

［19］ Noh H J, Sun Y K. （2013）Comparison of the structural and electrochemical properties of layered Li［$Ni_xCo_yMn_z$］$O_2$, （x=1/3, 0.5, 0.6, 0.7, 0.8 and 0.85）cathode material for lithium-ion batteries ［J］. Journal of Power Sources, 2013, 233: 121-130.

［20］ Nitta N, Wu F, Lee J T, et al. Li-ion battery materials: present and future ［J］. Materials Today, 2015, 18: 252-264.

［21］ Winter M, Novak P, et al. Insertion Electrode Materials for Rechargeable Lithium Batteries ［J］. Adv Mater, 1998, 10: 725-763.

［22］ Woo K C, Robinson D S, et al. Experimental phase diagram of lithium-intercalated graphite ［J］. Phys Rev B, 1998, 27: 7831.

［23］ Honda H, Yamada Y. Meso-carbon microbeads ［J］. J Japan Petrol Inst, 1973, 16: 392-397.

［24］ Luo F, Chu G, Li H, et al. Fundamental scientific aspects of lithium batteries（Ⅷ）-Anode electrode materials ［J］. Energy Storage Science and Technology, 2014, 3: 146-163.

［25］ Li H, Liang Y. A High Capacity Nano Si Composite Anode Material for Lithium Rechargeable Batteries ［J］. Electrochem Solid-State Lett, 1999, 2: 547-549.

［26］ Kasavajjula U. Nano- and bulk-silicon-based insertion anodes for lithium-ion secondary cells ［J］. Journal of Power Sources, 2007, 163: 1003-1039.

［27］ 邱治文. Si 基锂离子电池负极材料研究进展 ［J］. 化工进展, 2021, 40（A1）: 253.

［28］ Wu H B, Lou X W. Nanostructured metal oxide-based materials as advanced anodes for lithium-ion batteries ［J］. Nanoscale, 2012, 4: 2526-2542.

［29］ Bai X, Liu Z. Preparation and electrochemical properties of $Mg^{2+}$ and $F^-$ co-doped $Li_4Ti_5O_{12}$ anode material for use in the lithium-ion batteries ［J］. Electrochimica Acta, 2016, 222: 1045-1055.

［30］ Jung H G, Sun Y K. Microscale spherical carbon-coated $Li_4Ti_5O_{12}$ as ultra high power anode material for lithium batteries ［J］. Energy Environ Sci, 2011, 4: 1345-1351.

［31］ Xu K. Nonaqueous Liquid Electrolytes for Lithium-Based Rechargeable Batteries ［J］. Chem Rev, 2004, 104: 4303-4418.

［32］ Erickson E M, Aurbach D. Review-Development of Advanced Rechargeable Batteries: A Continuous Challenge in the Choice of Suitable Electrolyte Solutions ［J］. Journal of The Electrochemical Society, 2015, 162: A2424-A2438.

［33］ Liu Y L, Wu J Y, Li H. Fundamental scientific aspects of lithium ion batteries（Ⅺ）—Nonaqueous electrolyte materials ［J］.

Energy Storage Science and Technology, 2014, 3: 262-282.

[34] Mogi R, Ogumi Z. Effects of Some Organic Additives on Lithium Deposition in Propylene Carbonate [J]. Journal of The Electrochemical Society, 2002, 149: A1578-A1583.

[35] Girard H, Etcheberry A. Effect of anodic and cathodic treatments on the charge transfer of boron doped diamond electrodes [J]. Diamond and Related Materials, 2016, 16: 316-325.

[36] 胡方圆. 聚合物固态电解质的研究进展 [J]. 高分子材料科学与工程, 2021, 37 (2): 157.

[37] Famprikis T, Masquelier C. Fundamentals of inorganic solid-state electrolytes for batteries [J]. Nat Mater, 2019, 18: 1278-1291.

[38] Yue L, Chen L. All solid-state polymer electrolytes for high-performance lithium ion batteries [J]. Energy Storage Materials, 2016, 5: 139-164.

[39] Fergus J W. Ceramic and polymeric solid electrolytes for lithium-ion batteries [J]. Journal of Power Sources, 2010, 195: 4554-4569.

[40] Sun C W, Zhang J. Recent advances in all-solid-state rechargeable lithium batteries [J]. Nano Energy, 2017, 33: 363-386.

[41] Zhang S S. A review on the separators of liquid electrolyte Li-ion batteries [J]. Journal of Power Sources, 2017, 164: 351-364.

[42] Kuribayashi I. Characterization of composite cellulosic separators for rechargeable lithium-ion batteries [J]. Journal of Power Sources, 1996, 63: 87-91.

[43] Arora P, Zhang Z. Battery Separators [J]. Chem Rev, 2004, 104: 4419-4462.

[44] Lee S W, Lee K Y. Electrochemical properties and cycle performance of electrospun poly (vinylidene fluoride)-based fibrous membrane electrolytes for Li-ion polymer battery [J]. Journal of Power Sources, 2006, 163: 41-46.

[45] 尚雨. 水基锂离子电池电极材料及电解液的进展 [J]. 电池, 2013, 3: 182.

[46] Kim H, Kang K. Aqueous rechargeable Li and Na ion batteries [J]. Chem Rev, 2014, 114: 11788-11827.

[47] Tang W, Zhu Y S, Hou Y Y. Aqueous rechargeable lithium batteries as an energy storage system of superfast charging [J]. Energy & Environmental Science, 2013, 6: 2093-2104.

[48] Li W, Dahn J R, Wainwright D S. Rechargeable lithium batteries with aqueous electrolytes [J]. Science, 1994, 264: 1115.

[49] Li W, McKinnon W R, Dahn J R. Lithium intercalation from aqueous solutions [J]. J Electrochem Soc, 1994, 141: 2310.

[50] Ruffo R, Cui Y. Electrochemical characterization of $LiCoO_2$, as rechargeable electrode in aqueous $LiNO_3$, electrolyte [J]. Solid State Ionics, 2011, 192: 289-292.

[51] Wang Y G, Xia Y Y. Hybrid Aqueous Energy Storage Cells Using Activated Carbon and Lithium-Ion Intercalated Compounds [J]. Electrochem Soc, 2007, 154: A228-A234.

[52] He P, Xia Y Y. Investigation on capacity fading of $LiFePO_4$, in aqueous electrolyte [J]. Electrochim Acta, 2011, 56: 2351-2357.

[53] Wang H, Chen L. Improvement of cycle performance of lithium ion cell $LiMn_2O_4/Li_xV_2O_5$, with aqueous solution electrolyte by polypyrrole coating on anode [J]. Electrochim Acta, 2007, 52: 5102-5107.

[54] Tang W, Zhu K. An aqueous rechargeable lithium battery of excellent rate capability based on a nanocomposite of $MoO_3$, coated with PPy and $LiFePO_4$ [J]. Energy Environ Sci, 2012, 5: 6909-6913.

[55] Manickam M, Singh P, Issa T, et al. Electrochemical behavior of anatase $TiO_2$ in aqueous lithium hydroxide electrolyte [J]. Appl Electrochem, 2006, 36: 599-602.

[56] Wang H, Chen L. Electrochemical properties of $TiP_2O_7$, and $LiTi_2(PO_4)_3$, as anode material for lithium ion battery with aqueous solution electrolyte [J]. Electrochim Acta, 2007, 52: 3280-3285.

[57] Wang G, Wu Y P. An aqueous electrochemical energy storage system based on doping and intercalation: $Ppy//LiMn_2O_4$ [J]. Chem Phys Chem, 2008, 9: 2299-2301.

[58] Wang X, Wu Y P. An aqueous rechargeable lithium battery of high energy density based on coated Li metal and $LiCoO_2$ [J]. Chem Commun (Camb), 2013, 49: 6179-6181.

［59］ Wang X J, Wu Y P. An Aqueous Rechargeable Lithium Battery Using Coated Li Metal as Anode［J］. Sci Rep, 2013, 3: 1401.

［60］ Chang Z, Wu Y P. Rechargeable Li//Br battery: a promising platform for post lithium ion batteries［J］. J Mater Chem A, 2014, 2: 19444-19450.

［61］ Suo L, Borodin O, Xu K. "Water-in-salt" electrolyte enables high-voltage aqueous lithium-ion chemistries［J］. Science, 2015, 350: 938-943.

［62］ Manthiram A, Fu Y, Chung S H, et al. Rechargeable lithium-sulfur batteries［J］. Chem Rev, 2014, 114: 11751-11787.

［63］ Manthiram A, Fu Y Z, Su Y S. Challenges and Prospects of Lithium Sulfur Batteries［J］. Accounts of Chemical Research, 2013, 46: 1125-1134.

［64］ Evers S, Nazar L F. New Approaches for High Energy Density Lithium-Sulfur Battery Cathodes［J］. Accounts of Chemical Research, 2013, 46: 1135-1143.

［65］ Bruce P G, Tarascon J M. Li-O$_2$, and Li-S batteries with high energy storage［J］. Nat Mater, 2011, 11: 19-29.

［66］ Zhang T, Sammes N. A novel high energy density rechargeable lithium/air battery［J］. Chem Commun (Camb), 2010, 46: 1661-1663.

［67］ Abraham K M, Jiang Z. A polymer electrolyte-based rechargeable lithium/oxygen battery［J］. J Electrochem Soc, 1996, 143: 1-5.

［68］ Ogasawara T, Bruce P G. Rechargeable Li$_2$O$_2$, Electrode for Lithium Batteries［J］. J Am Chem Soc, 2006, 128: 1390-1393.

［69］ Lu J, Amine K. Aprotic and aqueous Li-O, batteries［J］. Chem Rev, 2014, 114: 5611-5640.

［70］ Zheng J P, Plichta E J. Theoretical Energy Density of Li-Air Batteries［J］. J Electrochem Soc, 2008, 155: A432.

［71］ Feng N, He P, Zhou H. Critical Challenges in Rechargeable Aprotic Li-O$_2$, Batteries［J］. Adv Energy Mater, 2016, 6: 1502303.

［72］ Kumar B, Kumar J. Cathodes for Solid-State Lithium-Oxygen Cells: Roles of Nasicon Glass-Ceramics［J］. J Electrochem Soc, 2010, 157: A611-A616.

# 第 **7** 章
# 新型介电储能材料与器件

## 7.1 概述

目前电能储存装置主要包括：以锂离子电池和固体燃料电池为代表的化学储能装置、以超级电容器为代表的电化学电容器以及以介电储能电容器为代表的静电电容器等。在这三类电能储存装置中，锂离子电池以及固体燃料电池具有较高的能量密度（10~1000W·h/kg），但由于其内部的电荷载流子移动较慢，使其功率密度较低（<200W/kg），极大地限制了其在大功率系统中的应用。电化学超级电容器的能量密度（0.05~50W·h/kg）及功率密度（10~104W/kg）适中，但其充放电过程时间较长（一般在几秒甚至十几秒）。相较于前两种电能储存装置，介电储能电容器高的功率密度（103~107W/kg）和快的充放电速率能满足超高功率电子系统的要求[1]。此外，介电储能电容器因具有超高功率密度、低损耗、全固态结构以及高工作电压等优点，有望应用于电力系统、脉冲功率系统、混合动力汽车以及尖端武器系统等领域。然而，同超级电容器、锂离子电池以及固体燃料电池等电化学储能器件相比，介电电容器虽然具有更高的功率密度，但其能量密度较低，这也导致介电电容器很难满足集成电路系统对小型化、集成化的需求。此外，电力系统、电子信息、先进国防武器等高新技术领域的快速发展对高功率大容量电容器提出更高要求。

为提高介电储能电容器的储能密度和效率，从增加电容器中储存的能量或电荷出发，应研发高介电常数、低介电损耗和高击穿场强的电介质材料；从制造和设备可靠性的角度来看，则需要柔性、易于加工、能够承受高机械冲击的材料。目前，被广泛应用的储能材料有陶瓷、陶瓷薄膜、聚合物及聚合物复合材料等，陶瓷材料的介电常数高、极化强度大、耐高温，但其脆性大、击穿场强低，限制了其在高击穿和柔性电子器件等领域的应用；与陶瓷相比，介电聚合物柔性好、击穿场强大，但是其介电常数低、极化强度小，致使其低场下的储能密度小且不耐高温很难满足低场高功率和高温苛刻环境的应用。因此，无论是陶瓷还是聚合物均具有自己独特的优势和致命的缺点，如何扬长避短是目前研究者共同的话题，开发耐高温苛刻环境、储能性能优异、柔性好的储能材料仍是未来研究的重点[2]。

如今，电介质材料广泛应用于各种应用，如电容器、电子封装和电介质谐振器。实际的电子系统通常是储能、脉冲发电、电路中的电容联合使用，以及封装和保护电子设备，以降低工作电源之间的总体噪声。其中介电储能材料主要应用于储能电容器，其在与充电电路断开时可以储存电能，因此可以用作临时电池，或类似于其他类型的可充电储能系统。电容器通常用于电子设备在更换电池时防止易失性存储器中的信息丢失时维持电源。此外，在配电中，电容器用于功率因数校正，这种电容器作为三相负载连接的三个电容器。通常，这些电容器的值不是以法拉第为单位给出的，而是以无功伏安为单位给出的无功功率，其目的是抵消来自电机和传输线等设备的感应负载。用于功率因数校正的电容器可以应用在单个电机、灯具、建筑物内的负载中心及大型公用变电站中。

此外，电介质储能技术凭借异常快的能量转换速率、工作时间长以及环境友好等，在现代电子电力工业如可穿戴电子、混合动力汽车、武器系统等领域得到广泛应用。例如，汽车音响系统中，大电容器储存能量供放大器按需使用。对于闪光管，电容器用于保持高压。大型电容器组用作核武器和其他特种武器中爆炸桥丝雷管或冲击波雷管的能源。使用电容器组件为正在工作中电磁装甲、电磁轨道炮和线圈炮的电源。随着电子器件向小型化和高性能化方向的发展，今后研究的重点仍然向着耐苛刻环境且具有高储能密度的电介质材料发展。

综上所述，电介质储能材料主要用于脉冲功率设备制造中，应用在汽车、工业、国防军工等领域，随着军工设备、工业设备、汽车等制造技术不断升级，产品性能不断提高，市场对电介质储能材料的品质要求日益提升，电介质储能材料行业创新化发展需求迫切，未来行业技术门槛将不断提高。

## 7.1.1 介电储能概念

根据经典的电磁学理论中定义[3]，介质材料的储能密度是指介质材料单位体积内存储的电能，单位为 $J/cm^3$。实际应用中，储存在材料中的能量只有部分能释放，而这部分释放出的能量才能加以利用，未能释放的能量是损失的能量。因此，所谓的储能密度是指在某种测试条件下，材料在一定电场强度下的可释放能量密度。对于介质电容器而言，电介质在外加电场下能够储存能量，是因为其在电场下的极化引起的，而储能密度和储能效率是评价介质材料储能性能优劣最重要的参数。

### 7.1.1.1 介质的极化

对于一个真空平行板电容器，如果在电极之间接入电压为 $U$ 的外加电场，则在金属极板上会激发出自由电荷 $Q_0$，其相应的静电场为 $E_0$，真空下电容为 $C_0$。当在一个真空平行板电容器的两电极板中嵌入一块厚度为 $d$ 的电介质时，正极板附近的介质表面产生负电荷，负极板附近的介质表面产生正电荷，这种表面上产生的电荷称为感应电荷 $Q_1$，也称为束缚电荷，电介质在电场作用下产生感应电荷的现象称为电介质的极化，如图 7-1 所示。当电介质被极化后介质表面产生的与相邻极板极性相反的感应电荷 $Q_1$ 会激发出一个与 $E_0$ 方向相反的退极化场 $E_1$，则可由图 7-1 中公式得到介质中总电场 $E$ 与电容为 $C$ 等参数，相应参数为矢量[4]。

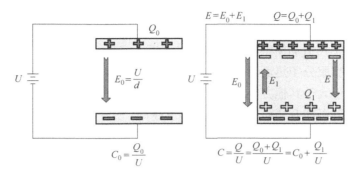

图 7-1　电介质极化机理[4]

电容器中的电容与电容器的几何形状以及材料性能有关，真空平板电容器电容 $C_0$ 为

$$C_0 = \frac{Q_0}{U} = \frac{A}{d}\varepsilon_0 \qquad (7\text{-}1)$$

式中，$A$ 为面积；$d$ 为电极板间距；$\varepsilon_0$ 为真空介电常数［8.85×10⁻¹²C²/（J·m）］。

对于有电介质材料嵌入的真空平板电容器电容为

$$C = \frac{Q}{U} = \frac{Q_0 + Q_1}{U} = \frac{\varepsilon}{\varepsilon_0}C_0 = \varepsilon_r C_0 \qquad (7\text{-}2)$$

于是

$$\varepsilon_r = \frac{C}{C_0} = \frac{Q_0 + Q_1}{Q_0} \qquad (7\text{-}3)$$

式中，$\varepsilon$ 为板间材料的介电常数；$\varepsilon_r$ 为材料的相对介电常数，反应的是电介质极化的能力。

由此可见，介电常数越大，材料极化能力就越强，在介质材料表面产生感应电荷越多，介质材料就能够储存更多的能量。在介电材料中，电荷不能自由流动，电场 $E$ 的存在使材料中的束缚电荷略微分离或定向。在直流电场下，介电常数可以定义为

$$D = \varepsilon_0 E + P \qquad (7\text{-}4)$$
$$D = \varepsilon E = \varepsilon_0 \varepsilon_r E \qquad (7\text{-}5)$$

式中，$D$ 为电位移，作为电位移的一部分，介电材料中的极化 $P$ 可能来自不同的极化机制，主要包括电介质在外场下的极化包括电子极化、离子极化、偶极子取向极化与界面极化（空间电荷极化）[5-8]。

电子极化（electronic polarization）是指在电场作用下，电介质内部各原子中围绕在原子核周围带负电的电子云发生形变，导致原子核正电荷中心与电子云负电荷中心不再重合，从而感生出一个沿电场方向的偶极矩的现象。相对于其他极化，电子极化的偶极矩较小，其极化能力较小。但是，电子极化通常存在于一切介质中，极化响应速度快，完成时间为 10⁻¹⁵s（紫外线频率范围），电子极化为弹性、无损极化，其消耗能量非常小可以忽略不计。

离子极化（ionic polarization）中离子一般指相互之间存在强离子键作用的离子，只能移动较小距离，存在于离子式结构电介质中，而材料中游离的、可以进行长距离移动的离子，属于空间电荷。在外加电场作用下，电介质中正负离子在电场作用下沿相反方向移动、取向排列，形成离子极化，完成离子极化响应时间短，为 $10^{-13}$s，为弹性、无损极化。

偶极子取向极化（dipolar orientational polarization）是指在含有极性分子的电介质中，没有外加电场时，分子热运动使得极性分子取向随机，宏观偶极矩为零；在外加电场作用下，当电场力作用足以克服分子热运动作用，组成极性分子的偶极子转向电场方向取向排列，沿电场方向偶极子数量大于其他方向，则介质整体出现宏观偶极矩的现象称为偶极子取向极化。偶极子取向极化率随温度升高而下降，因为温度越高，分子热运动作用就越强，抵抗偶极子转向作用就越强烈。偶极子极化响应时间为 $10^{-8}\sim10^{-2}$s，偶极子取向极化大小与电场大小有关，偶极子转向需要消耗能量，为有损极化。

界面极化（interfacial polarization）主要存在于非均相体系介质中，与电介质中的自由电子、游离离子以及带电杂质等空间电荷有关。界面极化不仅与不均匀各介质本质特性有关，还受界面结构影响。没有外加电场情况下，空间电荷分布于不均匀介质的各组分中；给予外加电场，空间电荷开始在介质内移动，向界面靠近，最终聚集到界面，形成空间电荷层，造成介质内电荷分布不均匀而引起的极化称为界面极化，也称为空间电荷极化。界面极化与空间电荷数量与载流子迁移率有关。界面极化完成需要一定的响应时间，为 $10^{-4}\sim10^{4}$s，通常在较低频率（$10^{-3}\sim10^{3}$Hz）才能被观察到。若极化时间足够长，空间电荷数量够多，载流子迁移率够高，聚集到界面空间电荷就越多，界面极化就越大；反之，极化时间越短，空间电荷数量越少，形成空间电荷层就越薄，界面极化就越小。

### 7.1.1.2　介质的损耗

电介质在恒定电场下损耗的能量与流过其内部的电流息息相关，主要包括由样品几何电容充电产生（电容电流）、由电介质极化产生（极化损耗）和介质的电导产生（电导损耗）的电流。极化损耗主要与极化的弛豫（松弛）有关。在恒定电场下，电介质从极化建立到达稳定状态通常需要一定的时间，其中电子位移极化以及离子位移极化所需要的时间极短，被认为是瞬时位移极化，而偶极子取向极化以及空间电荷极化在电场作用下极化建立所需要的时间较长，被称为时弛豫极化，这两种极化是损耗能量的。

正常材料对外部磁场的响应通常取决于磁场的频率。当向电介质材料施加交流电场时，复介电常数随频率变化，可表示为

$$\varepsilon_r^* = \varepsilon_r' - j\varepsilon_r'' \tag{7-6}$$

式中，j 为虚单位，$\varepsilon_r'$ 为介电常数的实部，与介质中的储能有关；$\varepsilon_r''$ 为介电常数的虚部，它与介质中的能量耗散（或损耗）有关。

为了量化损耗的电能，定义了介电损耗。材料的介电损耗表示电磁能量的固有耗散。它可以用损耗角 $\delta$ 来参数化，损耗角 $\delta$ 被定义为

$$\tan\delta = \frac{\varepsilon_r''}{\varepsilon_r'} \tag{7-7}$$

式中，$\tan\delta$ 为损耗因子，$\varepsilon_r'$ 和 $\varepsilon_r''$ 之间的关系可用 Kramers-Krong 关系来描述：

$$\varepsilon_r'(\omega) = \varepsilon_{r\infty} + \frac{2}{\pi} \int_0^\infty \frac{u\varepsilon''(u)}{u^2 - \omega^2} du \tag{7-8}$$

$$\varepsilon_r''(\omega) = \frac{2}{\pi} \int_0^\infty \left[\varepsilon_r''(u) - \varepsilon_{r\infty}\right] \frac{\omega}{u^2 - \omega^2} du \tag{7-9}$$

式中，$\varepsilon_{r\infty}$ 为高频极限下的介电常数；$\omega$ 为角频率。

设 $\omega = 0$，可写为

$$\int_0^\infty \varepsilon_r''(\omega) d(\ln\omega) = \frac{\pi}{2}(\varepsilon_{rs} - \varepsilon_{r\infty}'') \tag{7-10}$$

式中，$\varepsilon_{rs}$ 为静态介电常数，介质损耗由复介电常数的虚部 $\varepsilon_r''$ 引起，而电容电流由实部 $\varepsilon_r'$ 引起，$\varepsilon_r'$ 相当于测得的介电常数 $\varepsilon$（绝对介电常数）[9]。

### 7.1.1.3　介质的弛豫

弛豫是指介电材料对交流电场的弛豫响应，其在材料的介电响应中表现出瞬时延迟。在外加电场施加或者移去之后，系统逐渐达到平衡状态的过程叫做介质弛豫。近年来，弛豫的介电理论得到了发展，并应用于不同的体系。在经典物理学中，介电弛豫通常用以下假设来描述：对于理想的、非相互作用的偶极子群对交变外电场的介电弛豫，使用一个简单的德拜方程：

$$\varepsilon_r^*(\omega) = \varepsilon_{r\infty} + \frac{\varepsilon_{rs} - \varepsilon_{r\infty}}{1 + j\omega\tau_0} \tag{7-11}$$

$$\varepsilon_r' = \varepsilon_{r\infty} + \frac{\varepsilon_{rs} - \varepsilon_{r\infty}}{1 + \omega^2\tau_0^2} \tag{7-12}$$

$$\varepsilon_r'' = \frac{(\varepsilon_{rs} - \varepsilon_{r\infty})\omega\tau_0}{1 + \omega^2\tau_0^2} \tag{7-13}$$

$$\tan\delta = \frac{\varepsilon_r''}{\varepsilon_r'} = \frac{(\varepsilon_{rs} - \varepsilon_{r\infty})\omega\tau_0}{\varepsilon_{rs} + \varepsilon_{r\infty}\omega^2\tau_0^2} \tag{7-14}$$

式中，$\tau_0$ 为特征弛豫时间（弛豫频率 $f_0 = \omega_0/2\pi = 1/2\pi\tau_0$；$\varepsilon_{rs} - \varepsilon_{r\infty}$ 反映弛豫过程对静态介电常数的贡献，也称为弛豫过程的介电常数强度。

通过组合方程式（7-10）和式（7-11），方程式可以写成：

$$\left(\varepsilon_r' - \frac{\varepsilon_{rs} + \varepsilon_{r\infty}}{2}\right)^2 + \varepsilon_r''^2 = \left(\frac{\varepsilon_{rs} + \varepsilon_{r\infty}}{2}\right)^2 \tag{7-15}$$

在这种关系中，$\varepsilon_r''$ 的最大值出现在 $\omega_0$ 处，$\tan\delta$ 在 $\omega_0$ 处达到最大值。

$$\omega_0\tau_0 = 1 \tag{7-16}$$

$$\tan\delta_{\omega=\omega\delta} = \frac{\varepsilon_{rs} - \varepsilon_{r\infty}}{2(\varepsilon_{rs}\varepsilon_{r\infty})^{1/2}} \tag{7-17}$$

德拜方程只描述了最简单的一个弛豫过程的介电响应，这与大多数具有一组弛豫时间的介电材料的实验结果不符。对于实际材料，介电常数的频率依赖性更为复杂，许多经验弛豫方程已经被引入来描述弛豫现象，如 Cole-Cole 方程：

$$\varepsilon_r^*(\omega) = \varepsilon_{r\infty} + \frac{\varepsilon_{rs} - \varepsilon_{r\infty}}{1 + (j\omega\tau_0)^{1-\alpha}} \tag{7-18}$$

其中 $0 < \alpha < 1$，最大损耗出现在 $\omega\tau_0 = 1$ 处。部分实验结果与 Cole-Cole 方程 $\alpha > 0$ 的结果吻合较好。另外，为了更好地拟合实验结果，对 Cole-Cole 方程提出了不同的修正。人们已经发现，有几种材料遵循这些方程，然而，还没有找到一个公式可以总结出适合所有情况。

电介质材料储能性能的优劣与介质的极化、介质的损耗和介质的弛豫密不可分，近年来，关于优化电介质的储能性能以满足微电子设备和集成电路系统小型化和微型化的需求，对电介质材料这三种性质的研究必不可少 [9, 10]。

## 7.1.2　介电储能的基本原理

电介质材料的总储能密度（$W$）表示其单位体积存储的能量，由于介电电容器中储存的

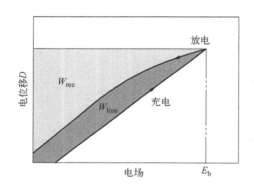

图 7-2　电介质储能原理

能量不能完全释放，可释放能量称为有效储能密度 $W_{rec}$，可以通过对材料的电位移（$D$）-电场强度（$E$）曲线进行积分计算，图 7-2 中 $D$-$E$ 曲线的深色阴影部分为可释放的能量密度（$W_{rec}$），浅色阴影部分为无法释放的能量密度（$W_{loss}$），计算公式为

$$W_{rec} = \int_0^{D_{max}} E dD \tag{7-19}$$

损耗能量密度 $W_{loss}$ 表示无法释放的能量，储能效率 $\eta$ 为

$$\eta = \frac{W_{rec}}{W_{rec} + W_{loss}} \tag{7-20}$$

式中，$D$ 为电位移；$D_{max}$ 为最大外加电场对应的电位移大小；$E$ 为外加电场强度，随外加电场增大储能密度增大，接近击穿场强（$E_b$）时，储能密度达到最大值。

电位移 $D$ 与外加电场 $E$ 之间的关系用式（7-21）表示

$$D = \varepsilon_0 \varepsilon_r E \tag{7-21}$$

电位移和电极化强度（$P$）之间存在 $D = P + \varepsilon_0 E$ 的关系，对于不同种类的介质材料，电极化强度越高电位移也越高，$\varepsilon_0$ 和 $\varepsilon_r$ 分别为真空介电常数（$8.85 \times 10^{-12}$ F/m）和相对介电常数。将式（7-21）代入到式（7-19）式得到式（7-22）：

$$W_{rec} = \int_0^{E_{max}} \varepsilon_0 \varepsilon_r E dE \tag{7-22}$$

从式（7-22）可以看出，线性介质材料的储能密度不仅与外加电场大小有关，还与材料

的介电常数值紧密相关。由于线性介质材料的相对介电常数为常量，不会随外加电场的变化而变化，其储能密度大小可由式（7-23）计算：

$$W_{\text{rec}} = \frac{1}{2}\varepsilon_0\varepsilon_{\text{r}}E^2 \qquad (7\text{-}23)$$

由此可见，为获得高储能密度、高效率的电介质材料，需同时提升其介电常数与击穿场强，以实现高击穿强度（$E_{\text{b}}$）和大极化差值（$\Delta P$，$\Delta P = P_{\max} - P_{\text{r}}$），即高 $E_{\text{b}}$、高最大极化强度（$P_{\max}$）、低剩余极化（$P_{\text{r}}$）[4, 11]。

## 7.1.3 介电储能器件

在介电材料上下表面披上电极即可制备成介电电容器件，介电电容是通过在其电极上累积电荷来存储电能的装置。在电路中，电荷离开电容器的一个电极并到达另一个电极。因此，一个电极上的电荷量的值等于另一个电极上的电荷量，但符号相反。电容器存储的电荷越多，电容器上存储的能量就越多

$$W = \frac{1}{2}CV^2 \qquad (7\text{-}24)$$

其中，$W$ 是存储的能量，$C$ 是电容，$V$ 是电容器两端的电压。

在充电过程中，电源连接到电容器上下电极，瞬间功率施加到电容器，电源（如电池）开始迫使电子从电容器的一个电极移动到另一个电极。随着电子开始在一个电极上累积，电容器两端的电压增加。电子继续积聚在电容器的电极上，该电容器连接到电池的负极端子，直到电容器两端的电压等于电池两端的电压。因此，给电容"装"电荷的过程，就是由电源输出电流经过电容器，在电容器两极板上得到大量电荷的过程，该过程也称为给电容充电。电容器两端的电压以指数方式增加，电容器两端电压为时间函数为

$$V(t) = V_{\text{BAT}}\left(1 - e^{-t/RC}\right) \qquad (7\text{-}25)$$

其中，$V(t)$ 是电容器两端的电压随时间的变化，$V_{\text{BAT}}$ 是电池电压，$R$ 是电路中的串联电阻，$C$ 是电容。

在放电过程中，电容器上的电荷开始释放电荷，电荷从电容器的正极板出发，经外接回路与负极板上的负电荷中和，由于两个极板上带有等量的电荷，一旦中和，电容就没有电了。介电电容的充放电过程快，是高功率脉冲技术中不可替代的基础储能元器件，可实现能量瞬间释放和功率放大，在超高功率装备等前沿科学研究中具有重大战略需求。但受到关键电介质材料本征电学性能的限制，介电电容的低能量密度已经成为制约其发展应用的瓶颈。开发具有更高储能密度、高效率的介电材料，是实现储能器件小型化、集成化的核心，是满足电子电力尖端领域需求的关键，是当前材料科学研究的前沿和热点。

# 7.2 介电储能材料

介电材料包括气体、液体和固体，根据其不同和独特的介电性能，在当前行业中广泛用于不同的应用。鉴于固体电介质是当前研究的重点，根据组成不同，电介质可分为无机材料和有机材料；根据材料结构的不同及介电性能的差异，所有电介质可分为两类：非极性材料和极性材料。

非极性材料是指其分子或晶胞没有永久偶极矩的材料，而极性材料是一种具有永久偶极矩的材料，该偶极矩与其分子或晶胞有关。对于非极性无机材料，它们通常表现出较低的介电常数，例如：$\varepsilon_{(硅)} \approx 3.7$，$\varepsilon_{(石蜡)} \approx 1.9 \sim 2.5$，$\varepsilon_{(四氯化碳)} \approx 2.0$ 和 $\varepsilon_{(石英)} \approx 4.4$。迄今为止，在非极性材料中发现的具有最高介电常数的电介质是（$Ta_2O_5$）$_{0.92}$-（$TiO_2$）$_{0.08}$，其在室温下介电常数相对较高，最高可达 126。因此，单一非极性材料在高介电常数应用中的应用受到限制。

极性材料是指其分子或晶胞具有永久偶极矩的材料[12]。对于部分极性物质，由于偶极

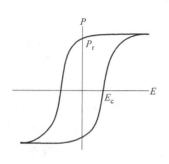

图 7-3　铁电材料电滞回线

子之间的相互作用强，致使其以相同的方向排列，即便在无电场作用时仍然产生极化。这种在无外加电场作用下由材料自身偶极子产生的极化被称为自发极化。由于铁电材料的自发极化随外加电场的变化而变化，通常表现出很高的介电常数，这使得铁电材料在电介质应用中受到了广泛的关注。铁电材料的极化电场关系如图 7-3 所示，电滞回线是铁电材料的基本特征。

极性材料和非极性材料均可应用于介电储能，在获得高储能密度和效率方面，这两类材料均表现出各自的优势。非极性材料由于偶极子的重新排列、畴翻转和畴壁运动等，介电常数随外部电场变化，有利于增大极化性能。为获得高储能密度、高效率的电介质材料，需同时提升其介电常数与击穿场强，降低剩余极化强度。目前，被广泛研究的介电储能材料有四类：线性介电材料、铁电材料、弛豫铁电材料和反铁电材料[11]，如图 7-4 所示。通常来讲，线性介电材料具有高击穿强度、低损耗，但是其介电常数较低，不利于高储能密度的获得。而铁电材料具有高的极化强度，但是其大的剩余极化强度使得其损耗大、储能密度低。相比之下，具有极性纳米畴的弛豫铁电材料及具有零剩余极化强度的反铁电材料更加适用于介电储能[13, 14]。

## 7.2.1 非铁电储能材料

如图 7-4（a）所示，线性介质材料的电位移强度 $D$ 随电场 $E$ 的变化呈线性关系，介电常数不随偏压电场变化。线性介质材料的储能密度可以由式（7-23）计算得到，线性介质材料的储能密度与介电常数、电场强度的二次方成正比。通常来讲，线性电介质材料具有高的击穿场强。因此，要想在线性介质材料等非铁电储能材料获得高储能密度和效率，重点在于提高其介电常数。

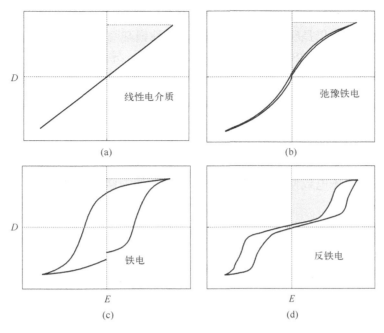

图 7-4　四类电介质材料电滞回线（阴影区域为有效储能密度[11]）

（a）线性材料；（b）弛豫铁电材料；（c）铁电材料；（d）反铁电材料

钛酸锶 $SrTiO_3$ 由于居里点较低，室温下为顺电态，一般认为是线性电介质陶瓷的代表，以 $SrTiO_3$ 为基体的线性储能介质体系的储能性能改性研究包括：稀土掺杂改性，制备高介电常数、低损耗的新材料；调控制备工艺，通过玻璃料的添加降低烧结温度，提高击穿强度等。例如，Z.Wang 等通过研究钛酸锶陶瓷中非化学计量比（Sr/Ti=0.994~1.004）对结构和性能的影响，发现在 Sr/Ti=0.996 时，其储能密度达 $1.21J/cm^3$，远高于纯钛酸锶的储能密度（$W$=0.7J/cm$^3$）[15]。L.Li 等通过发现添加 1.0mol%的 BaCu（$B_2O_5$）到钛酸锶中，其储能密度 $1.05J/cm^3$ [16]。李忆秋等在 ST 添加玻璃料获得了 $1.08J/cm^3$ 的高储能密度[17]。H.Y.Zhou 等人探究了锆取代钛离子的 $CaZr_xTi_{1-x}O_3$ 陶瓷的性能，当 $x$=0.4 时，最大储能密度可达 $2.7J/cm^3$。线性陶瓷材料的优点在于其击穿强度相对于铁电材料较高，工作稳定，且损耗较低。但是其介电常数较低，储能密度随电场提高速度慢[18]。

## 7.2.2　铁电储能材料

铁电体陶瓷的电位移强度随外加电场变化显著，并形成如图 7-4（c）所示的迟滞回线。钛酸钡 $BaTiO_3$ 陶瓷是最典型的铁电材料，其极化强度大，但是由于迟滞造成的损耗较大，其有效储能密度并不高。氧化物掺杂是改性铁电材料储能性能的有效方法，例如 W.Deng 采用三种氧化物混合掺杂钛酸钡陶瓷，使击穿强度得到极大提高，储能密度增大近两倍[19]。T. Wang 等采用 $ZnNb_2O_6$ 掺杂改善了钛酸钡的击穿强度[20]。掺入少量玻璃有利于提高钛酸钡的击穿强度，达到增大储能密度的目的[21]。但是，钛酸钡基陶瓷的储能密度偏低（<2J/cm$^3$）。

通过氧化物掺杂改性、调控晶粒尺寸等研究铁电钛酸锶钡（Ba，Sr）TiO$_3$（BST）陶瓷在顺电态下的储能性能仍是研究的热电。相较于钛酸钡基陶瓷，钛酸锶钡基陶瓷的储能密度有很大提高，主要是由于 BST 基陶瓷内存在弥散相变，导致其剩余极化强度较低，而储能密度和效率增大。G.Dong 等在顺电相 Ba$_{0.3}$Sr$_{0.7}$TiO$_3$ 掺杂 ZnO，发现当掺杂量为 1.6%（质量分数）时，其最大储能密度为 3.9J/cm$^3$@40kV/mm[22]。Z.Song 研究不同晶粒尺寸的 Ba$_{0.4}$Sr$_{0.6}$TiO$_3$，发现晶粒尺寸最小的材料具有最高击穿强度（243kV/cm），储能密度为 1.28J/cm$^3$[23]。

铁电陶瓷具有介电常数高、可靠性好等优点，但是其介电损耗也较大，放电过程中损失的能量大；此外，由于电致伸缩导致的微裂纹，会致使击穿强度降低，不利于储能。

## 7.2.3　弛豫铁电储能材料

弛豫铁电体因极化强度大和 P-E 电滞回线细瘦被认为是介电储能最具潜力的材料，如图 7-4（b）所示。弛豫铁电体发现于 20 世纪 50 年代，由于它具有较高的介电常数且随温度变化平稳，逐渐被重视起来，成为一大类重要的介电材料。弛豫铁电体的化学成分极复杂，在微观上具有不均匀性，对其本质的认识经历了"化学组成波动与相变扩散"理论、"宏畴-微畴"理论、"玻璃化模型"理论等[24]。姚熹、程忠阳等提出的"极化弛豫统一模型"，可以统一地描述非极性介质、玻璃体、偶极介质、弛豫铁电体、正常铁电体，极大地丰富了弛豫铁电体理论[25]。

弛豫铁电体所包含的材料体系范围较为广泛，其中无铅体系主要是 BaTiO$_3$ 及与其他钙钛矿形成的固溶体。通过热压烧结制备的（1-$x$）[0.6BaTiO$_3$-0.4BiScO$_3$]-$x$K$_{0.5}$Bi$_{0.5}$TiO$_3$ 陶瓷固溶体，其在偏压 200kV/cm 处具有 4.0J/cm$^3$ 的储能密度[26]。采用印刷法制备成的 0.7BaTiO$_3$-0.3BiScO$_3$ 电容器器件，其击穿强度为 730kV/mm，储能密度达到 6.1J/cm$^3$，且在 0~300℃范围内储能密度保持了很好的温度稳定性[27]。BaTiO$_3$ 与 B 位具有复合离子的铋层状结构 Bi（Mg，$X$）O$_3$（$X$=Ti，Nb…）形成固溶体，也可以在一定程度上提高材料的储能性能[28]。含铅的弛豫铁电体主要有 Pb（Mg$_{1/3}$Nb$_{2/3}$）O$_3$-PbTiO$_3$、（Pb，La）（Zr，Ti）O$_3$ 等。K.Yao 等人采用化学溶液法制备了 0.462Pb（Zn$_{1/3}$Nb$_{2/3}$）O$_3$-0.308Pb（Mg$_{1/3}$Nb$_{2/3}$）O$_3$-0.23PbTiO$_3$ 弛豫体薄膜，最大储能密度可达 15.8J/cm$^3$[29]。X.Hao 等通过溶胶凝胶法制备（Pb$_{0.91}$La$_{0.09}$）（Zr$_{0.65}$Ti$_{0.35}$）O$_3$ 弛豫体薄膜，在电场强度为 2040kV/cm 下储能密度为 28.7J/cm$^3$[30]。

## 7.2.4　反铁电储能材料

反铁电体陶瓷的极化曲线是明显的"双电滞回线"，如图 7-4（d）所示，这是由于其在电场作用下存在反铁电相-铁电相的相变。在相变电场以下，随着外加电场的增加，极化强度呈线性增加；当外加电场高于相变电场时，D-E 曲线呈现出铁电体的特征。在铁电材料中，同一个电畴内部的相邻偶极子具有相同的极化方向，当施加外加电场时，偶极子可以重新定向排列；在反铁电材料中，相邻偶极子的极化方向是相反的，只有当施加足够大的电场时，偶极子才可以重新定向排列，与铁电体中相似。反铁电体陶瓷主要由锆酸铅晶相或锆酸铅基固溶体构成，如（Pb, La）（Zr, Ti）O₃、（Pb, La）（Zr, Sn, Ti）O₃、（Pb, Sr）ZrO₃等。铅基反铁电陶瓷块体的最大储能密度为3~7J/cm³，而其膜的最大储能密度接近60J/cm³。

虽然反铁电陶瓷的储能密度值与其他几种材料相比要高，但它存在的问题是：场致相变伴随着极大的电致应变，导致反铁电陶瓷的内部产生缺陷和裂纹，从而大大降低了材料的耐压强度和平均寿命[31]。

## 7.2.5　铁电储能复合材料

高能量密度所需的不同参数很难在单个材料上同时获得高值。一些无机材料可以表现出高介电常数，但是，它们的介电强度 $E_b$ 非常低；有机材料通常具有非常高的介电强度 $E_b$，但不具有高介电常数。故此，非常需要将不同材料的优点结合起来，通过将它们制成复合材料的形式来增加总的能量储存。同时，随着新制造工艺的发展，复合材料、微晶玻璃和聚合物基铁电体在该领域具有潜在的应用前景，它与线性电介质的更高击穿场和铁电体的更大极化相结合。

在电介质领域，为了综合不同材料的优异性能，以获得比单组成电介质更好的性能，研究了陶瓷聚合物、导体聚合物和陶瓷玻璃在内的复合材料。

复合材料的介电性能是许多因素的函数，包括填料颗粒的尺寸和形状、填料和基体的介电常数、填料在基体中的形态和分布、填料在复合材料中的体积分数和填料与基体之间界面层的外观。以具有并联或串联连接的两相复合材料为例，复合材料的有效介电常数 $\varepsilon$ 为

$$\varepsilon'^n = v_1 \varepsilon_1'^n + v_2 \varepsilon_2'^n \tag{7-26}$$

式中，$\varepsilon_1'$ 和 $\varepsilon_2'$ 分别为陶瓷颗粒和聚合物基体的介电常数；$v_1$ 和 $v_2$ 分别为陶瓷颗粒和聚合物基体的体积分数。

并联情况下 $v_1 = A_1/A$，$v_2 = A_2/A$；串联情况下 $v_1 = d_1/d$，$v_2 = d_2/d$；对于并联和串联连接，$n$ 分别为+1和−1。两个连接的如图7-5所示。在大多数情况下，两相复合材料的有效介电常数应在并联和串联情况下由式（7-26）确定的值之间[9]。

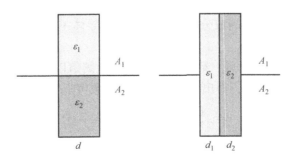

图7-5　两相复合材料的并联和串联

作为介电储能复合材料的一大类材料，柔性聚合物基介电复合材料应用广泛[32]。此外，

许多应用都需要具有低加工温度、高介电常数和高击穿场的柔性介电材料。为了满足这些不同的电介质需求，聚合物基复合材料在过去三十年中得到了广泛的研究。根据所使用的填料，聚合物基复合材料可分为两类：一类是以介电材料为填料的介电复合材料；另一种是以导电材料为填料的介电复合材料，称为导体-介质复合材料。[33]

在这两种复合材料中，聚合物基体对复合材料的介电性能起着关键作用。特别是复合材料的击穿场强主要取决于聚合物基体。因此，基于其加工性能、柔韧性、介电响应、介电强度、熔融温度和玻璃化转变温度，广泛研究了聚甲基丙烯酸甲酯（polymethyl methacrylate，PMMA）、聚氯乙烯（polyvinyl Chloride，PVC）、聚氨酯（polyurethane，PU）、聚偏二氟乙烯（polyvinylidene Fluoride，PVDF）等一系列聚合物。其中，PVDF 及其二元共聚物/三元共聚物由于具有高介电常数（>10）而被广泛用作聚合物基体。目前研究主要集中在解析聚合物基复合材料的介电响应、建立模型模拟复合材料的介电常数等。

导电聚合物复合材料是一种高介电常数材料，属于导体-介质复合材料领域。导体-介质复合材料的介电性能可由渗流理论确定。当填料含量小于一定的渗流阈值时，复合材料可以看作电介质，其介电常数随着填料含量的迅速增加而增加，当填料含量接近渗流阈值时，复合材料可以获得很高的介电常数。当填料含量接近然后超过渗流阈值时，复合材料将转变为导体。因此，对于导体-介质复合材料，渗流阈值是非常关键的。渗滤阈值取决于导电填料的几何形状、形状、尺寸和分布，不同形状大小的导体作为此类复合材料的填料被广泛研究。此外，研究发现，渗滤阈值也强烈依赖于制备过程，这主要是由于填料的分布变化导致的。

导体-介质复合材料的有效介电常数取决于导体填料的体积含量。当填料浓度较低时，导电颗粒在基体中随机分布并相互分离，复合材料的性能主要由基体决定。随着浓度的增加，局部粒子团开始形成，导致介电常数增加。当填料含量接近某个值时，在所谓的渗流阈值下，导电颗粒的图案创建导电簇和导电填料连接的通道网络。当填料含量低于渗流阈值时，复合材料的介电常数随导电填料含量的增加而增加，表示为

$$\varepsilon_r \propto (\varphi_c - \varphi)^{-s} (\varphi_c > \varphi) \tag{7-27}$$

式中，$\varepsilon_r$ 为复合材料的有效介电常数；$\varphi$ 为填料含量；$\varphi_c$ 为渗流阈值；$s$ 为临界指数。

重要的是，式（7-27）表明，含量应接近复合材料呈现巨介电常数的阈值；实验发现，随着填料含量接近渗流阈值，介电常数可以增加到 1000 以上。因此，渗流阈值可视为导体颗粒通过复合材料形成通道时的成分浓度。对于真实导体-电介质复合材料，渗流强烈依赖于复合材料的微观结构。

对于真实导体-介质复合材料，研究的重点是渗流阈值以及电导率和介电常数的成分依赖性。基于随机电阻网络模型，得出低频有效介电常数可近似表示为：

$$\varepsilon_{eff} = \varepsilon_m \left[ A(\varphi_c - \varphi)^\alpha + B(\varphi_c - \varphi)^\beta \right]^{-1} \tag{7-28}$$

式中，$\varepsilon_{eff}$ 为有效介电常数；$\varepsilon_m$ 为基质的介电常数；$\varphi_c$ 为渗流阈值，$\varphi < \varphi_c$；$A$ 和 $B$ 分别为系数，$A>0$，$B>0$，$\alpha>0$，$\beta>0$。

对于随机二进制系统，其推导公式为：

$$\varepsilon_{\text{eff}} = \varepsilon_{\text{m}} \left( \frac{\varphi_{\text{c}} - \varphi}{\varphi_{\text{c}}} \right)^{-s} \tag{7-29}$$

式中，$s$ 为临界/功率常数。

基于上述方程，我们可以发现，当填料浓度从低浓度侧接近渗流阈值时，导体-介质复合材料中可以实现高介电常数。自 20 世纪 80 年代以来，这种方法已被广泛研究用于开发高介电常数复合材料。此外，基体的介电常数直接影响复合材料的 $\varepsilon_{\text{eff}}$。

对于各种导体-介质复合材料，研究的重点是介电行为对填料类型、填料浓度和复合系统微观结构的依赖性。特别是，渗流阈值强烈依赖于导电填料的导电性、几何形状、形状、尺寸和分布。因此，除了传统的球形填料外，一维和二维填料（包括碳纤维、碳纳米管和石墨烯）已用于聚合物基复合材料的制备。由于二维材料优异的性能，其已成为介电复合材料领域的一种重要填料。

陶瓷-聚合物介质复合材料属于介质-介质复合材料，找到高介电常数的填料对性能的提升非常重要。相比之下，大多数无机材料的介电常数从几到几百不等，极性陶瓷的介电常数高达 $10^4$ 甚至 $10^5$。因此，各种铁电陶瓷和弛豫陶瓷在介电复合材料的开发中得到了广泛的应用。然而，如前所述，这些极性陶瓷的介电常数非常依赖于温度，并且大多数极性陶瓷表现出强烈的机电效应，这两种效应在诸多电介质应用中都是不利的。传统陶瓷具有微弱的机电效应，并表现出对介电常数的微弱温度依赖性，是开发先进介电复合材料的迫切需求。

人们对包括纳米复合材料在内的聚合物基复合材料的发展进行了大量的研究，并在提高复合材料的介电常数或降低介电损耗方面取得了很大的进展。研究人员对 $BaTiO_3$（BT）、$PbZrO_3$（PZT）、$BaSrTiO_3$（BST）和 $Pb(Mg_{1/3}Nb_{2/3})O_3$（PMN）等铁电填料基复合材料进行了详细的研究；此外，以具有巨介电常数的陶瓷、如 $CaCu_3Ti_4O_{12}$（CCTO），作为复合材料中的填料进行了研究，获得了相对较高的介电常数。此外，为了提高聚合物本身的质量或改善复合材料的均匀性，可采用退火、热处理、热压、拉伸、偶联剂、紫外线辐射等工艺。

为了确定聚合物基复合材料的实际介电常数，研究者们引入各种模型模拟复合材料，并提出了许多公式来描述复合材料介电常数与成分的依赖性。在提出的模型中，复合材料的介电性能是与其成分、聚合物基体介电常数及填充物介电常数的函数。在一些模型中，考虑到填充物的形状及排布取向还需引入多个参数进行校正。针对陶瓷聚合物复合材料，有效介电常数取决于陶瓷颗粒和聚合物基体的介电常数，但是准确的预测有效介电常数仍很困难。目前，诸多研究者认为复合材料性能的提升与陶瓷填充物和聚合物基体间的界面效应有关，界面效应调控着复合材料中电子和离子传输，进而影响着材料的性能。

铁电陶瓷由于具有高介电常数，在介电储能设备中应用广泛。但是，由于铁电陶瓷损耗大，储能效率低应用受限，因此迫切需要找到提铁电陶瓷高介电常数和储能性能的方法。微晶玻璃复合材料因其较低的孔隙率、较高的击穿场强等优势成为制备高性能复合材料的潜在方法。与聚合物基复合材料相比，微晶玻璃具有更好的热稳定性和机电稳定性，适用于高温苛刻环境。目前，已经对不同的陶瓷玻璃介质复合材料进行了详细研究，由于其孔隙率低、晶粒尺寸小、剩余极化低促使其击穿场强提高，储能性能得到提升。

　　介电复合材料包括导体聚合物、陶瓷聚合物和陶瓷玻璃复合材料，结合已有研究结果，提出开发高介电常数和高能量密度复合材料的总体目标。在导体聚合物复合材料研究中，引入二维高导电材料 $Ti_3C_2TX$ 作为 P（VDF-TrFE）70/30%（物质的量百分数）聚合物基体的填料；在陶瓷聚合物复合材料的研究中，以 CCTO 为陶瓷填料改性 P（VDF-CTFE）88/12%（物质的量百分数）为聚合物基体；最后，制备并测试了 $BaTiO_3$-$SiO_2$ 复合材料，以研究陶瓷玻璃在介电复合材料中的应用。具有优异性能的新型电介质材料的研发对开发高介电常数并应用于储能至关重要；针对陶瓷聚合物复合材料，结合陶瓷填料和聚合物基体的优点，实现储能密度的提高，通过调控工艺条件研究其对性能的影响；对于导体聚合物复合材料，创建一种具有高介电常数的新材料，根据渗流理论计算重要参数，然后讨论使用具有高导电性填料所取得的差异和优势；对于陶瓷玻璃复合材料，提高击穿场强同时保持高介电常数，以达到增加总储能密度的目的。介电复合材料在储能性能提升及其内在机制研究均具有重要的理论和实际意义。

# 7.3　介电储能材料性能参数

## 7.3.1　介电性能

　　介电常数（$\varepsilon$）是反应电介质内部电极化行为的宏观物理量[34]，由式（7-2）可知，提高 $E_b$ 有利于提高 $W_{rec}$，但 Joe 等发现 $E_b$ 与 $\varepsilon$ 遵循 $E_b \propto \varepsilon^{-1/2}$ 规律，$\varepsilon$ 越高，$E_b$ 越低。陶瓷通常具有高 $\varepsilon$、低 $E_b$，两者相互限制。电介质在单位时间内消耗的电能称为介电损耗（$\tan\delta$），$\tan\delta$ 越低、$W_{loss}$ 越低、$\eta$ 越高。通过选择合适的基体材料、使用高纯度原料、优化烧结工艺（升降温速率、烧结温度及保温时间）减少介电损耗，平衡 $\varepsilon$ 与 $E_b$ 的关系，有利于制备高储能密度、高效率的铁电陶瓷。

## 7.3.2　击穿场强

### （1）禁带宽度

　　禁带宽度（$E_g$）为导带底部与价带顶部之间的带隙宽度，施加电场后小 $E_g$ 材料的价带电子易跃迁至导带，更易导致本征击穿[35]。$E_g$ 越大、声子频率越高的材料，本征击穿场强越高[36]。$E_g$ 更宽的材料还能提高温度稳定性，应用于高温苛刻环境。

### （2）微观结构

　　晶粒尺寸、气孔数量及致密性对击穿场强影响显著，适当细化晶粒以减小微气孔的形成概率，可提高致密性，增大 $E_b$。小晶粒尺寸使晶界数量增加，且细晶晶界密度更高，电阻增加，$E_b$ 提高[37]。

### （3）样品厚度

随样品厚度增加，材料内部缺陷越多，$E_b$ 降低[38]。若样品较厚，施加的电场会因缺陷而分布不均，更易被击穿。O'Dwyer 提出介质层厚度与击穿场强的关系如下式：

$$E_b = Cd^{-n} \tag{7-30}$$

式中，$C$ 为常数；$d$ 为介质层厚度；$n=0.3\sim0.5$，介质层厚度与击穿场强成反比。

### （4）测试条件

同一样品，不同测试条件（如电极尺寸与形状、测试媒介）的 $E_b$ 存在差异。Lundstorm 等研究电极尺寸对 $E_b$ 的影响，发现样品与电极接触面越大，$E_b$ 越低。Luo 等使用 3 种不同电极对相同试样进行测试，平均 $E_b$ 分别为 220、240、270kV/cm[39]。Han 等在其他条件相同下对比研究了五种不同媒介的 $E_b$，发现媒介本身的 $\varepsilon$ 越高、$E_b$ 越高，甘油中测的 $E_b$ 大约为硅油的两倍[40]。为尽可能减少实验误差每次实验需保证在同一测试条件下进行。

### （5）烧结助剂

添加烧结助剂通常可形成液相，提高陶瓷致密性、降低烧结温度，有利于提高电阻率，提高 $E_b$。制备陶瓷常用烧结助剂有两类，一类是低熔点的金属氧化物或化合物，如 CuO、$Li_2CO_3$、ZnO、$Bi_2O_3$；另一类是具有低软化点的玻璃相，如 $SiO_2$、$B_2O_3$ 等。但单一的烧结添加剂可能在降低烧结温度的同时导致陶瓷性能下降，使用组合的烧结助剂体系（如 BaO-CuO-$B_2O_3$、CuO-$B_2O_3$-ZnO、BaO-$B_2O_3$-$SiO_2$ 等）效果更佳[41]。

### （6）核壳结构

击穿的发生通常从晶界开始，改善晶界的绝缘性对提高器件的击穿性能具有重要意义。Wu 等设计了具有高绝缘壳和高介电常数铁电核的核壳结构复合材料。$SiO_2$ 和钙钛矿氧化物（$BiScO_3$ 和 $SrTiO_3$ 等）常被用于涂覆陶瓷颗粒[42]。核壳结构可有效降低损耗、提高击穿强度，但存在界面扩散和极化降低的问题。Huang 等发现放电等离子烧结是减少界面扩散的可行方法。核壳结构复合材料通过优化介电击穿特性提升储能性能[43]。

### （7）叠层结构

叠层结构的设计为高储能块体陶瓷的发展提供了新方向，异质双层膜（弛豫铁电/反铁电、反铁电/铁电和铁电/绝缘体等）将两种材料的特性相结合，提高了整体性能。而多层陶瓷不仅具有两种成分的互补特性，层间界面在提高 $E_b$ 方面也起着重要作用。界面工程能有效提高多层电介质的储能性能，除堆叠两种互补组分之外，同一体系的不同组成梯度优化界面亦可提高 $E_b$[44]。

综上所述，除材料本身性质外，陶瓷的储能特性与烧结工艺（升降温速率、烧结温度及保温时间等）、微观结构（晶粒尺寸、气孔数量及致密性等）、样品厚度、测试条件、烧结助剂、结构设计等因素密切相关，各个环节相互影响，需不断试验、摸索得到最适宜的实验方案。

# 习题

1. 什么是电介质的极化？表征电介质极化的宏观参数是什么？
2. 什么是介电储能？介电储能的机理是什么？介电储能器件如何充放电？
3. 如何判断晶体为具有自发极化的铁电晶体？具有自发极化的铁电晶体的显著特征有哪些？
4. 哪些材料可能获得较高的介电储能密度何效率？在选择材料体系是应该如何选择？
5. 衡量介电储能材料性能的参数有哪些？

# 参考文献

［1］ Hao X. A review on the dielectric materials for high energy-storage application［J］. Journal of Advanced Dielectrics，2013，3（01）：1330001.

［2］ Ye H，Yang F，Pan Z，et al. Significantly improvement of comprehensive energy storage performances with lead-free relaxor ferroelectric ceramics for high-temperature capacitors applications［J］. Acta Materialia，2021，203：116484.

［3］ 黄佳佳，张勇，陈继春. 高储能密度介电材料研的究进展［J］. 材料导报： 纳米与新材料专辑，2009（2）：307-312.

［4］ 谢兵. 钛酸钡纳米线/聚合物复合材料的制备与储能性能研究［D］. 武汉：华中科技大学，2017.

［5］ Fredin L A，Li Z，Lanagan M T，et al. Sustainable high capacitance at high frequencies：metallic aluminum-polypropylene nanocomposites［J］. ACS nano，2013，7（1）：396-407.

［6］ 谢礼源. 高介电聚合物基钛酸钡纳米复合材料的制备与性能研究［D］. 上海：上海交通大学，2014.

［7］ Zhu L，Wang Q. Novel ferroelectric polymers for high energy density and low loss dielectrics［J］. Macromolecules，2012，45（7）：2937-2954.

［8］ Thakur V K，Gupta R K. Recent progress on ferroelectric polymer-based nanocomposites for high energy density capacitors：synthesis，dielectric properties，and future aspects［J］. Chemical reviews，2016，116（7）：4260-4317.

［9］ Tong，Yang. Development of Dielectric Composites for Dielectric and Energy Storage Applications［D］. Auburn University，2017.

［10］ 吕文中，汪小红，范桂芬. 电子材料物理.［M］. 2版. 北京：科学出版社，2017.

［11］ Fan B，Liu F，Yang G，et al. Dielectric materials for high - temperature capacitors［J］. IET Nanodielectrics，2018，1（1）：32-40.

［12］ Liu S，Xiao S，Xiu S，et al. Poly（vinylidene fluoride）nanocomposite capacitors with a significantly enhanced dielectric constant and energy density by filling with surface-fluorinated $Ba_{0.6}Sr_{0.4}TiO_3$ nanofibers［J］. Rsc Advances，2015，5（51）：40692-40699.

［13］ Peddigari M，Palneedi H，Hwang G T，et al. Linear and nonlinear dielectric ceramics for high-power energy storage capacitor applications［J］. Journal of the Korean Ceramic Society，2019，56（1）：1-23.

［14］ Wang W，Pu Y，Guo X，et al. Enhanced energy storage properties of lead-free（$Ca_{0.5}Sr_{0.5}$）$_{1-1.5x}La_xTiO_3$ linear dielectric ceramics within a wide temperature range［J］. Ceramics International，2019，45（12）：14684-14690.

［15］ Wang Z，Cao M，Yao Z，et al. Effects of Sr/Ti ratio on the microstructure and energy storage properties of nonstoichiometric $SrTiO_3$ ceramics［J］. Ceramics International，2014，40（1）：929-933.

［16］ Li L，Yu X，Cai H，et al. Preparation and dielectric properties of BaCu（B₂O₅）-doped SrTiO₃-based ceramics for energy storage ［J］. Materials Science and Engineering：B，2013，178（20）：1509-1514.

［17］ 李忆秋. SrTiO₃基储能介质陶瓷的结构调控及介电性能研究［D］. 武汉：武汉理工大学，2011.

［18］ Zhou H Y，Zhu X N，Ren G R，et al. Enhanced energy storage density and its variation tendency in CaZr$_x$Ti$_{1-x}$O₃ceramics ［J］. Journal of Alloys & Compounds，2016，688：687-691

［19］ Deng W，Nie J F，Xiao X，et al. Effect of Bi₂O₃-B₂O₃-CuO additives on dielectric properties and energy storage of BaTiO₃ceramics ［J］. Key Engineering Materials，2012，512-515：1146-1149.

［20］ Wang T，Wei X，Hu Q，et al. Effects of ZnNb₂O₆ addition on BaTiO₃ ceramics for energy storage ［J］. Materials Science & Engineering B，2013，178（16）：1081-1086.

［21］ Patel S，Chauhan A，Vaish R. Improved electrical energy storage density in vanadium-doped BaTiO₃ bulk ceramics by addition of 3BaO-3TiO₂-B₂O₃ glass ［J］. Energy Technology，2014，3（1）：70-76.

［22］ Dong G，Ma S，Du J，et al. Dielectric properties and energy storage density in ZnO-doped Ba₀.₃Sr₀.₇TiO₃ ceramics ［J］. Ceramics International，2009，35（5）：2069-2075.

［23］ Song Z，Liu H，Zhang S，et al. Effect of grain size on the energy storage properties of （Ba₀.₄Sr₀.₆）TiO₃ paraelectric ceramics ［J］. Journal of the European CeramicSociety，2014，34（5）：1209-1217.

［24］ 张栋杰. 弛豫铁电体的弛豫性结构研究［J］. 功能材料，2005，36（7）：1017-1020.

［25］ 程忠阳，姚熹，张良莹. 弛豫型铁电体的新玻璃模型［J］. 西安交通大学学报，1995，29（9）：66-71.

［26］ Lim J B，Zhang S，Kim N，et al. High-temperature dielectrics in the BiScO₃-BaTiO₃-（K$_{1/2}$Bi$_{1/2}$）TiO₃ ternary system ［J］. Journal of the American Ceramic Society，2009，92（3）：679-682.

［27］ Ogihara H，Randall C A，Trolier-Mckinstry S. High-energy density capacitors utilizing 0.7BaTiO₃-0.3BiScO₃ ceramics ［J］. Journal of the American Ceramic Society，2009，92（8）：1719-1724.

［28］ Wang T，Jin L，Li C，et al. Relaxor ferroelectric BaTiO₃-Bi（Mg$_{2/3}$Nb$_{1/3}$）O₃ ceramics for energy storage application ［J］. Journal of the American Ceramic Society，2015，98（2）：559-566.

［29］ Yao K，Chen S，Rahimabady M，et al. Nonlinear dielectric thin films for high-power electric storage with energy density comparable with electrochemical supercapacitors ［J］. IEEE transactions on ultrasonics，ferroelectrics，and frequency control，2011，58（9）：1968-1974.

［30］ Hao X，Wang Y，Yang J，et al. High energy-storage performance in Pb₀.₉₁La₀.₀₉（Ti₀.₆₅Zr₀.₃₅）O₃ relaxor ferroelectric thin films ［J］. Journal of applied physics，2012，112（11）：114111.

［31］ Hao X，Zhai J，Kong L B，et al. A comprehensive review on the progress of lead zirconate-based antiferroelectric materials ［J］. Progress in materials science，2014，63：1-57.

［32］ 刘飞华. 基于 BNNS 的聚合物基复合材料的结构调控与介电储能性能研究［D］. 武汉：武汉理工大学，2018.

［33］ 沈忠慧，江彦达，李宝文，等. 高储能密度铁电聚合物纳米复合材料研究进展［J］. 物理学报，2020，69（21）：13.

［34］ Sun Z，Wang Z，Tian Y，et al. Progress，outlook，and challenges in lead-free energy-storage ferroelectrics ［J］. Advanced Electronic Materials，2020，6（1）：1900698.

［35］ 司峰. BaTiO₃-BiMeO₃基储能陶瓷的制备与性能研究［D］. 成都：电子科技大学，2020.

［36］ Kim C，Pilania G，Ramprasad R. Machine learning assisted predictions of intrinsic dielectric breakdown strength of ABX₃ perovskites ［J］. The Journal of Physical Chemistry C，2016，120（27）：14575-14580.

［37］ Liebault J，Vallayer J，Goeuriot D，et al. How the trapping of charges can explain the dielectric breakdown performance of alumina ceramics ［J］. Journal of the European Ceramic Society，2001，21（3）：389-397.

［38］ Kar B，Scanlon L G. Polymer-ceramic composite electrolytes ［J］. Journal of power sources，1994，52（2）：261-268.

［39］ Luo J，Tang Q，Zhang Q，et al. Preparation of Bulk Na₂O-BaO-PbO-Nb₂O₅-SiO₂ Glass-Ceramic Dielectrics for Energy Storage Sources ［C］//IOP Conference Series：Materials Science and Engineering. IOP Publishing，2011，18（20）：202024.

［40］ Han D F，Zhang Q M，Tang Q，et al. Testing media influences on the dielectric properties of lead sodium niobate glass-ceramics

[J] . Ceramics International，2010，36（7）：2011-2016.

[41] Chen G H，Zheng J，Li Z C，et al. Microstructures and dielectric properties of $Sr_{0.6}Ba_{0.4}Nb_2O_6$ ceramics with BaCu（$B_2O_5$）addition for energy storage [J] . Journal of Materials Science：Materials in Electronics，2016，27（3）：2645-2651.

[42] Wu L，Wang X，Li L. Core-shell $BaTiO_3$@$BiScO_3$ particles for local graded dielectric ceramics with enhanced temperature stability and energy storage capability [J] . Journal of Alloys and Compounds，2016，688：113-121.

[43] Huang Y H，Wu Y J，Liu B，et al. From core-shell $Ba_{0.4}Sr_{0.6}TiO_3$@$SiO_2$ particles to dense ceramics with high energy storage performance by spark plasma sintering [J] . Journal of Materials Chemistry A，2018，6（10）：4477-4484.

[44] Li M，Fan P，Ma W，et al. Constructing layered structures to enhance the breakdown strength and energy density of $Na_{0.5}Bi_{0.5}TiO_3$-based lead-free dielectric ceramics [J] . Journal of Materials Chemistry C，2019，7（48）：15292-15300.